MAZHAB, SCIENCE
AUR
NAFSIYAT

مذہب، سائنس اور نفسیات

Dr. M. Suhail Zubairy

Dr. Khalid Sohail

Translation: Naeem Ashraf

Published in 2022 by Green Zone Publishing, Division of Dr Sohail MPC Inc.213 Byron Street. South, Whitby, Ontario Canada L1N4P7.

Telephone: 905-666-7253 Fax: 905-666-4397

Email: welcome@drsohail.com

Websites: www.drsohail.com , www.drsohail.org

Khalid Suhail 1952-

M. Suhail Zubairy 1952-

ISBN: 978-1-927874-56-1

1. Religion 2. Science 3. Psychology

Translation: Naeem Ashraf

Cover Design: Shahid Shafiq

Textual Design: Marcelina Naini

Dedicated to our respected teachers
Abdul Basit and Sardar Ali

Foreword

M. Suhail Zubairy

Introduction

Khalid Sohail and I have been close friends for well over half a century. But this does not mean that we have known each other for this long. We were together, first in school from grade 7 till grade 10 and then, in college during F.Sc. Then we parted: Khalid Sohail went to Medical College, and I stayed to do my B.Sc. and then M.Sc. In mid-seventies we both left Pakistan, I went to pursue my Ph.D. in Physics in USA and Khalid Sohail went first to Iran and then to Canada to become a psychiatrist. Since then, we have met only 3 or 4 times during the last 45 years.

What has however kept our friendship and affection for each other warm in our hearts are the delightful memories of our long and uninhibited discussions in our school years on topics related to religion and philosophy at a time when we could perhaps not even correctly spell the word. It was during the summer of 2021 that we reconnected with each other via emails and telephone after a long time. This helped to rekindle our old friendship, and, in a way, we picked up the dialogue that we had been forced to discontinue half a century ago. We talked on telephone, and we wrote to each other asking questions about where we were all these years in our professional and intellectual life. We wanted to know each other's opinions about science and psychiatry, evolution of our thinking about religion, our dreams for the future, and, of course, and the reminiscences of those yester years. This book has grown out of those exchanges during the last few months.

To be fair, I must give the credit of this book to Khalid Sohail – this was his brainchild and I reluctantly trotted along with him in this endeavor. My reluctance had an obvious reason — throughout my professional life, my writings (books and research papers) have been confined to serious scientific topics. Even when I felt strongly about social, political, religious, and philosophical issues, I never ventured to publish my thoughts in any format. For me, this is the first time. Khalid Sohail is, on the other hand, a veteran of this domain – he has written over 40 books on all sort of subjects, ranging from psychiatry to religion and from history to social issues.

This compilation of a candid dialogue on a variety of issues between two old friends covers topics related to our life journey, our thoughts on social and religious issues, and of course, our professional domains, science, and psychiatry.

My Early Life

Khalid Sohail: I have fond memories of those teenage years when we used to go for long walks and have intellectually stimulating and inspiring dialogues, discussions and debates about life and literature, psychology and philosophy, religion, and mythology. You are the first adult friend with whom I had such an open and honest sharing about my ideas and ideals.

I would like to thank you for reconnecting with me last month and starting the dialogue where we left off. In the last half a century we have grown older and hopefully wiser. I would like to continue our dialogue in the form of letters. I want to ask you several questions about physics and science and the expanding universe. Maybe you have some questions about human psychology and psychotherapy. Such a dialogue would be a dialogue between a physicist and a psychotherapist sharing secrets of life about outer and inner universes.

But before I ask you questions about cosmology; I want to ask you a personal question about your personality. I was pleasantly surprised to see that you are still as innocent and pure as you were as a teenager. I am curious how you protected your purity from the impurities of your environment. I am impressed by your sincerity, honesty, and integrity. Such qualities are becoming rare these days. I wonder what challenges you faced and what sacrifices you had to offer for your idealism.

Over the years and decades, I met many poets, writers and philosophers who fell prey to three things: Fame, money, and females. Did you ever face such dilemmas and temptations and how did you resist?

Looking forward to your detailed answer even if it is a delayed response.

Suhail Zubairy: First, I am happy that we are starting this dialogue. I am touched by your very kind and generous remarks about me. Let me start with my background and then try to answer your questions.

As you know, I was born to a middle class educated parents. My parents were deeply religious, but they never explicitly imposed strict observance of rituals on me or my sisters. My father was the first science graduate in the family. My mother was a graduate from Aligarh University at a time when women rarely went to school or college. My parents instilled in me values that were rooted in hard work, honesty, and decency. My mother tried to instill in all her children a curious and questioning mind. This was done through family discussions on all kind to topics at the dinner table. The family had modest financial means, but the main emphasis was on imparting the best education available to the children. Education was not just about getting degrees but also creating a mind that could think on any issue rationally and express the thoughts logically and coherently.

I was interested in reading books from my early childhood – every first of the month, when I received a modest pocket money, was spent in shopping at a bookstore. I read all kinds of books, but my favorites were the books on literature, history, and religion. In such an environment I acquired deep respect for a rational attitude. This attitude spilled in my religious beliefs as well, constantly judging the religious traditions within a rational framework. At the same time, I grew up respecting both religious and non-religious people and was never a reactionary on either side.

When I was in high school, I had only few friends. I was never good at making friends and my social circle always remained very limited. You were particularly close to me as you are now.

Your father was a mathematics teacher in the same school where we studied. I also recall with great fondness our conversations about the philosophy of life even when we were hardly 13-14 years old. Sometimes these conversations went on for 7-8 hours continuously and our parents marveled at how such young kids could talk so seriously for so long. When we got together, the conversation started with one of us posing a religious or philosophical question. A discussion would inevitably lead to many other questions. We also loved to go to listen to many public lectures in town particularly on religious topics, usually returning home very late, sometimes after mid-night. The emphasis in our discussions was on trying to understand various issues rationally and seeking truth no matter where it took us. My friendship with you in those formative school years had a lasting impact on my life that I can feel even now after well over 50 years. There were two decisions that were to define my later life.

First, during my high school, I made a decision that was unprecedented and almost revolutionary at that time. In a society where a good performance in the high school examination always meant seeking an admission in the medical or the engineering college, I decided to pursue a career in studying physics and becoming a university professor. This was a highly risky decision, especially for someone from a middle-class family. In the society hardly anyone understood what it meant to be a physicist. Of course, iconic figures like Einstein were known as great scientists and physicists, almost no one considered them as role models for pursuing a career.

Being recognized as a physicist was a longer road. After getting an undergraduate degree in medicine or engineering, one could proclaim oneself as a doctor or an engineer, a Ph.D. degree was required for being recognized as a physicist. The environment where I grew up had almost no traditions in scientific research.

There were very few people with a Ph.D. in a scientific subject and no doctoral program existed in any scientific discipline in any university. Thus, it was clearly understood that, to achieve the goal of being a physicist, a Ph.D. was required, and no facilities existed in Pakistan. I had to leave the country at a very formative stage of life to achieve this goal.

Secondly, during the last year of my university life in Islamabad, I met a girl who, like me, was also restless and keen to understand what this life was all about. She was my class fellow and I met her just a few months before I was to leave for United States to pursue my Ph.D. During that limited time, we would talk about all kind of subjects. She was interested in literature and religion, and we had a lot of common interests. After my high school years, she was the first person, with whom I could carry on long intellectual conversations. I immensely enjoyed her company. Talking with her, I was often amazed how similar our outlook was about life. I was soon falling in deep love with her and was becoming clear in my mind that if I ever wanted to marry anyone, this would be her. The affection and friendship were mutual. In a society where arranged marriage was a norm, we were going against the family traditions.

It was this situation when I left for USA in August 1974. This was a very big change – I had arrived in a society whose values were radically different from what I had left behind. There were temptations of the kind you mention, and I could have been easily swept by them. But the two things that kept me on a well-defined path were these objectives – I wanted to be a successful scientist and I wanted to marry the girl with whom I had felt such intellectual companionship. I never indulged in any activity or friendship that would deflect me from these goals. In the end, with this single-mindedness, I managed to achieve many of my professional goals and was able to find a life partner who was, and always remained, my best friend.

You talk about my modesty. Well, a scientist can never be immodest. This comes with the profession. As Newton, perhaps the greatest scientist who ever lived, is famously quoted as saying "I do not know what I may appear to the world, but to myself I seem to have been only like a boy playing on the seashore and diverting myself in now and then finding a smoother pebble or a prettier shell than ordinary, whilst the great ocean of truth lay all undiscovered before me." With due respect to great Newton, I feel the same way. When you learn more, you discover how ignorant you are. It was my great fortune that I had an opportunity to see and work with some of the greatest scientists of our time. I always felt inadequate and humble in their company. Amazingly I noticed that these highly accomplished scientists similarly felt humble in front of greater and brighter minds, always trying, and struggling, like me, to seek accomplishments to match those of their heroes.

When I look back and try to define my life in just one word, the word *blessed* immediately comes to mind - I have been truly fortunate to have wonderful parents, some amazing friends like you, a successful career, and above all, a loving family. These have been the most meaningful things to me in life. What else could I want?

Memories of a Great Teacher

Khalid Sohail: When I was a teenager, I used to read Dale Carnegie's books. He was a popular psychologist who wrote about the subjects of making friends and gaining self-confidence for public speaking. I learnt a lot from those books as they were self-help books. In one of those books, he wrote that there are two important decisions human beings make in their life: choice of profession and choice of life partner. Lucky are the people who make the right choices as these choices create a happy, successful, and peaceful life. So, you were lucky to make those two wise choices quite early in your life.

I have fond memories of meeting your parents who were very kind, generous and affectionate. I also have fond memories of both of us being students in the same school Cantonment Board High School in Peshawar and having the same teachers. Of all the teachers that taught us, two stand out in my mind. The first one was my dad Basit Sahib and the second one was Sardar Sahib. Looking back, I think it was an interesting experience to be taught by my own father in high school. My dad loved Mathematics. He enjoyed solving math problems the way people love reading novels. I sometimes wonder how Basit sahib affected your interest in Mathematics, Statistics and Physics.

Suhail Zubairy: If we look at the lives of the most successful people, particularly in science, it is highly likely to find one or many teachers and mentors who played key roles in shaping their personality. As a teacher myself, I have often felt that the role of a great teacher is not just to teach but to inspire. Those are the most fortunate people who have inspirational people to guide them at the various important formative stages of life. School is perhaps the most formative stage when the foundations are laid for the later life.

I have considered myself a fortunate person who, against all odds, was blessed with some of the finest teachers in the school years – highly competent and dedicated. The school I went to was not the one meant for the elite of the society, only the children of lower middle class went there. In general, such schools were in pathetic condition due to neglect and the qualification of the teachers were usually sub-standard. I and my classmates were fortunate that the quality of the school was enhanced by the sheer dedication and hard work of these teachers. It is remarkable that, just after attending this lowly regarded school, I went to a college where most of the class consisted of students coming from the elite English medium schools. It is a tribute to my school teachers that, not even for a day, I felt disadvantaged academically in comparison to them in any way. If at all, I felt better prepared. This same feeling continued when I progressed to universities in Pakistan and USA.

On top of the list of these inspiring teachers is Abdul Basit Sahib who taught us algebra and geometry. His influence on my life goes well beyond the subject matter taught in the class. He was our teacher from class 7 till class 10. I recall that, on the first day of the academic year in class 7, we were waiting for our mathematics class to start when a very dignified personality with a bright face with dark black beard walked in the classroom. His demeanor was more of a college professor than a school teacher. This is my first memory of Basit Sahib. He had a very gentle and sweet style of talking and a very dignified demeanor.

On that first day, after teaching a topic of algebra, he assigned a problem for us to solve during the class. I happened to be the first person to solve the problem. After waiting for a few minutes when some students showed him their solution, he asked me to solve the problem on the blackboard for the rest of the class. This pattern continued for all the four years. This generated the impression that I was his favorite student from whom he had a lot of expectations. I like to believe that this was a true impression. The pressure to solve the mathematics problems correctly and as quickly as possible in each class during all those years was perhaps a great blessing as it forced me to be good in mathematics in a way that was unique.

Basit Sahib continued to be concerned about my academic progress even after I finished the school and went to college. One episode highlights this concern and his affection and dedication. When I entered B.Sc. in 1969, the college courses had been revised and some new courses were introduced throughout the country. It was a transformational time. This was also a crucial stage of my life when I made one of the most decisive steps that would have a definitive effect on the rest of my life. That was the time when a student scored high marks in FSc. he was expected to go to either the medical school or the engineering school. I had taken the unprecedented decision to pursue a career in physics. This decision dictated my choice of courses and I opted to take the newly introduced course on number theory. I was the only one in the class to take this course and was allowed to do so by the college Principal on the condition that I would be personally responsible for the course and would not expect any guidance from any teacher. This meant that I had to work truly hard independently to do well in the exam. My strategy was to solve all the problems given at the end of each chapter in the textbook. I could solve all of them and marked them as such in the book except for the few difficult ones that were left unmarked. One day Basit Sahib came to see me. He was worried about how I was doing in the mathematics courses. He was particularly concerned about the course on number theory. Basit Sahib had studied number theory in his M.Sc. Many years ago. Basit Sahib wanted to borrow my book on number theory to refresh his memory of the subject. Few days later he came with a broad smile and a small notebook in his hand. He had noted that there were some problems that I had not marked as done and he solved all of them for me. He handed me the notebook of these solved problem that is one of my most cherished items from that period. This was truly touching for me how he went to such efforts to help me where my own college teachers had given up.

He introduced me to the classic book by Hardy and Wright on number theory and brought hand-written copies of the exam papers at the M.Sc. level from previous years to help with exam preparation. This was a unique experience that I never forget.

Basit Sahib's impact as a mathematics teacher was truly remarkable. But this is not what I and most of his former students remember him the most. He was one of the finest human beings I have known. He was the embodiment of the word 'integrity'. His whole life was highly principled, and one cannot think of a single event where his actions clashed with his words. His greatest impact on our lives lies in providing a role model for how a noble and impeccable life is led. He was truly a great man.

مذہب، سائنس اور نفسیات

ڈاکٹر محمد سہیل زبیری
ڈاکٹر خالد سہیل

مترجم: نعیم اشرف

ضابط

ISBN: 978-1-927874-56-1

کتاب کا نام: مذہب، سائنس اور نفسیات

مصنفین : ڈاکٹر محمد سہیل زبیری، ڈاکٹر خالد سہیل

مترجم: نعیم اشرف

سالِ اشاعت: 2022ء

پبلشر: گرین زون پبلشنگ، کینیڈا

213 Byron Street South

Whitby Ontario Canada L1N4P7

مصنفِ اول کی ای میل اور ویب سائیٹ:

ای میل: welcome@drsohail.com

انگریزی ویب سائیٹ: www.drsohail.com

اردو ویب سائیٹ: www.drsohail.org

انتساب

ہمارے معلمین عبدالباسط اور سردار علی
کی معیت میں گزرے رُوح افروز لمحوں کے نام

فہرستِ مضامین

عہد حاضر کے رول ماڈل

نعیم اشرف

انگریزی کتاب: Religion Science and Psychology کو اردو میں ترجمہ کرنے کا موقع راقم کو فراہم کیا گیا- یہ ترجمہ قریب 4 ماہ میں مکمل ہوا۔اور کتاب کا نام "مذہب سائنس اور نفسیات" رکھا گیا ہے۔رواں سال کے آغاز میں جب ڈاکٹر خالد سہیل نے مجھے پاکستان فون کر کے ترجمہ کرنے کے لیے میری رضامندی مانگی تو میں نے کتاب پڑھنے کے لیے منگوالی۔آغاز میں میرا تاثر یہی تھا کہ بچپن کے دو ہم جماعت اور دوست نصف صدی کے بعد ملے ہیں اور ان مضامین و خطوط میں بچپن کی یادیں تازہ کی ہونگی۔ مگر جب کتاب مجھے دی گئی تو بات کچھ اور نکلی۔کتاب میں بچپن کی باتیں صرف چند تھیں۔بلکہ یہ کتاب "مذہب، سائنس اور نفسیات" جیسے سنجیدہ موضوعات پر مبنی اہم دستاویز ہے۔اس میں پچیس مضامین ہیں جو خطوط کی شکل میں دو سائنسدانوں نے ایک دوسرے کو تحریر کیے ہیں۔یہاں پر روایتی تعارف لکھنے کی بجائے میں اپنے وہ تاثرات رقم کرنا چاہونگا جو اس کتاب کو ترجمہ کرتے ہوئے میرے ذہن میں اُبھرے۔

تعلیمی انتظام کے شعبے سے وابستہ ہونے کے ناطے میں اکثر سوچا کرتا ہوں کہ ہم اپنے طلباء کو زمانۂ حال کے کون سے لوگ متعارف کروا سکتے ہیں جن کی مثال سامنے رکھ کر وہ عملی زندگی میں ایک متوازن رویہ، تخلیقی شعور اور منفرد سوچ پیدا کرسکیں۔رول ماڈل کہاں سے آئیں؟ یہی مسئلہ پاکستان کے وجود میں آتے ہی اُن لوگوں کو درپیش تھا جو پاکستانی بچوں کے لیے نصابی کُتب مرتب کررہے تھے۔اُن کو جب اپنی سرزمین پر کوئی رول ماڈل نہ ملا تو انھوں نے بیرونِ ملک سے کچھ رول ماڈل درآمد کرلیے۔لہٰذا ہماری نصابی کُتب عرب، افغان اور دیگر حملہ آوروں سے بھری پڑی ہیں۔محمد بن قاسم، طارق بن زیاد اور صلاح الدین ایوبی جیسے لشکریوں کو بچوں کے سامنے بہت بڑھا چڑھا کر پیش کیا جاتا ہے۔اور اس پر طُرہ یہ کہ محمد اقبال جیسے شاعر اور نسیم حجازی جیسے ادیب ان امپورٹڈ ہیروز کی سوانح حیات پر تہذیبی نرگسیت کا تڑکہ لگا کر پیش کرتے

ہیں۔ان کو ہمارے آباءاجداد بتاتے ہیں اور نئی نسل کو محنت، راست بازی اور جہدِ وجہد کی روش ترک کر کے فوجی طاقت جمع کرنے اور دنیا کی خوشحال سرزمینوں کو فتح کر کے وہاں سے سونا، ہیرے، جواہرات اور خوبصورت عورتوں کو اپنے قبضے میں لانے کی ترغیب دیتے ہیں۔ چاہے اس عمل میں معصوم جانیں، بچے، بوڑھے اور خواتین کتنی تعداد میں کیوں نہ مار دیے جائیں۔'کے کے عزیز' (K.K.Aziz) نے اپنی کتاب "مرڈر آف ہسٹری" (Murder of History) میں پہلی جماعت سے چودھویں جماعت کے نصاب میں شامل، تاریخ، مطالعہ پاکستان اور معاشرتی عُلوم کی ایسی 66 نصابی کتب کی نشان دہی کی ہے جن میں حقائق کو مسخ کر کے پیش کیا گیا ہے۔ عزیز کے بقول ہمارے بچوں سے سنگین جھوٹ بولے جا رہے ہیں۔

یہ ترجمہ کرتے ہوئے میں اس نتیجے پر پہنچا ہوں کہ ہمیں طلباء کو ان کے تعلیمی درجے کے مطابق "کیس سٹڈیز" پڑھانی چاہئیں۔ جن میں زمانہِ حال اور ماضی قریب کے اپنی سرزمین کے سائنسی، سماجی اور علمی شعبوں میں اہم کارنامے سرانجام دینے والی شخصیات کی سوانح حیات بچوں کو پڑھائی جائیں۔ اور ان افراد کو پاکستان کی مختلف جامعات میں 'گیسٹ سپیکر' کے طور پر مدعو کیا جائے تاکہ بچے ان سے مکالمہ بھی کر سکیں۔ میری خیال میں لمحہِ موجود میں تعلیم کے حوالے سے یہ ملک کی بہت بڑی خدمت ہو گی۔ مگر بدقسمتی سے اربابِ اختیار کے غیر سنجیدہ رویئے کے پیش نظر ہم دیکھتے ہیں کہ زمانہ حال کی کوئی بڑی علمی، ادبی اور سائنسی شخصیت بچوں کو نہیں پڑھائی جاتی۔ اور نہ ایسے افراد سے بچوں کو ملوایا جاتا ہے جو خواب دیکھتے ہیں پھر ان خوابوں کی تعبیر پانے کے لیے ثابت قدمی سے کوشش کرتے ہیں۔ نیلسن مینڈیلا، ابراہم لنکن، نیکولا ٹیسلا، تھامس ایڈیسن، نیوٹن اور البرٹ آئن سٹائن جیسے نابغے۔ جن کی زندگیاں انسانیت کی بھلائی کے لیے وقف ہوں۔ ماضی قریب اور زمانہِ حال میں ڈاکٹر عبدالسلام، عبدالستار ایدھی، جسٹس بھگوان داس، حکیم محمد سعید، پرویز ھود بھائی، سلیم الزمان صدیقی، احمد حسن دانی، ادیب الحسن رضوی، انصار برنی، ڈاکٹر امجد ثاقب اور روتھ فاؤ جیسے افراد کی انسانیت کی بھلائی کے لیے کی جانے والی تاریخی کاوشوں پر کیس سٹڈیز بچوں کے نصاب میں شامل کی جانی چاہئیں۔

'پالو کوہیلو' نے اپنے ناول شہرہ آفاق ناول: "الکیمسٹ" میں ایک جگہ لکھا: "اگر تمھارا خواب سچا ہے اور تمھیں تمھاری منزل صاف دکھائی دے رہی ہے تو اس کو پانے کے لیے تن دہی سے جدوجہد کرو۔ اور یاد رکھو کہ فطرت کی قوتیں یکجا ہو کر تمھیں تمھاری منزل سے ہمکنار کر دیں گی۔"

1960ء کی دہائی میں کنٹونمنٹ ہائی سکول پشاور کی جماعت ہفتم کے دو طالبِ علم بھی کچھ ایسے خواب دیکھتے ہیں۔ متوسط طبقے سے تعلق رکھنے والے یہ بچے عام اوسط درجے کے اردو میڈیم سکول میں تعلیم حاصل کر کے اپنے اپنے خوابوں کی تلاش میں دنیا کی بہترین جامعات میں پہنچ جاتے ہیں۔ وہاں سے اپنے اپنے شعبے کی اعلیٰ ترین تعلیم سے فارغ التحصیل ہونے کے بعد، دونوں طلباء سائنسداں، نفسیات داں اور مصنفین بن جاتے ہیں۔ اور اپنی بقیہ زندگی انسانیت کی خدمت کے لیے وقف کر دیتے ہیں۔ کیا یہ اور ان جیسے دیگر افراد آج کے نوجوانوں کے لیے رول ماڈل نہیں؟

چوالیس سال سے شعبہ تعلیم سے منسلک ڈاکٹر سہیل زبیری نے قائدِ اعظم یونیورسٹی اسلام آباد میں فزکس میں سب سے پہلے پی۔ ایچ۔ ڈی کا پروگرام شروع کیا اور 20 برس تک اس کی آبیاری کی۔ اس دوران متعدد طلباء کو پی ایچ ڈی اور ایم۔ فل کروائی۔ ڈاکٹر زبیری کا خاص علاقہ کوانٹم آپٹکس (Quantum Optics) ہے۔ یہ فزکس کی قدرے نئی شاخ ہے۔ لہٰذا اس پر ایک بنیادی اور مستند کتاب کی ضرورت تھی۔ ان کو یہ اعزاز حاصل ہے کہ انھوں نے اس مضمون پر پہلی پہلی کتاب لکھی جو دنیا کی متعدد جامعات میں نصاب کے طور پر پڑھائی جا رہی ہے۔ 'کوانٹم مکینکس' (Quantum Mechanics) کے شعبے میں بھی ڈاکٹر زبیری کا "بلا واسطہ رابطہ" کی دریافت اور "سالڈ سٹیٹ فزکس" میں "لیتھوگرافی" (Lithography) کے شعبے میں اہم کام ہے۔

کتاب کے دوسرے مصنف ڈاکٹر خالد سہیل بطورِ نفسیاتی طبیب (سائیکوتھراپسٹ) گزشتہ نصف صدی سے دُکھی انسانوں میں خوشیاں تقسیم کرنے اور امید کی شمعیں روشن کرنے میں مصروف ہیں۔ شاعری کے علاوہ ایک مستند ادیب کے طور پر نفسیات، ادب، سماج، فلسفے اور تحقیق جیسے متنوع موضوعات پر 70 انگریزی اور اردو کتب کے مصنف اور "ہم سب" پر 500 سے اوپر مضامین کے لکھاری ہیں۔ اس کے علاوہ ڈاکٹر سہیل گرین زون تھراپی کے بانی ہیں۔

دوسرا احساس جو ترجمہ کرتے ہوئے ہوا وہ پاکستانی معاشرے کی بد قسمتی تھا۔ کس قدر دُکھ کی بات ہے کہ ہمارا نظام ٹیلنٹ کی قدر نہیں کرتا۔ لٰہذا لائق، ہنر مند، تخلیقی صلاحیتوں سے بہرہ ور ہونہار طلباء کو اپنا ہی وطن چھوڑنا پڑتا ہے۔ اور مادرِ وطن کو ان کی صلاحیتوں سے محروم ہونا پڑتا ہے۔

اگلا احساس یہ پیدا ہوا کہ ہمارے بچوں کو خود سوچ کر اپنی زندگی کے فیصلے کرنے کی صلاحیت سے محروم رکھا جا رہا ہے۔ اول تو ہمارا نصابِ تعلیم ہی تخلیق و تحقیق کی نمو نہیں کرتا۔ یہ علم سے زیادہ یاداشت کا امتحان لیتا ہے۔ اگر کوئی تخلیقی ذہن پیدا ہو بھی جائے تو اس کی اتنی ناقدری ہوتی ہے کہ وہ ملک چھوڑ کر بیرونِ ملک سدھار جاتا ہے۔

ایک اور احساس مجھے طبیعیات کے حوالے سے جدید تحقیق دیکھ کر ہوا۔ خاص کر کوانٹم آپٹکس جیسی سائنس کی نئی شاخ میں ڈاکٹر سہیل زبیری کی خدمات دیکھ کر بطورِ پاکستانی فخر بھی محسوس ہُوا۔ سائنس کے طالب علم کے طور طبیعیات کی دنیا کے عظیم سائنسدانوں نیوٹن، آئن سٹائن اور سٹیفن ہاکنگ کی دریافتیں جو زمانہ حال کی جدید ترین معلومات ہیں، پڑھ کر سائنسی ایمان تازہ ہوا۔ علمِ نفسیات میں آج کے مشہور طبیعیات داں وں 'سگمنڈ فرائیڈ' سے لے کر 'مرے بوون' تک کے نظریات اس کتاب کا مرکزی خیال ہیں۔ اس طرح یہ کتاب دو دوستوں کی ذاتی باتوں سے آگے نکل کر طبیعیات، نفسیات، فلسفے، فلکیات اور زندگی کے اہم حقائق سے روشناس کرواتی اہم کتاب ہے۔

میں ڈاکٹر سہیل زبیری اور ڈاکٹر خالد سہیل کو پاکستانی قوم بالخصوص جوانوں کو اس کتاب کی صورت ایک خوبصورت تحفہ دینے پر مبارک باد پیش کرتا ہوں۔

تعارف

محمد سہیل زبیری

خالد سہیل اور میں نصف صدی سے زیادہ عرصے سے دوست ہیں۔۔ مگر ہم یہ نہیں کہہ سکتے کہ ہمارا ساتھ بھی پچاس سال پُرانا ہے۔ خالد سہیل اور میری دوستی کی ابتداء ہمارے سکول کے زمانے سے ہوئی۔ پہلی دفعہ ساتویں سے دسویں جماعت تک ہمارا ساتھ رہا اور دوبارہ ہم دونوں انٹرمیڈیٹ کے دوران ہم جماعت تھے ۔ پھر ہم لوگ جدا ہو گئے۔

خالد سہیل نے میڈیکل کالج میں داخلہ لے لیا تھا۔ جب کہ میں فزکس میں گریجویشن اور ماسٹرز کرنے کے لئے وہیں پڑھتا رہا۔ 1970ء کی دہائی کے وسط میں ہم دونوں نے پاکستان چھوڑ دیا۔ میں فزکس میں پی ایچ ڈی کرنے امریکہ چلا گیا۔ اور خالد سہیل ماہر نفسیات بننے کینیڈا اسدھار گئے۔ 45 سال کے اس درمیانی عرصے میں ہم دونوں صرف تین یا چار مرتبہ ملے ہوں گے۔ آخر ایسا کیا ہے جس نے ہم دونوں کے درمیان دوستی کی گرم جوشی کو قائم رکھا ہوا ہے؟

یہ یقیناً بچپن میں گزرے ان دنوں کی یادیں ہیں۔ جن دنوں ہم بلا تامل و تردد مذہب اور فلسفے جیسے سنجیدہ موضوعات پر بلا خوف وخطر بحث کر لیتے تھے۔ دلچسپ بات یہ ہے کہ اس وقت اتنے کم عمر اور کم علم تھے کہ شاید مذہب اور فلسفے کے ہجے بھی صحیح طور پر نہ کر سکتے ہوں۔

یہ 2021ء کے موسم گرما کی بات ہے، جب میں اور خالد سہیل، ای میل اور ٹیلی فون کے ذریعے ایک دفعہ پھر رابطے میں آگئے۔ اس کا سب سے بڑا فائدہ یہ ہوا کہ ہمارے درمیان مباحث کا وہ سلسلہ جو نصف صدی قبل منقطع ہوا تھا ایک دفعہ پھر رواں ہو گیا۔ ہماری جب فون پر بات چیت ہوئی تو ہم بہت تجسس، بے چینی اور گرم جوشی سے ایک دوسرے کے حالات وواقعات جاننے لگے۔ درمیانی عرصے میں ہم پر کیا بیتی؟ اور ہم اتنا عرصہ کیا کرتے رہے؟ ایسے سوالات کی، دونوں اطراف سے بُوچھاڑ ہونے لگی۔ کیا درمیانی عرصے میں ہمارے خیالات ونظریات میں کوئی تبدیلی رُونما ہوئی؟

ہم دونوں، سائنس اور نفسیات کے بارے میں ایک دوسرے کے موجودہ خیالات جاننے کے لیے اب زیادہ بے تاب تھے۔ ہم یہ بھی جاننا چاہتے تھے کہ مذہب کے بارے میں ہماری سوچ کا ارتقاء کہاں تک پہنچا ہے؟

اور یہ کہ انسانیت کے مستقبل کے بارے میں ہماری تمنائیں اور آرزوئیں کیا ہیں؟ بات یہاں ختم نہیں ہوئی۔ ان سنجیدہ موضوعات کے علاوہ ہم نے بیتے دنوں کی یادیں بھی تازہ کیں۔

آپ کے ہاتھ میں یہ کتاب اِن ہی گزشتہ مہینوں کے دوران ہمارے باہم رابطے و مکالمے کی رُوداد ہے۔ انصاف کی بات کروں تو یہ ادبی، علمی و سائنسی تخلیق وجود میں لانے کا سہرا خالد سہیل کے سر پر سجتا ہے۔ کتاب لکھنے کا خیال بھی ان ہی کا تھا۔ میں تو فقط بصد ہچکچاہٹ اس کاوش میں اُن کا ساتھ دیتا رہا۔

میری اس جھجھک کی ایک واضح وجہ تھی۔ میں نے اپنی پیشہ ورانہ زندگی میں جو تحقیقی مقالے اور کتابیں لکھیں وہ سنجیدہ سائنسی موضوعات تک محدود تھیں۔ حتیٰ کہ بعض اوقات سماجیات، سیاسیات، مذہب اور فلسفے پر لکھنے کی شدید تحریک بھی پیدا ہوئی۔ مگر میں نے اپنے خیالات کو کبھی شائع نہیں کیا۔ یہ کتاب میرا پہلا تجربہ ہے۔ البتہ خالد سہیل اس میدان کے پرانے کھلاڑی ہیں۔ نفسیات سے لے کر مذہب اور تاریخ سے لے کر سماجی مسائل پر انکی 60 سے اوپر کتابیں شائع ہو کر منظر پر آچکی ہیں۔

کتاب کی صورت میں، ہم دونوں کے خطوط پر مبنی یہ مجموعہ دو رفقائے دیرینہ کا صاف گوئی پر مبنی ایک علمی مکالمہ ہے۔ جو ہم دونوں کی ذاتی زندگی کے سفر سے لے کر سماجی اور مذہبی موضوعات کا احاطہ کرتا ہے۔ اس کے علاوہ ہماری پیشہ وارانہ زندگیوں (یعنی) سائنس اور نفسیات پر بہت دلچسپ مباحث بھی قارئین کو پڑھنے کو ملیں گے۔

حصہ اول

محمد سہیل زبیری کے سوانحی خطوط

میری ابتدائی زندگی

خالد سہیل: میری یاداشت کے ایک گوشے میں کچھ دلکش و دلفریب یادیں ہیں، جو مجھے نوعمری کا وہ زمانہ یاد دلاتی ہیں جب آپ اور میں لمبی لمبی چہل قدمی کرتے ہوئے زندگی، ادب اور نفسیات پر متاثر کن علمی مکالمے کے علاوہ، مذہب، فلسفے اور صحائف قدیم جیسے دلچسپ اور سنجیدہ موضوعات پر بحث و تمحیص کرتے تھے۔آپ میری جواں سالی کے پہلے دوست تھے، جس کے سامنے میں اپنے خیالات و نظریات بلا خوف و جھجھک بیان کر سکتا تھا۔

میں آپ کا تہہ دل سے شکر گزار ہوں کہ گزشتہ ماہ آپ نے مجھ سے رابطہ کر کے میرے بچپن کی یاد تازہ کر دی۔اب ہم اپنے مکالمات و مباحث کا سلسلہ دوبارہ وہیں سے شروع کر سکتے ہیں، جہاں سے یہ منقطع ہوا تھا۔ گزشتہ نصف صدی کے دوران ہم یقیناً عمر رسیدہ تو ہو گئے ہیں لیکن امید ہے کہ ڈھلتی عمر کے ساتھ زیادہ دانش مند بھی ہو گئے ہونگے۔ میں یہ مکالمہ خطوط کی صورت میں کرنا چاہوں گا۔ خطوط کے ذریعہ میں آپ سے فزکس، سائنس اور ہر دم پھیلتی ہوئی کائنات کے بارے میں متعدد سوالات پوچھنا چاہتا ہوں۔اس طرح انسانی نفسیات اور اور نفسی معالجہ (سائکوتھراپی) کے بارے میں آپ کے پاس بھی کچھ سوالات ہوں گے۔جن کے جوابات میں دینے کی کوشش کرونگا۔

ایسا مکالمہ دلچسپی سے خالی نہ ہوگا۔ کیونکہ اس میں ایک ماہر طبعیات اور ایک ماہر نفسیات آپس میں انسان کے اندر اور باہر کی کائناتوں کے بارے میں تبادلہ خیالات کریں گے۔ مگر اس سے قبل کہ میں آپ سے سوالات پوچھوں۔ میں آپ کی ذاتی شخصیت کے بارے میں ایک سوال پوچھنا چاہتا ہوں۔ میرے لیے یہ بات خوشگوار اور حیران کن ہے کہ آپ، اب بھی اتنے ہی معصوم اور خالص ہیں جتنے بچپن میں تھے۔ میں تجسس کا شکار ہوں کہ آپ نے اپنی منکسر المزاجی، اور معصومیت ارد گرد کے ماحول سے کیسے بچا کر رکھی ہو گی۔ میں آپ کے خلوص اور ایمانداری سے بھی متاثر ہوا ہوں۔ زمانہ حال میں یہ صفات مفقود ہوتی جا رہی ہیں۔

مجھے یہ بھی جاننے کا اشتیاق ہے کہ آپ نے اپنے آدرشوں کی حفاظت کے لئے کیا کیا قربانیاں دیں؟

گزشتہ برسوں میں، میں کئی ایسے شعراء، ادیبوں اور فلسفیوں سے مل چکا ہوں جو دنیاوی ترغیبات میں کھو گئے۔ یہ پُرکشش اشیاء: دولت، شہرت اور خواتین تھیں۔ کیا کبھی آپ کو بھی ان سے واسطہ پڑا؟ آپ ایسی ترغیبات سے اپنے آپ کو کیسے بچا پائے؟ مجھے آپ کی طرف سے تفصیلی جواب کا انتظار رہے گا، خواہ ایسا جواب تاخیر سے ہی موصول ہو۔

سہیل زبیری: سب سے پہلے تو میں خوش ہوں کہ ہم یہ مکالمہ شروع کر رہے ہیں۔ اس کے بعد میں آپ کا شکر گزار ہوں کہ آپ نے بہت سی فراخدلی سے کام لیتے ہوئے، جو حوصلہ افزاء الفاظ استعمال کئے وہ میرے دل کو چھو گئے۔ جیسا کہ آپ کو معلوم ہے میری پیدائش متوسط طبقے کے تعلیم یافتہ والدین کے ہاں ہوئی۔ میرے ماں باپ اندر تک مذہبی لوگ تھے۔ مگر انہوں نے کبھی بھی نہ تو مجھ پر اور نہ ہی میری بہنوں پر زبردستی مذہبی رسومات نافذ کرنے کی کوشش کی۔ اپنے خاندان میں میرے والد پہلے سائنس گریجوئیٹ تھے اور میری والدہ نے علی گڑھ یونیورسٹی سے اس زمانے میں گریجویشن کی تھی جس زمانے میں لڑکیوں کو اسکول اور کالج داخل کروانے کا رواج تک نہ تھا۔ میرے والدین نے اولاد کو شائستگی، محنت اور راست بازی جیسی اقدار ذہن نشین کروائیں۔ میری والدہ نے اپنے تمام بچوں میں ایک متجسس ذہن بیدار کرنے کی کوشش کی۔

ایسی باتیں عموماً شام کو کھانے کے میز پر ہوتی تھیں خاندان کے پاس وسائل محدود تھے۔ مگر والدین کی پوری کوشش تھی کہ اس وقت کی بہترین درسگاہوں میں بچوں کو تعلیم کے زیور سے مزین کیا جائے۔ ان کے نزدیک تعلیم ڈگری حاصل کرنے کا نام نہ تھا بلکہ بچوں کو اس قابل بنانا تھا کہ وہ زندگی کے کسی بھی مسئلے کو عقل کی کسوٹی پر پرکھ سکیں۔ اور بہترین منطقی دلیل کے ساتھ بیان کر سکیں۔

بہت کم عمری سے ہی مجھے کتابیں پڑھنے کا شوق تھا۔ ہر ماہ جو قلیل سا جیب خرچ مجھے ملتا، میں اس سے کوئی نہ کوئی کتاب خرید لیتا تھا۔ میں ہر قسم کی کتابیں شوق سے پڑھتا تھا مگر میری پسندیدہ کتب تاریخ، ادب اور مذہب جیسے موضوعات کی ہوتی تھیں۔ اس ماحول نے میرے اندر ایک معقول سوچ کو بیدار کیا۔ یہ رویہ میرے اندر مذہبی عقائد و رسومات کو بھی عقلیت کی عینک سے دیکھنے کی صلاحیت پیدا کرنے لگا تھا۔ مگر میری نظر میں مذہبی اور غیر مذہبی دونوں قسم کے افراد کے احترام میں کوئی فرق نہ آیا۔ میں دونوں میں سے کسی ایک کی بات پر کوئی رد عمل نہ دیتا تھا۔

جب میں ہائی سکول میں تھا تو میرے دوست نہ ہونے کے برابر تھے۔ مجھے دوست بنانے نہیں آتے۔ شاید اسی لیے میرا حلقہ احباب ہمیشہ سے محدود ہی رہا۔ ہاں البتہ آپ میرے اس وقت بھی قریبی دوست تھے اور اب بھی ہیں۔ آپ کے والد اسی سکول میں ریاضی کے استاد تھے جس میں ہم پڑھتے تھے۔ مجھے یہ بھی اچھی طرح یاد ہے کہ اس وقت ہم بمشکل تیرہ چودہ سال کے ہوں گے جب ہم زندگی کی حقیقت کے بارے میں سات سات آٹھ آٹھ گھنٹے گفتگو کرتے رہتے تھے۔ ہمارے والدین حیران ہوتے تھے کہ اتنے چھوٹے سے بچے کتنی دیر تک ایسے سنجیدہ موضوعات پر گفتگو کیسے کر سکتے تھے؟ ہماری جب بھی ملاقات ہوتی ہم میں سے کوئی ایک مذہب کے بارے میں یا فلسفے کے بارے میں کوئی سوال کر دیتا تھا۔ اس سوال کے جواب میں اور سوالات پیدا ہوتے، اس طرح ایک سوال کئی سوالات کو جنم دیتا۔ کئی بار ایسا بھی ہوا کہ ہم دونوں کسی مذہبی اسکالر کو سننے "ٹاؤن ہال" گئے اور خطاب سن کر آدھی رات کے بعد گھر واپس پہنچے۔ اس وقت ہمارا سارا زور کسی بات کی تہہ تک پہنچنا ہوتا تھا۔ ہمیں اس سے فرق نہیں پڑتا تھا کہ یہ کھوج لگاتے لگاتے ہم کہاں سے کہاں پہنچ جائیں۔ تجسس کبھی کم نہیں ہوتا۔ اسکول کے دنوں کا مکالمہ جو میرا آپ کے ساتھ ہوتا تھا۔ وہ وقت تھا جب ہمارے آدرش ابھی تشکیل پا رہے تھے۔ یہ مکالمات میری بعد کی زندگی پر دیرپا اثرات چھوڑ گئے۔ میں اب بھی ان کا ذائقہ محسوس کرتا ہوں حالانکہ اس واقعہ کو رونما ہوئے نصف صدی بیت گئی۔

اوائل عمر میں میرے دو فیصلے ایسے تھے جن نے میری باقی زندگی کا رخ متعین کیا۔ میرا پہلا فیصلہ کیریئر سے متعلق تھا۔ میں بڑے ہو کر ایک سائنس دان بننا چاہتا تھا اور کسی بڑی یونیورسٹی میں فزکس کا پروفیسر بننا چاہتا تھا۔ اس زمانے میں جب یہ روایت عام تھی کہ ایف۔ ایس۔ سی کے بعد زیادہ نمبر حاصل کرنے والے طلبہ یا تو میڈیکل کالج میں ڈاکٹر بننے کے لیے داخل ہو جاتے تھے یا پھر انجنیئر نگ یونیورسٹی میں چلے جاتے تھے۔ ایسے میں فزکس میں گریجویشن، ماسٹرز اور پھر پی ایچ ڈی کر کے پروفیسری کا خواب ایک غیر روایتی اقدام تھا۔ خاص کر متوسط طبقے سے تعلق رکھنے والے بچے کے لیے۔ اس وقت کے معاشرے میں بہت کم لوگ یہ بات سمجھتے تھے کہ طبیعیات داں کون ہوتا ہے۔ اگرچہ 'آئن سٹائن' جیسے لوگ سائنس دان اور طبیعیات داں کے طور پر جانے جاتے تھے۔ مگر کوئی ایسے لوگوں کو اپنا کیریئر بنانے کے لیے رول ماڈل نہیں سمجھتا تھا۔ اس زمانے میں ایک نئی طرح ڈالنا اور اپنے آپ کو ایک طبیعیات داں کے طور پر منوانا۔ جوئے شیر لانے کے مترادف تھا۔ آپ چار سالہ انجنیئر نگ یا پانچ سالہ میڈیکل پاس کر کے انجنیئر یا ڈاکٹر تو بن سکتے

تھے۔ مگر ایک طبیعیات داں یا سائنس دان بننے کے لیے پی ایچ ڈی درکار تھی۔ ہمارے ملک پاکستان میں اس وقت تک فزکس میں کوئی یونیورسٹی پی ایچ ڈی پروگرام نہیں چلا رہی تھی۔ لہذا یہ بات بالکل واضح تھی کہ اپنا مقصد پانے کے لئے اور اپنے فیصلے پر عمل درآمد کرنے کے لئے مجھے کم عمری میں ہی پاکستان چھوڑنا ہو گا۔ اور پاکستان میں فزکس میں گریجویشن کے بعد پی ایچ ڈی کی ڈگری کے حصول کے لیے بیرون ملک جانا ہو گا۔

میرا دوسرا فیصلہ ایک لڑکی کے بارے میں تھا۔ اسلام آباد میں یونیورسٹی کے آخری سال میں میری ملاقات ایک ایسی لڑکی سے ہوئی جو میری طرح ایک بے چین روح تھی۔ وہ بھی اس زندگی کی حقیقت جاننے کے لیے کوشاں تھی۔ وہ لڑکی میری ہم جماعت تھی اور ہماری ملاقات اس وقت ہوئی جب میں اپنی پی ایچ ڈی کی ڈگری حاصل کرنے کے لیے امریکہ جانے کے لیے پر تول رہا تھا۔ اس مختصر اثناء میں مجھے لگنے لگا کہ میں اس لڑکی کی محبت میں گرفتار ہو رہا ہوں۔ میں نے سوچ لیا کہ اگر میں نے کبھی شادی کا فیصلہ کیا تو میری شریک حیات یہ لڑکی ہو گی۔ اور خوش قسمتی کی بات یہ ہوئی کہ وہ لڑکی بھی ایسا ہی سوچتی تھی۔ ایک ایسے معاشرے میں جہاں ارینجڈ میرج کا رواج عام تھا۔ ہمارا محبت کی شادی کا سوچنا بھی گناہ سمجھا جاتا تھا۔ کیونکہ ایسا کرنا خاندانی روایات کے منافی تھا۔

اگست 1974ء میں ایسے ہی گہرے بادلوں کے سائے میں، میں امریکہ چلا گیا۔ میرا امریکہ جانا ایک بہت بڑی تبدیلی تھی۔ میں ایک ایسے معاشرے میں پہنچ چکا تھا جہاں کی بود و باش میرے آبائی وطن سے یکسر مختلف تھی۔ یہاں وہ ساری ترغیبات تھیں جن کا ذکر آپ نے اپنے خط میں کیا ہے۔ میں بڑی آسانی سے ان کا شکار ہو سکتا تھا۔ مگر دو چیزوں نے مجھے بچائے رکھا: ایک میرا کامیاب سائنس دان بننے کا عزم اور دوسرا اس لڑکی سے شادی کرنا جس کے ساتھ میں نے اپنے وطن سے روانہ ہونے سے کچھ دن پہلے ایک حکمت آویز مکالمہ کیا تھا۔ میں کبھی کسی ایسی سرگرمی یا دوستی میں مبتلا نہ ہوا جو مجھے ان دو مقاصد سے دور کر دیتیں۔ میری خوش قسمتی یہ ہے کہ بالآخر مجھے متعدد پیشہ ورانہ کامیابیاں بھی ملیں اور میں اس لڑکی سے شادی کرنے میں کامیاب بھی ہو گیا جو میری بہترین دوست تھی اور اب بھی ہے اور ہمیشہ میری شریک سفر رہی ہے۔

آپ نے میری منکسر المزاجی کی بات کی ہے تو حضور! عرض یہ ہے کہ ایک سائنسداں کبھی بھی غیر منکسر المزاج ہو ہی نہیں سکتا۔ وقت کے عظیم سائنسداں نیوٹن سے منسوب ہے کہ "میں نہیں جانتا، کہ دنیا

میرے بارے میں کیا خیال کرتی ہے مگر میں اپنے آپ کو ایک کم سن لڑکا سمجھتا ہوں جو ساحل سمندر پر کھیل میں مشغول ہے۔ وہ خوبصورت سے خوب صورت ترین کنکریوں کی تلاش میں ہے۔ اور بہتر سے بہترین سیپی کی کھوج میں دنیا سے بے خبر ہے۔ جبکہ پوشیدہ حقائق کا بحرِ بے کراں اس کے سامنے موجزن ہے۔" یہ فن اس پیشے سے منسوب رہنے سے آتا ہے۔ نیوٹن سے بصد احترام، میں بھی کچھ ایسا ہی محسوس کرتا ہوں۔ جوں جوں آپ کے علم میں اضافہ ہوتا جاتا ہے، آپ پر یہ منکشف ہوتا جاتا ہے کہ آپ تو کچھ بھی نہیں جانتے۔ یہ میری بڑی خوش نصیبی تھی کہ مجھے آج کے عظیم سائنسدانوں کو قریب سے دیکھنے اور ان کے ساتھ کام کرنے کا موقع ملا۔ ان کے سامنے ہمیشہ میں نے اپنے آپ کو کم علم اور ناتجربہ کار پایا۔ دلچسپ بات میں نے یہ دیکھی کہ بڑے بڑے سائنسداں، میری طرح اپنے سے بڑے اذہان کے سامنے عاجز و حقیر بنے بیٹھے تھے۔ اور ہر دم کوشاں تھے کہ ایسا کارنامہ انجام دیں کہ کسی طرح اپنے سے بڑے سائنسداں کے قریب تر ہو جائیں۔

میں جب اپنی زندگی پر ایک نگاہ ڈالتا ہوں تو صرف ایک لفظ میرے دماغ میں آتا ہے۔ "عنایات یافتہ"۔۔۔ میں واقعتاً خوش قسمت ہوں کہ مجھے شاندار والدین ملے۔ آپ جیسے مہربان دوست ملے۔ انسانیت کے لئے مفید ترین پیشے میں کام کرنے کا موقع ملا اور سب سے بڑھ کر ایک پیار کرنے والی فیملی مجھے نصیب ہوئی۔ یہ عنایتیں میرے لئے بہت قیمتی متاع ہے۔ ایک انسان کو زندگی میں اور کیا چاہیے؟

عظیم معلمین کی یادیں

خالد سہیل: جس زمانے میں، میں بچپن سے جوانی میں قدم رکھ رہا تھا، اُن دنوں 'ڈیل کارنیگی' کی کتابیں پڑھتا تھا۔ کارنیگی ایک ماہرِ نفسیات تھے، جن کا 'دوست بنانے کا ہنر'، 'فنِ تقریر' اور ایک پُر اعتماد شخصیت بننے کے حوالے سے خاصا کام ہے۔ چونکہ وہ کُتب خود سکھلائی پر مبنی تھیں، میں نے اُن سے بہت کچھ سیکھا۔ اُن میں سے ایک کتاب میں کارنیگی لکھتے ہیں:

"ایک انسان کی زندگی میں دو فیصلے بہت اہمیت کے حامل ہوتے ہیں: اول، پیشے کا چناؤ اور دوئم، شریکِ زندگی کا انتخاب۔"۔۔۔ وہ لوگ خوش قسمت ہوتے ہیں جن کا یہ انتخاب درست ہو جائے۔ کیونکہ زندگی بھر کی خوشیوں، کامیابیوں اور سکون کا دار و مدار ان دو فیصلوں پر ہوتا ہے۔"

میں آپ کا شمار، اُن خوش قسمت لوگوں میں کروں گا، جنھوں نے اوائل عمُر میں یہ دو فیصلے دُرست کر لئے تھے۔ میرے ذہن میں آپ کے والدین سے ملنے کی یاد تازہ ہے۔ وہ مجھے پہلی ملاقات میں ہی فراخدل، شفیق اور محبت کرنے والے لگے تھے۔ مجھے وہ دِن بھی یاد آتے ہیں جب ہم دونوں کنٹونمنٹ ہائی سکول پشاور میں ایک ساتھ پڑھتے تھے۔ ہمیں جن اساتذہ نے تعلیم کے زیور سے آراستہ کیا، اُن میں سے دو ایسے تھے جنھوں نے مجھے بہت متاثر کیا اُن میں سے ایک میرے والدِ محترم عبدالباسط اور دُوسرے سردار صاحب تھے۔ میں جب ماضی پر نگاہ ڈالتا ہوں تو سوچتا ہوں کہ ہائی سکول میں، میرا اپنے ہی والد کا شاگرد بننے کا تجربہ اچھا تھا۔ میرے والد ریاضی کے اُستاد تھے۔ وہ ریاضی کے مشکل سوالات بڑے مزے سے حل کر لیتے تھے اور بڑے شوق سے ہمیں بھی ریاضی سکھاتے تھے۔ اُن کو ریاضی کا مضمون اتنا پسند تھا، جتنا عام لوگوں کو ناول پسند ہوتے ہیں۔ میں معلوم کرنا چاہتا ہوں کہ باسط صاحب نے ریاضی، فزکس اور شماریات میں آپ کی دلچسپی کو کیسے متحرک کیا؟

سہیل زُبیری: جب ہم دُنیا کے کامیاب ترین انسانوں کی زندگیوں پر نگاہ ڈالتے ہیں تو دیکھتے ہیں کہ بالخصوص سائنس کے شعبے سے تعلق رکھنے والے، تقریباً تمام ہی بڑے لوگ، اپنے اساتذہ اور اتالیق کی شخصیت سازی کی وجہ سے آج اپنے اپنے شعبے میں اتنے قد آور ہیں۔

میں بذاتِ خود بطور ایک استاد یہ سمجھتا ہوں کہ ایک استاد کا کام صرف معلومات دینا نہیں ہوتا بلکہ شخصیت سازی اس کا اصل کام ہے۔ وہ لوگ یقیناً خوش قسمت ہوتے ہیں جن کو آغازِ زندگی اور سکول کے دنوں میں جب شخصیت تشکیل پا رہی ہوتی ہے متاثر کن استاد میسر آ جاتے ہیں۔ کسی متاثر کن ٹیچر کی اسکول کے زمانے میں کی گئی تربیت طالبِ علم کی ساری عمر پر اثر انداز ہوتی ہے۔ میں اپنے آپ کو اس حوالے سے ایک خوش قسمت انسان سمجھتا ہوں، کہ تمام مشکلات کے باوجود مجھے چند متاثر کرنے والے اساتذہ میسر آئے۔ جو بہت قابل اور محنت کش تھے۔

میں جس سکول میں پڑھتا تھا وہ کوئی امیر زادوں والا سکول نہ تھا، جہاں پر صرف دولت مند افراد کے فرزند تعلیم پاتے ہوں۔ یہ ایک زیریں متوسط طبقے کے افراد کے بچوں کا سکول تھا۔۔۔ عموماً ایسے سکولوں کی عمارات کی حالت حکام کی عدم توجہی کی وجہ سے ناگفتہ بہ ہوتی تھی اور اساتذہ کا اپنا معیارِ تعلیم بھی کچھ خاص قابلِ ذکر نہیں ہوتا۔ مگر میں اور میرے ہم جماعت خوش قسمت تھے کہ ہمیں چند ایسے استاد ملے جنھوں نے ذاتی دلچسپی اور محنت سے ہمارے سکول کی علمی تقدیر بدل ڈالی۔

یہ بات قابلِ ذکر ہے، کہ اُس عام سے سکول سے فارغ ہو کر جب میں نے کالج کی زندگی میں قدم رکھا تو اپنے ارد گرد اُمراء کے بچوں کو پایا۔ جو اُمراء کے لئے مختص انگلش میڈیم سکولوں سے فارغ التحصیل ہو کر میرے کالج میں پہنچے تھے۔ میں اپنے سکول والے معلمین کو خراجِ عقیدت پیش کرتا ہوں کہ ان کی سکول کے دنوں میں کی گئی تربیت کی بدولت، میں نے ایک لمحہ بھی اُن انگلش میڈیم والے بچوں کے درمیان، اپنے آپ کو علمی طور پر کمتر محسوس نہ کیا۔ اور بعد ازاں، پاکستان اور امریکہ کی یونیورسٹیوں میں تعلیم کے دوران بھی ایسی ہی مثبت صورت حال رہی، بلکہ اکثر اوقات میں نے اپنے آپ کو اُن طالب علموں سے زیادہ علم یافتہ پایا۔

میں اگر اپنے سکول کے زمانے کے قابلِ ذکر معلمین کی فہرست مرتب کروں تو عبدالباسط صاحب کو سب سے اوُپر رکھونگا۔ وہ ہمیں الجبرا اور جیومیٹری پڑھاتے تھے۔ اُن کی شخصیت کا میری زندگی پر اثر کمرہ جماعت کی رسمی تعلیم سے بڑھ کر تھا۔ وہ جماعت ہشتم سے دہم تک ہمارے ریاضی کے معلم تھے۔ مجھے اچھی طرح یاد ہے یہ ہمارا ساتویں جماعت میں، تعلیمی سال کا پہلا دِن تھا اور ہم ریاضی کی کلاس شُروع ہونے کا انتظار کر رہے تھے۔ ہم کیا دیکھتے ہیں کہ ایک وجیہ الجُثہ گھری سیاہ داڑھی والا باوقار شخص اچانک کمرہ جماعت

میں داخل ہوتا ہے۔اس شخص کا برتاؤ ایک سکول ٹیچر سے بڑھ کر کالج کے پروفیسر والا تھا۔ یہ باسط صاحب کے حوالے سے میری پہلی یاداشتہے۔ نرمخُو و شیریں زبان، باسط صاحب ، شاندار برتاؤ کے حامل شخص تھے۔ مجھے یہ بھی یاد ہے کہ ، پہلے دن الجبرا کا ایک عنوان پڑھانے کے بعد انھوں نے کلاس کو ایک سوال حل کرنے کے لئے دیا۔ میں پہلا طالب علم تھا جس نے سب سے پہلے وہ سوال حل کر کے پیش کیا، کچھ دیر بعد باقی بچوں نے بھی اپنے اپنے جوابات ان کو پیش کئے۔ مجھے اچھی طرح یاد ہے کہ انھوں نے وہی سوال بلیک بورڈ پر پُوری کلاس کے لئے دوبارہ حل کرنے کے لئے مجھے دیا۔اور آئندہ چار سال تک یہی طریقہ کار رہا۔

اس سے یہ تاثر بنتا گیا کہ شاید میں باسط صاحب کا پسندیدہ طالب علم ہوں،اور یہ کہ انھوں نے مجھ سے کچھ توقعات وابستہ کرلی تھیں۔ مجھے اب یہ ماننے میں کوئی عار نہیں کہ یہ تاثر سو فی صد درست تھا۔ ریاضی کی ہر کلاس میں سوال جلد از جلد حل کرنے سے میرے اندر ایک علمی دباؤ پیدا ہو گیا۔اب میری یہ کوشش ہوتی کہ میں ریاضی پر پورا عبور حاصل کروں۔ تاکہ اس مقام سے جہاں میرے استاد نے مجھے تعینات کر دیا تھا، کبھی نیچے نظر نہ آؤں۔۔۔

باسط صاحب نے میرے سکول سے کالج چلے جانے پر بھی میری تعلیمی کارکردگی پر نظر رکھی۔

1969ء کا یہ واقعہ اُن کی میرے لئے محبت اور شفقت کا مُنہ بولتا ثبوت ہے۔ جس زمانے میں، میں بی۔ایس۔سی میں داخل ہوا،اس زمانے میں حکومت کالجوں کے لئے نظرِثانی شُدہ نصاب نافذ کر رہی تھی۔ نظرثانی شدہ نصاب میں کچھ نئے کورسز بھی شامل ہوئے تھے۔ گویا یہ تبدیلیِ نصاب کا زمانہ تھا۔اور میں نے اپنے لئے نہایت اہم مگر نازک فیصلہ لے رکھا تھا، جو اس روایت سے ہٹ کر تھا، جس کے مطابق ایف۔ایس۔سی میں زیادہ سے زیادہ نمبر لے کر طلبا یا توڈاکٹری کے لئے میڈیکل کالجوں میں داخل ہوتے تھے یا پھر انجنئیر بننے کے لئے انجنئیرنگ کالج کا رُخ کرتے تھے۔ ایسے ماحول میں فزکس میں اعلیٰ تعلیم حاصل کرنا ایک غیر روایتی اور قدرے مشکل فیصلہ تھا۔ مگر اس فیصلے نے میری باقی ماندہ زندگی پر اپنے اثرات مرتب کرنے تھے۔اس فیصلے کی وجہ سے مجھے اب فزکس میں نئے کورسز کا انتخاب کرنا تھا۔ان میں سے ایک کورس، 'نمبر تھیوری' بالکل نیا تھا۔ میں نے وہ کورس لینے کا فیصلہ کیا۔ مگر پرنسپل صاحب نے مجھے یہ تنبیہ کر دی کہ مجھے یہ کورس اپنے بل بوتے پر پاس کرنا تھا اور یہ کہ میں کالج کے کسی استاد کی طرف سے کسی قسم کی

رہنمائی کی امید نہ رکھوں۔ اس کا مطلب تھا کہ مجھے وہ کورس خود پڑھ کر پاس کرنا تھا جس کے لئے انتھک محنت کی ضرورت تھی۔

میں نے یہ حکمتِ عملی اپنائی کہ میں کتاب کے تمام ابواب کے آخر میں دیئے گئے سوالات خود حل کرتا اور حل ہو جانے والے سوالات پر نشان لگا دیتا۔ جو سوالات میں حل نہ کر سکتا ان کو بے نشان چھوڑ دیتا۔ ایک دن کیا ہوا کہ باسط صاحب، ہم سے ملنے ہمارے گھر آئے وہ میری تعلیم کے حوالے سے قدرے پر تشویش تھے۔ رسمی بات چیت کے لئے انھوں نے مجھ سے نمبر تھیوری والی کتاب یہ کہہ کر مستعار لے لی کہ چونکہ نمبر تھیوری انھوں نے ایم۔ ایس۔ سی میں پڑھی تھی اور وہ چاہتے تھے کہ ایک دفعہ اپنی مضمون کی صلاحیت کو تازہ کر لیں۔ میں نے خوشی خوشی نمبر تھیوری کی کتاب ان کو دے دی۔

چند دنوں بعد وہ دوبارہ مجھ سے ملنے آئے تو ان کے چہرے پر ایک دلفریب مسکراہٹ تھی۔ اور ان کے ہاتھ میں نمبر تھیوری کی کتاب کے علاوہ ایک نوٹ بک بھی تھی۔ گزشتہ چند دنوں میں انھوں نے کتاب کے ابواب کے اواخر میں میرے تمام بے نشان سوالات حل کر دیئے تھے۔ یہ واقعہ میری روح تک کو چھُو گیا اور دل و دماغ پر نقش ہو گیا۔ انھوں نے میرا وہ کام کر دیا تھا جس کو کرنے میں، میرے اپنے اساتذہ تک بے بس تھے۔ یہاں پر بھی بات ختم نہ ہوئی۔ باسط صاحب نے مجھے 'نمبر تھیوری' کے مضمون پر "ہارڈی" اور "رائٹ" کی اعلی درجے کی کتب بھی عنایت کی۔ اس کے علاوہ انھوں نے ایم۔ ایس۔ سی کے گزشتہ امتحانوں کے حل شدہ پرچے بھی لا کر مجھ کو عنایت کیے۔ جو میری امتحانات کی تیاری میں معاون ثابت ہوئے۔ یہ میری زندگی کا ایسا یادگار واقعہ ہے، جو میں عمر بھر بھُلا نہ پاؤنگا۔

باسط صاحب کا ریاضی کے معلم کے طور پر مجھ پر تاثر بہت دائمی ہے۔ مگر صرف یہی بات نہیں جس نے مجھے اور میرے دوسرے ہم جماعتوں کو متاثر کیا بلکہ بطورِ انسان میں نے اپنی زندگی میں عبدالباسط صاحب جیسے علیم، حلیم اور شفیق انسان بہت کم دیکھے ہیں۔ وہ لفظ "دیانت داری" کا چلتا پھرتا نمونہ تھے۔ انھوں نے تمام زندگی اپنے اصولوں کی پاسداری کی۔ ان کی زندگی میں کوئی ایک لمحہ بھی ایسا نہیں آیا، جس میں ان کے قول اور فعل میں تضاد کا شائبہ تک نظر آیا ہو۔ ہماری زندگیوں میں ایسی تبدیلی پیدا کرنے والے وہ پہلے شخص تھے، جنھوں نے ذاتی مثال سے ہمیں سمجھایا کہ ایک اصول مندانہ، باوقار اور شریفانہ زندگی کیسے گزاری جاتی ہے۔ باسط صاحب بلاشُبہ ایک عظیم انسان تھے۔

میری سرگزشت: بطور سائنسداں

خالد سہیل: یہ دلچسپ بات ہے، کہ آپ نے مستقبل کے حوالے سے، اپنے لئے ایک ایسی راہ کا انتخاب کیا، جس پر کم ہی لوگ سفر کرتے ہیں۔ دوسرے لفظوں میں آپ نے روایت کی عام شاہراہ چھوڑ دی، جس کو اپنا کر لوگ ڈاکٹر یا انجنئیر بنتے ہیں، بلکہ اپنے من کی موج کے تابع ہو کر ایک نامور طبیعیات داں بن گئے۔

بطور طبیعیات داں، میں آپ کے خوابوں اور انکی تعبیروں کے حصول میں حائل رکاوٹوں کے بارے میں جاننا چاہتا ہوں۔ مجھے یہ تجسس بھی ہے کہ آپ سے پوچھوں کہ بطور سائنسداں آپ کی جُہد مسلسل کیسی تھی؟ اور یہ کہ کیا آپ اپنے مقاصد کے حصول میں کامیاب بھی ہوئے؟

اگر آپ بطور سائنسداں اپنی گزشتہ پچاس سالہ زندگی پر نظر ڈالیں تو کیا کہیں گے؟

اس سارے عرصے کے بہترین دن کون سے تھے اور آپ کے لئے بدترین دور کون سا تھا؟

آپ کو زندگی سے کیا توقعات تھیں، اور اس نے آپ کو کیا دیا؟

کوئی پچھتاوے، کوئی حیرتیں؟؟؟ جن سے کبھی آپ کا سابقہ پڑا ہو؟

اگر آج کا کوئی نوجوان ایک طبیعیات داں یا سائنسداں بننا چاہتا ہے اور آپ سے اس بارے رائے طلب کرے تو آپ اس کو کیا مشورہ دینگے؟

میں بہت خوش ہوں کہ ہم دونوں اس تحریری مکالمے میں شریک ہیں۔ مجھے تو بہت اچھا لگ رہا ہے۔

سہیل زبیری: بہت کم عمری میں جب میں نے ایک طبیعیات داں بننے کا فیصلہ کیا تھا، تو میرا خواب، اپنے اندر تخلیقیت، آزادیِ فکر اور ندرت پیدا کرنے کے سوا کچھ بھی نہ تھا۔ اس کم سنی میں بھی مجھے اندازہ تھا کہ ایک سائنسداں کی زندگی نئے نئے اور انوکھے تجربات سے بھرپور ہوتی ہے۔ ایک سائنسداں کا کام قوانینِ فطرت دریافت کرنا اور پہلے سے موجود قوانینِ فطرت کا علم عام لوگوں تک پہنچانا ہوتا ہے۔ میری اسی سوچ نے مجھے ایک طبیعیات داں بننے کی طرف راغب کیا۔

جس طرح ایک شاعر، عام الفاظ کو ایک خاص ترتیب دے کر ایک خوبصورت نظم وجود میں لاتا ہے اور ایک مصور عام سے رنگوں کا استعمال کر کے ایک خوبصورت تصویر بناتا ہے، اسی طرح ایک سائنسداں چند

خیالات کو یکجا کر کے فطرت کو جانچنے اور متشرح کرنے کا کام کرتا ہے۔ فرق صرف یہ ہے کہ ایک مصور کوئی معمولی سا احساس اُجاگر کر سکتا ہے اور ہو سکتا ہے کہ ایک شاعر اس سے بہتر کوئی شاہکار پیش کر دے۔ مگر سائنسداں اُن نظریات و خیالات کے ساتھ کھیلتا ہے جو گہرے اور عمیق ہوتے ہیں اور مخصوص لوگ سمجھ سکتے ہیں۔ شاعروں اور مصوروں کے برعکس سائنسداں کے پاس ایک اعلیٰ درجے کا علمی ہنر ہونا چاہیے تاکہ وہ عمیق سائنسی مسائل سے نبرد آزما ہو سکے۔

مجھے معلوم تھا کہ ہمارے ہاں سائنسی روایات کا فقدان ہے۔ مجھے اس بات کا بھی ادراک تھا کہ پاکستان میں آرٹ، کھیل اور لٹریچر میں تو رول ماڈل ہونگے، مگر سائنس کے شعبے میں قابلِ تقلید لوگ آٹے میں نمک کے برابر ہیں۔ لہذا ایک اچھا سائنسداں بننے کے لئے ضروری تھا کہ میری تعلیم ایسے بڑے سائنسداں معلمین کے ذریعے ہو جو میری تخلیقی صلاحیتوں کی آبیاری کر سکتے ہوں۔ سائنسداں بننے میں مجھے ایک اور کشش یہ نظر آئی کہ یہ ایک ایسا میدان تھا جس میں تحقیق کے لئے میں اپنی سمت خود متعین کر سکتا تھا اور اپنے مزاج کے مطابق تخلیقی شعبہ بھی چُن سکتا تھا۔

میری خوش قسمتی کہیئے کہ بطورِ سائنسداں مجھے ویسی ہی زندگی ملی جس کا میں نے خواب دیکھ رکھا تھا۔ مگر ایسی زندگی کا آغاز کوئی آسان کام نہ تھا۔ اگر مجھے ایک طبیعیات داں بننا تھا تو لازم تھا کہ پہلے میں، پی ایچ ڈی کی ڈگری حاصل کرتا۔ پی ایچ ڈی کی ڈگری ایک ٹریننگ کا نام ہے جو انسانی دماغ کو نا حل شدہ سائنسی مسائل کے بارے میں سوچنے پر مجبور کرتی ہے۔ اور علمی ہتھیار استعمال کرنا سکھاتی ہے تاکہ اُلجھی ہوئی سائنسی پہیلیوں کو سلجھایا جا سکے۔ اس عمل کے دوران نیا علم بھی تخلیق ہوتا ہے۔ کسی بھی تخلیقی سرگرمی کی طرح سائنسی تحقیق کی بھی لا تعداد جہتیں ہیں۔ جو "آئن سٹائن" کے نظریہ مناسبت ("تھیوری آف ریلیٹیویٹی") اور "کوانٹم مکینکس" سے شروع ہو کر عام، معمولی اور پہلے سے بیان شدہ نظریات کے نئے فارمولوں تک پھیلی ہوئی ہیں۔ ایک اچھی پی ایچ ڈی نہ صرف طالب علم کی علمی صلاحیت کو ظاہر کرتی ہے بلکہ اس کے نگران معلم کے علم کی گہرائی کی آئینہ دار بھی ہوتی ہے۔ وہی معلم اس ڈگری کے لئے اس طالب علم کا نگران بھی ہوتا ہے اور وہی پی ایچ ڈی سٹوڈنٹ کے لئے مسئلہِ برائے تحقیق کا تعین کرنے میں مدد دیتا ہے بلکہ مزید تحقیق کے لئے نئے سوالات بھی پیدا کرتا ہے۔

1974ء میں، میں نے قائدِ اعظم یونیورسٹی سے فزکس میں ایم-ایس-سی مکمل کی۔ تو معلوم ہوا کہ فزکس تو کیا، سائنس کے کسی بھی شاخ میں، کوئی پی ایچ ڈی پروگرام نہیں چل رہا۔ اور کسی اچھی یونیورسٹی میں داخلے کے لئے مجھے بیرونِ ملک جانا تھا۔ بلکہ صرف داخلہ ہی کافی نہ تھا بلکہ اچھی خاصی مالی مدد بھی درکار تھی۔

1974ء میں سکالرشپ کے ذریعے بیرون ملک جانا صِرف ایک طریقے سے ممکن تھا، اور وہ تھا: قائدِ اعظم سکالرشپ۔ اُن دِنوں ہر یونیورسٹی میں سب سے زیادہ نمبر لینے والے طالب علم کو قائدِ اعظم سکالرشپ دیا جاتا تھا۔ اور دلچسپ بات یہ تھی کہ اکثر ریاضی کے طُلباء، یہ سکالرشپ حاصل کر لیتے تھے۔

1974ء میں قائدِ اعظم یونیورسٹی میں، میں پہلا طالبِ علم تھا جو شعبہِ ریاضی کا نہ ہونے کے باوجود اس سکالرشپ کا حقدار ٹھہرا۔ مگر بعد میں معلوم ہوا کہ مجھے اس سکالرشپ کی ضرورت نہیں۔ اور میں اس سے دست بردار ہو گیا۔ پھر وہ وظیفہ ریاضی کے ہی ایک طالبِ علم کو ملا۔

اُن دنوں ریاست ہائے متحدہ امریکہ کی متعدد یونیورسٹیوں نے بین الاقوامی طُلباء کے لئے متعدد شعبوں میں وظیفے کے ساتھ داخلے کھول رکھے تھے۔ قسمت نے یاوری کی اور مجھے چند اچھی امریکی یونیورسٹیوں سے وظیفے سمیت داخلے کی پیش کش موصول ہوئی۔ ان کا وظیفہ قائدِ اعظم یونیورسٹی کی مالی مدد سے کہیں زیادہ تھا اور اس کے ساتھ جُڑی ہوئی پابندیاں بھی نہ تھیں۔ میں نے پی ایچ ڈی کے لئے "راچسٹر یونیورسٹی" کا انتخاب کیا۔

چنانچہ اگست 1974ء میں، میں جب اپنی پی ایچ ڈی کی تعلیم کے لئے یونیورسٹی آف راچسٹر، نیویارک پہنچا۔ مجھے ایک خواب کی تعبیر مل چکی تھی۔ وہاں مجھے توقع تھی کہ یونیورسٹی پہنچتے ہی میں ریسرچ شروع کر دونگا۔ اور فزکس کی کسی ان دیکھی شاخ سے نبرد آزما ہو جاؤنگا۔ مگر دو چھوٹی سی حیرتیں میرا انتظار کر رہی تھیں۔ پہلی یہ کہ مجھے، پہلے دو سال باقاعدہ کلاسیں لینا تھیں اور فزکس کا 'کمپری ہینسو ٹیسٹ' (جامع امتحان) پاس کرنا تھا۔ دوسری حیرت، ایک تکلیف دہ احساس تھا۔ پاکستان میں کالج اور یونیورسٹی کے دنوں کی طرح، یہاں، میں کلاس کا لائق ترین طالب علم نہیں تھا۔ ہماری کلاس میں امریکہ کے علاوہ بین الاقوامی طالب علم بھی موجود تھے۔ جو میری طرح اپنے اپنے ممالک کے سب سے اعلی کارکردگی دکھانے والے طالب علم تھے۔ مجھے یہ بات تسلیم کرنے میں تھوڑا وقت لگا کہ وہ میرے ہم جماعت تھے اور مجھ سے لائق

ہو سکتے تھے۔ کورس ورک کے امتحان کا نتیجہ آیا تو میری کارکردگی اوسط درجے سے تو بلند تھی مگر جماعت میں اعلیٰ ترین نہیں تھی۔

جب میرا کورس ورک ختم ہوا تو وقت آ پہنچا کہ میں اپنے لئے تحقیق کا میدان منتخب کروں۔ اس کے ساتھ ساتھ مجھے اپنے لئے ایک تھیسز ایڈوائزر (مشیرِ مقالہ) بھی چننا تھا۔ جب میں پاکستان سے امریکہ عازم سفر ہوا تھا تو میرے چند اساتذہ نے مجھے مشورہ دیا تھا کہ میں "سالڈ سٹیٹ فزکس" کو اپنا تحقیقی میدان منتخب کروں اور اسی میدان میں کچھ نئے تجربات کروں۔ 'راچسٹر' پہنچ کر کورس ورک کے دوران مجھے احساس ہوا کہ میں 'تجربات پسند' نہیں بن سکتا اور یہ کہ مجھے سالڈ سٹیٹ فزکس راس نہیں آئے گی۔

راچسٹر یونیورسٹی میں، مختلف شعبہ جات میں بہت سے نامور سائنسداں تھے۔ ان میں سے کچھ تو 'نوبل انعام' کے امیدوار بھی تھے۔ اُن دنوں فزکس میں اُبھرتی ہوئی شاخ "کوانٹم آپٹکس" فروغ پا رہی تھی۔ جس کا ایک مضبوط گروپ راچسٹر میں موجود تھا۔ میرے اندازے کے مطابق اس شعبے کا مشہور ترین روشن ستارہ، نامور فیکلٹی ممبر "ایمل وُولف" تھا۔ وُولف کی وجہِ شہرت انکی کتاب: "آپٹکس کے اصُول" تھی۔ جو انھوں نے "میکس بارن" کے ساتھ مل کر لکھی تھی۔ جو بذاتِ خود بیسویں صدی کے شہرت یافتہ طبیعیات داں اور کوانٹم آپٹکس کے بانی سائنسداں سمجھے جاتے ہیں۔ وُولف ایک کامیاب سائنسداں تھے۔ اُن کی بارن کے ساتھ مشترکہ کتاب کو بہت شہرت اور عرُوج ملا۔ بلکہ یہ کہنا بے جا نہ ہوگا کہ اس موضوع پر شاید اس سے کامیاب کتاب اس وقت تک تخلیق نہیں ہوئی تھی۔

مجھے امید نہیں تھی کہ وُولف مجھے اپنے شاگرد کے طور پر قبول کر لیں گے۔ مجھے ابھی تک یاد ہے جب ان کا شاگرد بننے کی درخواست لے کر حاضر ہونے کے لیے میں نے اُن سے اپوائنٹمنٹ لی تھی۔ یہ 1976ء کی بات ہے۔ میں جُوں ہی ان کے آفس میں داخل ہوا، ان کی کال آئی ہوئی تھی اور ان کو چند لمحوں کے لئے آفس سے باہر جانا پڑا اور مجھے اس اثناء میں انکے دفتر کی ایک جھلک دیکھنے کا موقع مل گیا۔ میری نظر جب دیوار پر آویزاں نامور سائنسدانوں کی تصاویر پر پڑی تو ان میں ایک 'بارن' کی تصویر بھی تھی۔ مگر ایک اور تصویر نے میری توجہ اپنی طرف مبذول کروالی۔ یہ ایک پری چہرہ لڑکی کی تصویر تھی جو دعوتِ نظارہ دے رہی تھی۔ تصویر پر اس لڑکی کا آٹو گراف بھی تھا: "ایمل کے لئے محبت کے ساتھ۔" وُولف جب دوبارہ دفتر میں داخل ہوئے تو مجھے اُس تصویر میں محو تھا۔ میں معمولی سی خجالت کا شکار ہو گیا۔ انھوں نے میری شرمندگی کو

بھانپ لیا اور مسکرا دیئے۔ اب میری شرمندگی مٹانے کے لئے انھوں نے مجھ سے پُوچھا: "تمھیں معلوم ہے کہ یہ تصویر کس کی ہے؟" پھر خود ہی بتانے لگے کہ وہ تصویر "اولیویا نیوٹن جان" کی تھی۔ جو اس وقت امریکہ کی نامور گلوکارہ تھیں۔ اور وہ تصویر اُن کے کمرے میں اس لئے لٹک رہی تھی کیونکہ گلوکارہ ان کے اتالیق "میکس بارن" کی پوتی تھیں۔ پھر وُولف نے مجھ سے میرے پس منظر کے بارے میں پوچھا، چند سوالات میرے گریڈز کے حوالے سے کئے اور میرے لیے پی ایچ ڈی کے مقالے کا نگران بننے کی حامی بھر لی۔

وُولف کا اپنا پس منظر بھی خاصا دلچسپ تھا۔ ان کا جنم 1922ء میں چیکوسلاویکیہ میں یہودی والدین کے ہاں ہوا۔ 1940ء میں دوسری جنگِ عظیم کے دوران ہٹلر نے چیکوسلاویکیہ پر قبضہ کیا تو وُولف اٹلی فرار ہو گئے۔ شومئ قسمت کہ اٹلی، جنگ میں جرمنی کا اتحادی بن گیا۔ اب کہ وُولف کو فرانس کی طرف کُوچ کرنا پڑا۔ 1942ء میں جب جرمنی نے فرانس پر بھی قبضہ کر لیا تو وُولف نے 'انگلش چینل' عبور کی اور برطانیہ چلے گئے۔ اور جنگ کا باقی عرصہ برطانیہ میں ہی گزارا۔ جنگ کے خاتمے پر وُولف جب واپس وطن لوٹے تو اُن پر صدمے کا پہاڑ ٹُوٹ پڑا ان کے والدین اور بقیہ خاندان جرمنی کے قیدیوں کے اجتماعی قید خانوں میں مارے جا چکے ہیں۔

جب 1976ء میں میری ملاقات وُولف سے ہوئی تو وہ اس وقت تک بھی اپنے والدین کی اصل وجہِ ہلاکت کا کھوج لگا رہے تھے۔ انھوں نے 1948ء میں اپنی پی ایچ ڈی مکمل کی اور جلد ہی میکس بارن کے ساتھ مل کر مشہور زمانہ کتاب 'پرنسپلز آف آپٹکس' (مناظریات کے اصول) لکھنی شروع کر دی۔ بارن بھی چند دہائی قبل ہٹلر کے جرمنی میں عروج پر وہاں سے نکال دئے گئے تھے۔ کتاب 1959ء میں اس وقت شائع ہوئی جب 'لیزر' ابھی تازہ بہ تازہ ایجاد ہوئی تھی۔ نئے سائنسی ماحول میں یہ کتاب اس لیے ایک بڑی کامیابی ثابت ہوئی کیونکہ یہ روشنی کے اس نئے ذریعے (لیزر) کی خصوصیات سمجھنے کے لئے بہت معاون ثابت ہو رہی تھی۔

وُولف کو امریکہ کی متعدد بڑی یونیورسٹیوں کی جانب سے کام کی پیشکش موصول ہونے لگیں۔ انھوں نے راچسٹر یونیورسٹی کا انتخاب کیا، بلاشبہ راچسٹر اس وقت بھی آپٹکس کی تعلیم حاصل کرنے کے لئے ایک

عظیم درسگاہ سمجھی جاتی تھی۔ پہلی ملاقات میں وُولف نے مجھے اپنے کچھ تحقیقی مقالے دیئے اور یہ کام سونپا کہ میں روشنی کے فضا میں منتشر ہونے کے حوالے سے ایک مسئلہ حل کر کے ان کو پیش کروں۔

یہ میری خوش بختی تھی یا بد قسمتی کہ جس سال میں وُولف کی ٹیم میں شامل ہوا اسی سال وُولف، 'آپٹیکل سوسائٹی آف امریکہ' کے صدر منتخب ہو گئے۔ یہی نہیں بلکہ ان کو سوسائٹی کے اعلیٰ ترین ایوارڈ، "فریڈرک آئیویز" میڈل سے بھی نوازا گیا۔اس کے معنی یہ تھے کہ اب انھوں نے سال کے زیادہ دِن سفر میں ہی مصروف رہنا تھا۔ کیونکہ انھوں ملک میں واقع آپٹکس کے مُختلف سیکشنز کو لیکچر دینے تھے اور میرے ساتھ فزکس پر مباحث کرنے کا وقت ان کے پاس نہیں تھا۔

دھیرے دھیرے مجھے یہ احساس دامن گیر ہونے لگا کہ اگر میں نے اپنی پی ایچ ڈی کامیابی سے مکمل کرنی ہے تو وُولف سے رہنمائی کی امید رکھنے کی بجائے مجھے تحقیقی کام خود منتخب کر کے اپنا کام شروع کرنا ہوگا۔ یہ محنت طلب کام تو تھا ہی، مگر اس ترتیب میں ایک طرح سے آزادی بھی تھی۔ جس نے مجھے ایک خود انحصار تحقیق کار بننے میں مدد دی۔ یہ صلاحیت جو کئی سال بعد پاکستان میں، جہاں تحقیقات کا ماحول سازگار نہیں تھا، کام کرتے ہوئے میرے بہت کام آئی۔

اب میں اپنی تحقیقی کام تنہا کرتا اور ان کے نوٹس تیار کر کے وُولف کو پیش کرتا جو وہ مجھ سے وقت ملنے پر دیکھنے کا وعدہ کر کے لے لیتے تھے۔ یہ طریقہ قریب ایک سال چلا، وُولف کا کوئی ریسپانس مجھے موصول نہ ہوا۔

یہ نومبر 1977ء کی ایک خوبصورت صبح کا واقعہ ہے۔ وُولف گرمجوشی سے میرے دفتر میں داخل ہوئے اور مُسکراتے ہوئے اعلان کیا کہ انھوں نے بالآخر میرا سارا کام دیکھ لیا ہے۔ اُن کا خیال تھا کہ میں نے کچھ بنیادی دریافتیں کی ہیں۔ اور میرے پاس کافی خالصتاً نیا مواد موجود ہے۔ یہ مواد میرے پی ایچ ڈی کے مقالے کے لئے کافی ہے۔ انھوں نے یہ بھی کہا کہ میں اپنے تحقیقی نتائج شائع کروا کر پی ایچ ڈی تھیسز لکھنے کی تیاری کروں۔

یہ بات میرے لئے حیرت انگیز خوش خبری تھی۔ میں نے اپنا تھیسز لکھنا شروع کر دیا اور اپنی پی ایچ ڈی 1978ء کے اکتوبر میں مکمل کر لی۔ اپنی جماعت میں پی ایچ ڈی مکمل کرنے والا میں پہلا طالبِ علم تھا۔

وولف نے مجھے پیشکش کی کہ میں بطور پوسٹ ڈاکٹریٹ فیلو ان کے ہاں ایک سال کے لئے 1979ء کی گرمیوں تک رُک سکتا ہوں۔

میرا اگلا قدم پوسٹ ڈاکٹریٹ کی کوئی پوزیشن حاصل کرنا تھا۔ اس کے لئے منظر نامے پر سب سے نمایاں نام "مارلن سکلی" کا تھا۔ اُن کی کرشماتی شخصیت کا کمال تھا کہ اُن کے گروپ میں بطور پوسٹ ڈاکٹریٹ کی پوزیشن کا حصول کوانٹم آپٹکس کے کسی بھی طالبِ علم کا خواب ہو سکتا تھا۔

یہاں پہنچتے پہنچتے، میں قائل ہو چُکا تھا کہ مستقبل کی فزکس 'کوانٹم آپٹکس' ہے اور میرا پی ایچ ڈی کا کام 'کلاسیکل فزکس' (روایتی طبیعیات) سے متعلق ہے جو آنے والے زمانے میں، اکثر سائنسدانوں کی نظر میں ایک دقیانوسی کام سمجھا جائیگا۔ یہ احساس پیدا ہوتے ہی میں نے اپنی دلچسپی کا شعبہ تبدیل کر لیا۔ اب میری تحقیق کا میدان 'کوانٹم آپٹکس' تھا۔

اُس دوران جب میں، کلاسیکی آپٹکس پر اپنا تحقیقی مقالہ لکھ رہا تھا، میں نے آپٹیکس کے بیچ کچھ تازہ مسائل دریافت کئے تھے اور پوسٹ ڈاکٹریٹ کے اِس ایک سال کے دوران، میں نے کوانٹم آپٹکس کے مختلف پہلوؤں سے متعلق پانچ عدد پیپر شائع کیے تھے۔

'سکلی' نے اپنی پی ایچ ڈی کی ڈگری 1966ء میں "ییل یونیورسٹی" سے، نوبل انعام یافتہ سائنسداں "ویلیز لیمب" کی زیرِ نگرانی حاصل کر رکھی تھی۔ سکلی نے گریجوئیشن کے زمانے سے ہی ایک نمایاں سائنسداں کے طور پر، اپنا علمی لوہا منوانا شروع کر دیا تھا، جب انھوں نے پہلی کوانٹم تھیوری پیش کی تھی، جو "سکلی لیمب تھیوری آف لیزر" کہلوائی۔ یہی تھیوری اُن کا پی ایچ ڈی کا مقالہ بھی تھا۔ یہ ایک ایسا مسئلہ تھا جس کا حل ناممکن سمجھا جاتا تھا۔ سکلی نے اس کو ممکن کر دکھایا۔ سکلی ایک ایسی تھیوری پیش کرنے میں کامیاب ہو گئے تھے جو فزکس کی دنیا میں ایک شاہکار تھا۔ میں نے فزکس میں اتنا شاندار کام، کم ہی دیکھا ہے۔

سکلی نے جب بطور فیکلٹی ممبر "ایم۔آئی۔ٹی" (میسی چوسٹس انسٹیٹیوٹ آف ٹیکنالوجی) میں گئے تو بہت جلد اور کم عمری میں ہی فل پروفیسر بن گئے۔ اس اثناء میں اُن کو "یونیورسٹی آف ایری زونا" سے ایک پیشکش موصول ہوئی۔ اُن کو وہاں جا کر ایک نیا آپٹیکل سائنس سنٹر قائم کرنا تھا۔ سکلی نے پیشکش قبول کر لی

اور 1974ء میں 'ریاستِ ایری زونا' ہجرت کر گئے۔ بلکہ انھوں نے ویلیز لیمب کو بھی قائل کر لیا کہ وہ بھی اُن کے ساتھ اس کام میں شامل ہو جائیں۔

1978ء کے اواخر میں، میں نے سکلی کے ساتھ پوسٹ ڈاکٹریٹ پوزیشن کی درخواست دے دی۔ آغاز میں، اُن کی طرف سے کوئی جواب موصول نہ ہُوا تو مجھے یقین ہو گیا کہ میں اُن کے معیار پر پورا نہیں اُتر سکا۔ پھر میں نے اپنے مزاج کے برعکس اُن کو کال کر دی۔ جب اُن کو پتہ چلا کہ میں نے ایمل وُولف کی زیرِ نگرانی ڈاکٹریٹ مکمل کیا ہے تو مجھ میں ان کی دلچسپی صاف محسوس ہوئی اور انھوں نے مجھے ایری زونا جا کر ایک سیمینار کرنے کی دعوت دے ڈالی۔ میں نے فیصلہ کیا کہ میں اپنے سیمینار میں "سکلی لیمب تھیوری" کے اُن پہلوؤں پر خطاب کروں جن پر میں نے اپنی پی ایچ ڈی کے بعد چند مہینے کام کیا تھا۔ سیمینار کے دوران مجھے گھبراہٹ محسوس ہو رہی تھی۔ کیونکہ میں "سکلی لیمب لیزر تھیوری" پر بات کر رہا تھا اور دونوں افراد (سکلی اور لیمب) میرے بالمقابل ناظرین میں تشریف فرما تھے۔

خوش قسمتی سے میرا سیمینار اچھا رہا۔ سکلی میری مختلف النوع مسائل پر دسترس اور کام کرنے کی صلاحیت سے اچھے خاصے متاثر نظر آئے۔ بلکہ اس کے بعد میرے 'انٹرویو ٹرپ' کے دوران وہ جب بھی کسی سے میرا تعارف کرواتے تو آغاز میں یہ ضرور کہتے "اس نے سیمینار میں بھی اپنا پی ایچ ڈی مقالہ نہیں پڑھا تھا"۔ بطور 'پوسٹ ڈاکٹورل فیلو'، سکلی گروپ کا حصہ بنتے ہی مجھے پتہ چل گیا کہ میں کتنا خوش قسمت انسان ہوں۔ سکلی کے ہاں پوسٹ ڈاکٹریٹ فیلوشپ کے حصول کی درخواستوں کی ایک طویل قطار، میری خوش بختی کا منہ بولتا ثبوت تھی۔

سکلی کے گروپ میں میری شمولیت میری پیشہ ورانہ زندگی کا اہم سنگِ میل ثابت ہوئی۔ شروع شروع میں وہ میرے اتالیق تھے جن سے میں تحقیق کرنے کے مختلف طریقے سمجھتا تھا۔ بعد میں کئی پراجیکٹس میں ایک دوسرے کے معاون ٹھہرے اور اس کے بعد ہمارے درمیان ایک رفیقِ کار اور ہم دمِ دیرینہ جیسا باہمی احترام کا اتنا پُختہ رشتہ قائم ہوا جو 40 برس گزر جانے کے باوجود بھی قائم ہے۔

وُولف کے برعکس، سکلی، فزکس میں کثیر الجہت علم رکھتے تھے اور تحقیق کے نئے نئے میدانوں میں قدم رکھنے سے قطعاً نہ گھبراتے۔ اور شاید اُن کو میرا مختلف مسائل کا مختصر وقت میں حل نکالنے کا ہنُر بھی بھا گیا۔ میری آمد کے چند دنوں بعد ہی سکلی نے مجھے آئن سٹائن کی 'تھیوری آف ریلے ٹیویٹی' کے آپٹیکل ٹیسٹ سے متعلق

ایک مسئلہ حل کرنے کو کہا۔اس وقت تک میں نے اس تھیوری کے بارے میں صرف سُن رکھا تھا۔میں نے کبھی اس کا تفصیلی جائزہ نہ لیا تھا۔اب سب سے پہلے تو مجھے اس تھیوری کا بذاتِ خود علم حاصل کرنا تھااور اسی اثناء مجھے اس تھیوری کو ٹیسٹ کرنے کے لئے ایک منصوبہ بھی تیار کرنا تھا۔سکلی کے ساتھ بیتے میرے پوسٹ ڈاکٹریٹ کے ماہ وسال بہت سود مند ثابت ہوئے۔مجھے اپنے پوسٹ ڈاکٹریٹ ساتھیوں سے استفادہ کرنے کا موقع بھی ملا۔یہ لوگ اپنے شعبے کے بہترین لوگ تھے۔اور بعد میں وقت نے ثابت کیا کہ سکلی کے ساتھ ان دنوں میں اپنے وقت کے کتنے عظیم سائنسدانوں کے ساتھ کام کر رہا تھا۔

1984ء میں مجھے قائدِاعظم یونیورسٹی اسلام آباد سے ایک فیکلٹی پوزیشن پر کام کرنے کی پیشکش موصول ہوئی۔اس وقت امریکہ کی ایک یونیورسٹی میں ایک فیکلٹی ممبر بننے سے متعلق میری بات چیت چل رہی تھی۔میں ایک نازک موڑ پر کھڑا تھا۔ایک طرف مجھے اپنی سرزمین پُکار رہی تھی اور دوسری طرف میں امریکہ میں دس سال گزارنے کے بعد باقی زندگی یہیں گزارنے کا منصوبہ بنا چُکا تھا۔میں اور میری بیوی پروین کافی دیر اس پر مکالمہ کرتے رہے۔بالآخر ہم نے وطن لوٹ جانے کا فیصلہ کر لیا۔

میرا پاکستان لوٹنے کا مقصد اپنے وطن میں، کوانٹم آپٹکس کے میدان میں ایک متحرک اور پیشہ وارانہ تحقیقی پروگرام کا قیام تھا۔میرا یہ فیصلہ بظاہر دانشمندانہ نہ تھا، کیونکہ بین الاقوامی تناظر میں، سائنس اور اعلیٰ تعلیم کے اعتبار سے پاکستان ایک قبرستان سے زیادہ کچھ بھی نہ تھا۔پاکستان کی کسی یونیورسٹی میں اس وقت سائنس کے شعبے میں ڈاکٹریٹ کا کوئی قابلِ ذکر پروگرام بھی موجود نہیں تھا۔اس کے علاوہ گروپ ریسرچ (اجتماعی تحقیق)، جس میں کوئی پروفیسر اپنے طلباء کو اپنی نگرانی میں پی ایچ ڈی کروا رہا ہو، ایسا بھی کوئی رواج نہ تھا۔پُورے ملک میں کوئی ایک بھی شخص موجود نہیں تھا جس کے ساتھ میرے شعبے سے متعلق کسی تحقیقی عنوان پر سنجیدہ علمی مکالمہ کیا جا سکے۔بین الاقوامی سیمینار اور بیرونِ ملک ریسرچ گروپس کے ساتھ اشتراک کے لئے بھی جامعات کے پاس فنڈنگ نہ ہونے کے برابر تھی۔لائبریری میں عالمی تحقیقی پرچے بہت کم تعداد میں پائے جاتے تھے۔اس کی ایک وجہ تو یہ تھی کہ اس کے لئے یونیورسٹی نے بہت کم پرچے لگوا رکھے تھے اور جو آتے بھی تھے، یونیورسٹی کو بہت دیر سے موصول ہوتے تھے۔طلباء کو پی ایچ ڈی کروانا تقریباً ناممکن تھا کیونکہ اُن کو ایک قابلِ قبول وظیفہ دینے کے لئے یونیورسٹی کے پاس فنڈز نہیں تھے۔مختصر یہ کہ طلباء کو پی ایچ ڈی کروانے کے لئے یونیورسٹی کے پاس کوئی بنیادی ڈھانچہ تک نہ تھا۔

ان مسائل کے علاوہ میری تعیناتی سے متعلق ایک مسئلہ ایسا تھا، جس کا احساس مجھے 'آفر لیٹر' دیکھتے وقت نہیں ہوا تھا۔ یہ میرے لئے حیران کن بات تھی کہ مجھے فزکس کی بجائے الیکٹرانکس کا اسسٹنٹ پروفیسر لگایا گیا تھا۔ میرے نزدیک یہ ایک معمولی تکنیکی معاملہ تھا، مگر حقیقت میں ایسا نہیں تھا۔ ہوا یوں تھا کہ حکومت نے الیکٹرانکس میں ایک ڈگری پروگرام کی منظوری دے رکھی تھی۔ شروع میں الیکٹرانکس میں ماسٹرز کا یہ پروگرام فزکس ڈیپارٹمنٹ میں چلنا طے پایا تھا۔ اس کی بعد جوں ہی کوئی سینئر فیکلٹی ممبر یونیورسٹی کو میسر آتا، اس کی زیرِ نگرانی الیکٹرانکس کا الگ شعبہ قائم کرنا تھا۔

ایک سال کے اندر اندر میری ترقی بطورِ ایسوسی ایٹ پروفیسر ہو گئی، الیکٹرانکس کا نیا ڈیپارٹمنٹ بھی وجود میں آ گیا اور مجھے الیکٹرانکس کا پہلا چیئرمین بنا دیا گیا۔ مگر میرا دل ایک منتظم بننے پر راضی نہ ہوا۔ میں ایک طبیعیات داں ہی رہنا چاہتا تھا۔ مگر دل بھاری کرنے کی بجائے میں آگے چل پڑا۔ میں نے اپنے شعبے 'کوانٹم آپٹکس' میں ایک ریسرچ پروگرام چلانے کی ٹھان لی۔

اس کے لئے دو چیزیں بہت ضروری تھیں۔ ایک تو مجھے چند ہونہار طالب علم چاہئیں تھے۔ دوسرے، مجھے فنڈنگ چاہیے تھی تاکہ میں اُن طلباء کو وظائف دینے کے ساتھ ساتھ ضروری سامان مثلاً، کمپیوٹر اور اس سے متعلق اشیاء خرید سکوں۔ میں نے فنڈنگ کے مختلف ذرائع کا جائزہ لیا اور پی ایچ ڈی پروگرام کے لئے 'پاکستان سائنس فاؤنڈیشن' کو فنڈنگ کے لئے درخواست دے دی۔ گرانٹ منظور ہو گئی، جو میری منزل کی طرف پہلا قدم ثابت ہوئی۔ مگر اس سے بڑی مالی مدد ایک غیر متوقع ذریعے سے مل گئی۔

ایک دِن، میں کلاس میں پڑھا رہا تھا کہ میرے ایک معاون نے آ کر مجھے اطلاع دی کہ کوئی مہمان مجھ سے ملنا چاہتے ہیں جو ہیڈ آف ڈیپارٹمنٹ کے دفتر میں، میرے منتظر ہیں۔ میں نے بے دلی سے کلاس چھوڑی اور طلباء سے جلد واپس لوٹنے کا کہہ کر مہمان سے ملاقات کے لئے چل دیا۔

یہ دیکھ کر میں خوشگوار حیرت سے دوچار ہو گیا کہ مہمان کوئی اور نہیں بلکہ "پاکستان اٹامک انرجی کمیشن" کے چیئرمین ڈاکٹر اشفاق احمد تھے۔ امریکہ سکونت کے دوران، میں نے اپنی یونیورسٹی میں ان کے چند سٹاف ممبرز کو پی ایچ ڈی کے بعد فیلوشپ دلوائی تھی۔ یہی وجہ شاید اُن سے واقفیت کی وجہ بنی ہو کہ وہ مجھ سے ملنے خصوصی طور پر یونیورسٹی میں تشریف لائے تھے۔ ڈاکٹر اشفاق نے بغیر کسی علیک سلیک کے سیدھا سوال داغ دیا:

"سہیل! آپ کو ہمیشہ ہمیشہ کے لئے پاکستان میں رکھنے کے لئے مجھے کیا کرنا ہوگا؟"

یہ سُن کر وہ دھچکا جو مجھے اس وقت لگا تھا، آج بھی یاد ہے۔ کیونکہ اتنے عہدے دار کا ایک نوجوان پروفیسر کے لئے بغیر کسی پروٹوکال کے ملنے کے لیے آنا اور اتنی بڑی پیشکش کرنا، یقیناً ایک جھٹکا تھا۔ بغیر کسی ہچکچاہٹ کے، میں نے ڈاکٹر صاحب سے درخواست کہ میں قائدِ اعظم یونیورسٹی میں ایک ریسرچ گروپ اور پی ایچ ڈی پروگرام شروع کرنا چاہتا ہوں۔ اس کے لئے مجھے فیلوشپ سپورٹ چاہیے۔ انھوں نے فوراً حامی بھر لی اور فرمایا کہ میں مناسب طلباء کا چناؤ کر کے ان کو قائدِ اعظم یونیورسٹی بُلواؤں۔ ان طلبہ کو "پی۔اے۔ای۔سی" (پاکستان اٹامک انرجی کمیشن) اپنے ہاں پوری تنخواہ پر سائنٹیفک آفیسر کی آسامی پر بھرتی کرلے گی۔ مگر اس شرط پر کہ وہ فل ٹائم آپ کی زیرِ نگرانی پی ایچ ڈی مکمل کریں گے۔ اور یہ کہ طلباء یونیورسٹی میں ہی رہینگے۔ اور پی اے ای سی میں صرف ہر ماہ کی پہلی تاریخ کو تنخواہ لینے جایا کریں گے۔

ڈاکٹر اشفاق احمد سے کی گئی یہ پانچ منٹ کی گفتگو اور ان کی طرف سے کی گئی معاونت، آنے والے دنوں میں یونیورسٹی میں، پی ایچ ڈی پروگرام چلانے میں بہت سُود مند ثابت ہوئی۔ میرے طلباء کو نوکریاں دینے کے علاوہ، پی اے ای سی، نے ہر سال ایک، دو لاکھ روپے فنڈز دینے بھی شروع کردیئے۔ جس کا چیک براہ راست میرے ذاتی اکاؤنٹ میں آتا تھا تاکہ میں اس رقم سے اپنی ترجیحات کے مطابق تحقیقی کاموں پر خرچ کرسکوں۔ یہ فنڈ آڈٹ وغیرہ کے جھمیلوں سے مبرا تھا۔

ایک اور مدد مارلن سکلی کی طرف سے آئی۔ جب میں ستمبر 1984ء میں پاکستان جانے کی تیاری کررہا تھا تو سکلی پُر اعتماد تھے کہ میں پاکستان کا ماحول تحقیق کے لئے ناموزوں پاکر دسمبر 1984ء تک امریکہ لوٹ آؤنگا۔ مگر جب ایسا نہ ہُوا تو پاکستان میں میرے پہلے موسم گرما (مئی 1985) شروع ہوتے ہی مجھے ان کا دعوت نامہ موصول ہُوا۔ انھوں نے مجھے گرمیوں میں امریکہ آنے کی دعوت دی، جو دو حصوں پر مشتمل تھی: پہلا دورہ امریکہ کا تھا جس میں یونیورسٹی آف نیو میکسیکو کا دورہ تھا۔ دوسرے حصے میں مجھے 'میکس پلینکس انسٹیٹیوٹ آف کوانٹم فزکس' جرمنی کا دورہ کرنا تھا۔ میرے دورے کے سفری و دیگر اخراجات سکلی کی ریسرچ گرانٹ سے ادا ہونے تھے۔ میرا یہ دورہ ایک طویل علمی و تحقیقی رفاقت کا آغاز ثابت ہوا کیونکہ آگے چل کر مجھے ان دو اداروں کا، جب میں چاہوں، دورہ کرنے کی مستقل دعوت و مالی اعانت مل گئی۔ میں گرمیوں اور کبھی سردیوں کی تعطیلات میں ان کا دورہ کرنے لگا۔ ان دوروں کے لئے پاکستانی وسائل قطعاً

استعمال نہیں ہوئے۔ اور فائدہ یہ ہوا کہ میری مغربی سائنس سے دوری ختم ہوگئی اور میں مغرب میں سائنس دانوں کے ساتھ جُڑا رہنے سے جدید سائنسی دریافتوں سے آگاہ بھی رہنے لگا۔

"میکس پلینکس انسٹیٹیوٹ"، کوانٹم آپٹکس میں ایک معتبر اور اعلی درجے کا ادارہ تھا۔ جس کا دورہ کرنے والوں میں نوبل انعام یافتہ سائنسدان بھی شامل تھے۔ جو اکثر گرمیوں کی تعطیلات میں اس کا دورہ کرتے تھے۔ ان دوروں نے آگے چل کر میری علمی، تحقیقی اور سائنسی سعی و جدوجہد میں بہت مدد کی۔ میں نے متعدد مقالے لکھے جن کو بے پناہ پذیرائی ملی۔ مجھے 'کوانٹم آپٹکس کے صفِ اول کے طبیعیات دانوں سے ملنے اور تبادلہ خیالات کرنے کے مواقع بھی میسر آئے۔ ان دوروں کا سب سے زیادہ فائدہ، اسلام آباد میں، میرے زیرِ نگرانی کام کرنے والے ریسرچ سکالرز اور طُلباء کو ہُوا۔

شروع میں، پ پی ایچ ڈی پروگرام میں، میرے پاس پانچ طلباء آئے۔ ایسا شاید پاکستان کی سائنسی تاریخ میں پہلی دفعہ ہوُا کہ ایک وقت میں، ایک ہی پروفیسر کی زیرِ نگرانی پی ایچ ڈی کرنے کے لئے پانچ طلباء آگئے۔ اب میرا چیلنج یہ تھا کہ پانچوں طلباء کو ایسی ریسرچ کرواؤں جو اس قابل ہو کہ اول درجے کے سائنسی جرنلز میں شائع ہو جائے اور پی ایچ ڈی کا معیار بھی مغربی یونیورسٹیوں سے کسی طور کم نہ ہو۔ یہ کام جوئے شیر لانے کے مترادف تھا۔ مجھے ایک تحقیقی رواج قائم کرنا تھا، جس کو بنیادوں سے اٹھا کر تحقیقی سہولتوں سے مزین کرنا تھا۔ ایسی سہولتیں مغرب میں تحقیقی اداروں کے پاس پہلے سے موجود ہوتی ہیں۔ اس چیلنج میں دو چیزیں بہت نمایاں تھیں۔ جدید 'سائنسی میگزینز' کی تواتر اور روانی سے یونیورسٹی میں آمد کو یقینی بنانا اور دوسرے جدید ترین کمپیوٹر اور ان سے منسلک سہولیات کی دستیابی۔ ان مقاصد کے حصول کے لئے، سال 1984ء سے سال 1989ء اس لحاظ سے میرے لئے سخت جدوجہد کے تھے۔

بالآخر 1989ء کے اختتام تک پانچوں طلباء نے اپنا پی ایچ ڈی تھیسز کا حتمی دفاع کامیابی سے کر لیا۔ بین الاقوامی ریفریز Refrees نے بھی اپنے تجزیئے میں، متفقہ طور پر پانچوں طلباء کو اعلی ترین قرار دیا۔ ایک نیا تاثر قائم ہو چُکا تھا اور ایک نئی رسم وجود میں آچکی تھی۔ یونیورسٹی کی سنڈیکیٹ نے پہلی دفعہ ایک بے مثال تحریک پیش کی جس میں ان طلباء کے کارنامے کو متفقہ طور پر فراخدلی سے خراجِ تحسین پیش کیا گیا۔

اس کے بعد بہت سے نئے طلباء میرے ریسرچ گروپ میں شامل ہونے کے خواہشمند بن گئے۔ یہ وہ وقت تھا جب ایک غیر ضروری اور بلاجواز بحران پیدا ہو گیا۔ میرے پہلے پی ایچ ڈی طلباء شعبہ طبیعیات

(فزکس ڈیپارٹمنٹ) کے تھے جب کہ میں الیکٹرانکس ڈیپارٹمنٹ کا چیئرمین تھا۔ میں پی ایچ ڈی لیول کے کوانٹم فزکس کے کورسز فزکس ڈیپارٹمنٹ جا کر پڑھاتا تھا۔ اس کی ایک وجہ یہ تھی کہ میرے پی ایچ ڈی پروگرام کے لئے مائل ہوں۔ میرا یہ کام اپنے الیکٹرانکس کے ٹیچنگ لوڈ کے علاوہ تھا۔

میرے پہلے پی ایچ ڈی بیچ Batch کی تکمیل کے فوری بعد، فزکس ڈیپارٹمنٹ کے سربراہ اور فیکلٹی نے فیصلہ کیا کہ مجھے فزکس ڈیپارٹمنٹ میں کوانٹم آپٹکس پڑھانے کی اور وہاں کے طلباء کو اپنی زیرِ نگرانی جاری، پی ایچ ڈی. پروگرام میں داخل کرنے کی، اجازت نہیں ہوگی۔ یہ میرا پہلا پیشہ وارانہ بحران تھا۔ نئے طلباء کی آمد کے بغیر میرا پی ایچ ڈی پروگرام کیسے چلتا؟ بہر حال فزکس ڈیپارٹمنٹ کی قیادت سے الجھنے کی بجائے، میں نے پی ایچ ڈی کے خواہش مند طلباء کے ساتھ مل کر مسئلے کا حل نکالنے کی کوشش کی۔ وہ یوں کہ خواہشمند طلباء داخل تو الیکٹرانکس ڈیپارٹمنٹ میں ہوتے مگر میں یہاں ان کو کورسز فزکس کے دے دیتا تھا۔ اس انتظام سے میرا ریسرچ گروپ بھی بچ گیا اور مزاحمت بھی جلد ہی دم توڑ گئی۔

قائدِ اعظم یونیورسٹی میں بیتے یہ سال میرے لئے مشکل تو تھے ہی مگر پیشہ وارانہ طور پر سُود مند تھے۔ میں نے اپنے تصور سے بڑھ کر کامیابی حاصل کی تھی۔ میں پاکستان کے اندر ایک ایسا ریسرچ گروپ قائم کرنے میں کامیاب ہو چکا تھا۔ جس سے مستفید ہو کر طلباء بین الاقوامی درجے کی پی ایچ ڈی کر سکتے تھے اور ان تمام آلام و مصائب سے بچ سکتے تھے جو میں نے کئی برس قبل برداشت کئے تھے۔

ان دنوں جب میرے ریسرچ گروپ کو قومی اور بین الاقوامی سطح پر پزیرائی مل رہی تھی، مجھے ایک ایسا ذہنی دھچکا لگا جس نے میرے باطن تک کو ہلا کر رکھ دیا اور میرا نقطہ نظر تک ہمیشہ کے لئے تبدیل کر دیا۔

جن دنوں میں، میں تحقیق کی نئے رسم و رواج کو وجود میں لا رہا تھا، اپنے طلباء کو اپنا دوسرا خاندان گردانتا تھا۔ علمی و تحقیقی رہنمائی کے علاوہ میں اپنے طلباء کی ہر طرح کی اعانت بھی کرتا اور بعض اوقات اگر کوئی اپنا ذاتی مسئلہ مجھے بتاتا تو میں اس کی مدد اسی طرح کرتا جیسے اپنی ذاتی فیملی کے کسی رکن کی۔

یہ وقت ملک میں سیاسی ہنگامہ خیزی کا تھا۔ ایک طویل عرصے کے بعد جمہوریت واپس اپنی پٹڑی پر چڑھ رہی تھی۔ عوام مختلف سیاسی جماعتوں سے اپنے مراسم کی تجدید کر رہے تھے اور سیاسی تقسیم کا شکار ہو رہے تھے۔ مگر میں اپنے طلباء کو یاد کرواتا رہتا تھا کہ وہ جامعہ سے باہر سیاسی خلفشار سے مکمل طور پر دُور رہیں۔ اور اپنی توجہ تحقیقی کام پر مرکوز رکھیں۔ میں اُن کو بتاتا کہ اچھی تحقیق کے لئے کم از کم سو فیصد تحقیقی کوشش

کی ضرورت ہوتی ہے۔ میں ان سے اکثر، فزکس کی ان قد آور شخصیات کا تذکرہ کیا کرتا جن کے ساتھ میں نے، بیرون ملک قیام کے دوران کام کیا اور جو اپنی تحقیق کے بارے میں بہت سنجیدہ تھے۔ میں وُلف اور سکلی کی مثالیں دیتا جن کے ساتھ میں نے برسوں کام کیا۔ اُن کے اپنے کام سے لگن کا یہ عالم تھا۔ کہاُں کو باہم گفتگو کے دوران بھی میں نے کبھی فزکس کے علاوہ کسی اور موضوع پر بات کرتے نہیں سُنا۔ میں اپنے طلباء کو یہ بھی سمجھاتا کہ تحقیق کے لئے "لیزر" جیسی توجہ چاہیے ہوتی ہے۔ اور یہ کہ اچھی ریسرچ "پارٹ ٹائم جاب" کے طور پر نہیں کی جاسکتی۔

ایک دِن میں نے اپنے ریسرچ گروپ کی میٹنگ بُلائی۔ میں نے ایک سائنسی مسئلہ زیرِ بحث لانا تھا۔ مگر یہ جان کر میری حیرت کی انتہا نہ رہی کہ میرے طلباء یونیورسٹی کیمپس سے باہر ایک سیاسی اجتماع میں شرکت کے لئے گئے ہیں۔ میں غصے سے لال پیلا ہو گیا۔ اور جب وہ واپس لوٹے تو میں نے ان کو سخت سست کہا اور یہاں تک کہہ دیا کہ آپ لوگوں نے مجھے کتنا مایوس کیا ہے۔ اگلے دن میں جب کیمپس میں داخل ہوا تو مجھے اپنے طلباء کے دفاتر خالی ملے۔ چند روز تک یوں ہی جاری رہا اس کے بعد معلوم ہوا کہ میرے طلباء میرے خلاف ہڑتال پر ہیں اور وہ مجھ سے معافی مانگنے کی توقع رکھتے ہیں۔ میرے جیسے بندے کے لئے یہ بہت بڑا ذہنی صدمہ تھا۔ جو اپنے طلباء کا خیال رکھنے اور ان کے تحقیقی کام کے لئے محنت کی وجہ سے جانا جاتا تھا ۔ میں دفتر میں سب سے پہلے آنے اور سب سے آخر میں جانے کے حوالے سے پہچانا جاتا تھا۔ میری طلباء کے لئے محنت اور رہنمائی کا درجہ اب وہ نہیں رہا تھا۔ مجھ پر ایک اور انکشاف ہوا کہ پرانی اور فرسودہ روایات کو ختم کر کے، جامعات میں، ایک سائنسی اور تحقیقی ماحول پیدا کرنے کا کام کس قدر کٹھن تھا۔

میری سائنسی زندگی میں ایک اور موڑ آتا ہے۔ یہ 1991ء کا ذکر ہے جب مجھے برطانیہ کے ایک بلند پایہ سائنسدان "پیٹر نائٹ" کی طرف سے ایک خط موصول ہوتا ہے۔ جو نہ صرف امپیریل کالج لندن کے نامور پروفیسر تھے بلکہ کیمبرج یونیورسٹی پریس میں "آپٹکس سیریز" کے چیف بھی تھے۔ اس سے قبل میں نے اپنے ایک شاگرد کے ساتھ مل کر 90 صفحے کا ایک ریویو آرٹیکل "سکویزڈ سٹیٹ" جیسے اچھوتے موضوع پر لکھا تھا، جو شائع ہو چکا تھا۔ نائٹ کو وہ آرٹیکل پسند آیا تھا۔ اس خط میں انھوں نے کیمبرج یونیورسٹی کی جانب سے، اس خواہش کا اظہار کیا تھا کہ میں اس آرٹیکل کو وسیع کر کے ایک مونو گرام کی شکل دے دوں تا کہ یہ اُن کی آپٹکس سیریز کا حصہ بن جائے۔

شروع میں تو کچھ عرصہ میں تذبذب کا شکار رہا مگر بعد میں نے فیصلہ کیا کہ اگر آرٹیکل وسیع کیا جاسکتا ہے تو کیوں نہ میں خود ایسا کر کے ایک کتاب وجود میں لاؤں۔اور بالآخر میں مارلن سکلی کے ساتھ مل کر 632 صفحے کی ضخیم کتاب "کوانٹم آپٹکس" لکھنے میں کامیاب ہو گیا۔

1992ء سے لے کر 1997ء تک کے پانچ سال، میری پیشہ وارانہ اور ذاتی زندگی کے مشکل ترین سال تھے۔اس عرصے میں ایک ایسا وقت بھی آیا، جب میں 21 طلباء، جس میں سے 10 پی ایچ ڈی سٹوڈنٹ تھے، کا نگران تھا۔الیکٹرانکس ڈیپارٹمنٹ کا چیئرمین تھا، ایک نئ آپٹکس لیبارٹری قائم کر رہا تھا، بین الاقوامی تعاون حاصل کرنے کے لئے اکثر بیرون ملک سفر بھی کرنا پڑتا، اور اسی دوران میں اس کتاب کا ڈرافٹ لکھ رہا تھا۔اور اس پر مستزاد یہ کہ اس دوران میں اور پروین تین بچوں کی پرورش بھی کر رہے تھے۔

1997ء کی گرمیوں میں کتاب شائع ہو گئی۔ یہ ایکدم بہت بڑی کامیابی ثابت ہوئی۔اس کتاب نے میری آئندہ پیشہ وارانہ زندگی پر دُور رس نتائج مرتب کرنے تھے۔جب میں یہ کتاب لکھ رہا تھا تو میں نے نہیں سوچا تھا کہ کتاب اتنی اثر انگیز ثابت ہو گی۔اور باقی ماندہ ساری زندگی میں "کوانٹم آپٹکس" کے مصنف کے طور پر پہچانا جاؤنگا۔میری کتاب دُنیا کی تمام جامعات میں کوانٹم آپٹکس کی نصاب کی کتاب کے طور پر شامل کر لی گئی۔ان جامعات میں آکسفورڈ، کیمبرج اور ہارورڈ سے لے کر تیسری دنیا کی نئ قائم ہونے والی جامعات شامل تھیں۔کتاب شائع ہوئے ایک چوتھائی صدی بیت گئی ہے مگر آج بھی ہماری کتاب اس موضوع پر مستند کتاب ہے۔اور دُنیا بھر میں کوانٹم آپٹکس کی بائبل کے طور پر جانی جاتی ہے۔اور یہ سمجھا جاتا ہے کہ یہ کتاب کوانٹم آپٹکس کو سب سے بہتر طور پر واضح کرتی ہے۔مجھے اس بات پر فخر ہے کہ یہ کتاب اُن چند کامیاب پاکستانی کتابوں میں سے ایک ہے جو پاکستان سے باہر گئیں۔اور بین الاقوامی شہرت کی حامل ٹھہریں۔

اس کتاب نے طلباء کی کئی نسلوں کو اس اہم موضوع کا پہلا تعارف کروایا ہے۔اس کتاب کو دنیا کے جانے پہچانے سائنسی جرنلز میں 8000 سے زیادہ ریفرنسز کی صورت پذیرائی ملی، جو کہ کسی ایک موضوع پر لکھی گئی سائنسی کتاب کے لئے اچھی خاصی تعداد ہے۔

کتاب کی اشاعت کا فوری اثر میرے نام کی پہچان تھا۔ایک نامور سائنسداں نے تو یہاں تک کہہ ڈالا "زبیری کا نام اور کوانٹم آپٹکس ایک دُوسرے سے وابستہ ہو چکے ہیں۔"اس کاوش کو تسلیم کرنے کے لیے

مجھے مختلف ممالک کی طرف سے اعلیٰ انعامات سے بھی نوازا گیا۔ جس میں صدرِ پاکستان کی طرف سے "ہلالِ امتیاز"، او۔آئی۔سی کی طرف سے "ممتاز سائنسداں" کا انعام، صدرِ ایران کی جانب سے "بین الاقوامی خوارزمی ایوارڈ"، حکومتِ چین کی طرف سے "ممتاز شان جیانگ ایوارڈ"، جرمنی کی طرف سے "الیگزنڈر وانہم بولٹ ایوارڈ برائے ممتاز سائنسداں"، سعودی ارب کی جانب سے "ڈسٹنگوئشڈ ایڈ جنکٹ پروفیسر شپ" اور ریاست ہائے متحدہ امریکہ میں "ویلیز۔ای۔لیمب انعام برائے لیزرز اینڈ آپٹکس" شامل ہیں۔

مجھے دنیا بھر کی یونیورسٹیوں کی جانب سے، ان کے ہاں جا کر لیکچر دینے کے دعوت نامے موصول ہونے لگے۔ ایک دفعہ مجھے "ممتاز مہمان پروگرام" کے تحت چین جا کر ملک کی مختلف جامعات میں لیکچر دینے کا اتفاق ہُوا تو اتنی شاندار تواضع کی گئی کہ مجھے اور پروین کو شرمندگی محسوس ہونے لگی۔ ہر شام کہیں نہ کہیں پر ضیافت کا اہتمام ہوتا تھا۔ اور وہاں کی جامعات کے ارکان بڑھ چڑھ کر اپنی اپنی کامیابیوں کا ذکر کرتے اور مجھ سے اپنے کام سے متعلق تجاویز مانگتے۔ طلباء اپنی کوانٹم آپٹکس کی کاپی پر میرے دستخط کروانے کے لئے بیتاب ہوتے اور ہمیں قابلِ دید جگہوں کی سیر کے لئے لے جایا جاتا۔

ایک اور ان دیکھی نوازش ظہور پذیر ہوئی۔ میرے اور سکلی کے درمیان طے پایا تھا کہ کتاب کی ساری رائلٹی مجھے ملے گی۔ پہلا چیک 1998ء کے اوائل میں موصول ہوا یہ ڈالرز میں اچھی خاصی رقم تھی۔ میں نے اور پروین نے فیصلہ کیا کہ ہم لوگ یہ ڈالرز اسی طرح بینک میں پس انداز کر لیں گے اور ان پیسوں سے بڑی بیٹی سارہ کا امریکہ میں کالج کی تعلیم کا خرچ نکل آئیگا۔ سارہ اس وقت، اے لیول، کی طالبہ تھی اور اعلیٰ تعلیم حاصل کرنے کا عزم رکھتی تھی۔ مگر یہ خواب اس وقت بکھر گیا جب مئی 1998ء میں پاکستان نے ایٹمی دھماکے کئے اور بینکوں میں موجود تمام ڈالرز روپوں میں بدل دیئے۔ مگر ہمارے گھر میں اب بچوں کو بیرونِ ملک تعلیم کے لئے بھیجنے کا بیج بویا جا چکا تھا۔

میری کہانی میں ایک اور موڑ 1999ء میں آیا جب میں جرمنی کے دورے پر تھا۔ میں 'میکس پلینک انسٹیٹیوٹ' میں سکلی کی ساٹھویں سالگرہ کے موقع پر منعقدہ کانفرنس میں شرکت کے لئے گیا تھا۔ میں اور سکلی انسٹیٹیوٹ کے کیفے ٹیریا میں کافی سے لطف اندوز ہو رہے تھے، جب سکلی نے یکدم ایک تجویز پیش کر دی کہ کیا اس بات کا امکان ہے کہ میں ٹیکساس اے اینڈ ایم یونیورسٹی، میں چند سالوں کے لئے مہمان پروفیسر

کے طور کام کروں۔ اس وقت میں اسلام آباد میں ایک پُر سکون زندگی گزار رہا تھا۔ کتاب ختم ہو چکی تھی اور میرا، امریکہ کے مختصر دورے کرنے کا کوئی ارادہ نہیں تھا۔ ویسے بھی میں 1998ء کے آغاز میں، اسلام آباد میں موجود امریکی سفارتخانے جا کر اپنا گرین کارڈ واپس کر چُکا تھا۔

شروع میں، میں نے سکلی کی دعوت مسترد کر دی مگر وہ مصر رہے۔ ہر وہ شخص جو سکلی سے واقف ہے خوب جانتا ہے کہ وہ اپنے اندر قائل کرنے کی صلاحیت کس قدر رکھتے ہیں۔ جب میں نے اس کا ذکر پروین سے کیا تو اُن کو بچوں کی تعلیم کے حوالے سے یہ ایک نادر موقع نظر آیا: "کیا یہ اچھا نہیں ہو گا کہ جب سارہ گریجوئیشن کے لئے کسی امریکی یونیورسٹی میں داخل ہو تو ہم بھی امریکہ میں موجود ہوں؟" سارہ نے آنے والے سالوں میں میری ہی (جامعہ) مادرِ علمی، راچسٹر یونیورسٹی، سے ریاضی میں انڈر گریجوئیٹ کیا اور اس کے بعد اکنامکس میں پی ایچ ڈی کرنے ڈیوک یونیورسٹی چلی گئیں۔ اب وہ 'ٹیکساس اے اینڈ ایم یونیورسٹی' میں اکنامکس کی پروفیسر ہیں۔ ہمارے دیگر بچے بھی، ہماری امریکہ ہجرت سے فیض یاب ہو سکتے تھے۔ اور امریکہ میں رہ کر اپنا ہائی سکول اور یونیورسٹی کی تعلیم مکمل کر سکتے تھے۔ بعد میں ایسا ہی ہوا: سحر نے، یونیورسٹی آف ٹیکساس، آسٹن سے پبلک پالیسی میں ماسٹرز کیا اور راحیل نے ٹیکساس اے اینڈ ایم یونیورسٹی سے پٹرولیم انجنئیرنگ میں ماسٹرز کیا۔

میں نے سکلی کی دعوت قبول کر لی اور ہمارا خاندان دو تین سال بعد پاکستان لوٹ جانے کا ارادہ لے کر 2000ء میں امریکہ پہنچ گیا۔ جس بات کا مجھے ادراک اس وقت نہیں تھا وہ یہ کہ یہ سب کچھ مجھے امریکہ میں مستقل قیام کروانے کا بندوبست تھا۔ کیونکہ جب میں مہمان پروفیسر کے طور پر ٹیکساس اے اینڈ ایم یونیورسٹی پہنچا تو وہاں ایک مستقل پروفیسر کی آسامی پیدا کی جا چکی تھی۔ بظاہر یہ پوزیشن میری ہی بنتی تھی۔ ایسی تعیناتیاں بہت کم ہوتی ہیں اور بھرپور مقابلے کے بعد ہی مل سکتی ہیں۔ مگر میں اس میں دلچسپی نہیں رکھتا تھا کیونکہ چھوٹے بچوں کے ہائی سکول کے بعد میرا ارادہ پاکستان لوٹ جانے کا تھا۔

ایک واقعہ میری اس پوزیشن میں عدم دلچسپی ظاہر کرنے کے لئے کافی ہے۔ تعیناتی کی کاروائی پوری کرنے کے لئے فزکس ڈیپارٹمنٹ میں ایک کمیٹی بنائی گئی تھی، جس کا کام اس پوزیشن کے لئے موزوں ترین امیدوار کا نام ہیڈ آف ڈیپارٹمنٹ کو تجویز کرنا تھا۔ کمیٹی نے میرا نام تجویز کرنا اپنا فریضہ سمجھا۔ مگر جب تجویز ہیڈ آف ڈیپارٹمنٹ کے سامنے گئی تو انھوں نے یہ نوٹ لکھ کر فائل فوری طور پر واپس لوٹا دی: "

اس پوزیشن کے لئے ایک ایسے امیدوار کا نام تجویز کیا گیا ہے جس نے اس کے لئے درخواست تک نہیں دی۔" اب کیا تھا؟ کمیٹی کا ایک ممبر میرے پاس دوڑا آیا اور مجھ سے یک سطری درخواست پر جلدی جلدی دستخط لئے۔ سطر یہ تھی: "میں اس فیکلٹی پوزیشن کے لئے درخواست دے رہا ہوں۔"

درخواست منظور ہو کر تمام فیکلٹی کے سامنے ووٹ کے لئے رکھ دی گئی۔ تقریباً تمام اساتذہ نے متفقہ طور پر میرے حق میں ووٹ دیا۔ یہ پیشکش قبول کرنا میرے لئے آسان نہ تھا۔ مگر میرے ارد گرد موجود اکثر لوگوں کو یہ بات سمجھ نہیں آرہی تھی۔ میں اب بھی پاکستان میں ہی رہنا چاہتا تھا۔ مجموعی طور پر میرا قیام اسلام آباد میں سود مند اور خوشگوار رہا تھا۔

یہاں پر میں، اسلام آباد اور ٹیکساس کی جامعات کے لوگوں کے رویوں میں حیرت انگیز تضاد کا ذکر کرنا ضروری سمجھتا ہوں۔ ٹیکساس اے اینڈ ایم یونیورسٹی میں یہ لوگ مجھے قائل کرنے کی کوشش کر رہے تھے کہ میں یہ پوزیشن قبول کر لوں۔ حالانکہ میں دل ہی دل میں قائل تھا کہ اگر یہ لوگ چاہیں تو مجھ سے کہیں بہتر تحقیق کار اس آسامی پر تعینات کر سکتے تھے۔ اس کے برعکس پاکستان میں کوئی میری واپسی کے لئے فکر مند نہیں تھا۔ اور نہ کبھی کسی نے اس خواہش کا اظہار کیا کہ میں واپس پاکستان لوٹ آؤں۔ جبکہ میرا خیال تھا کہ میرا کوئی متبادل نہیں، اور یہ کہ میرے چلے جانے سے جو خلا پیدا ہو گا وہ کبھی پُر نہ ہو سکے گا۔ آخر میں نے یکہ و تنہا ایک ایسا تحقیقی گروپ وجود میں لایا تھا جس کا تقابل کوانٹم فزکس میں اگر مغرب سے نہیں تو کم از کم ایشیا میں کہیں بھی اور مسلم دنیا سے تو کیا ہی جا سکتا تھا۔ کچھ ہفتوں اور مہینوں کی تکلیف دہ سوچ بچار کے بعد میں نے ٹیکساس اے اینڈ ایم یونیورسٹی کی پیشکش قبول کر لی اور قائد اعظم یونیورسٹی اسلام آباد کو اپنا استعفی بھجوا دیا۔ پاکستان میں کوئی آنسو نہ بہے۔ کوئی اداس نہ ہُوا۔ سب سے حیران کن بات یہ ہوئی کہ میرے استعفی کی منظوری کا جواب 10 دن میں آگیا۔ میں نے الیکٹرانکس ڈیپارٹمنٹ میں بطورِ چیئرمین دس سال پاکستانی افسر شاہی کے ساتھ کام کیا ہے۔ مگر اس سارے عرصے میں کوئی کام اس قدر سُرعت سے ہوتا نہیں دیکھا۔۔۔

طبیعیات داں کے طور پر میرا سفر اب بھی جاری ہے۔ مجھے امریکہ میں قیام کر جانے کے فیصلے کی وقعت کا اندازہ اس دن ہُوا جس دن میری عمر ساٹھ برس ہوئی۔ میری سالگرہ منانے کے لئے بیجنگ میں ایک کانفرنس منعقد کی گئی۔ جس میں مختلف ممالک کے سائنسدانوں نے شرکت کی۔ میں نے ضیافت کے شرکاء سے خطاب کرتے ہوئے کہا: "اگر میں پاکستان لوٹ گیا ہوتا تو آج وہاں پر بھی ایک مختصر سی ضیافت منعقد کی

جاتی۔ فرق صرف یہ ہوتا کہ وہاں پر میری سائنسی کامیابیوں کا جشن منانے کی بجائے، وہ میری ریٹائرمنٹ کی الوداعی پارٹی ہوتی جس میں میری پیشہ وارانہ زندگی کے اختتام کا اعلان کیا جاتا۔"

میرے اس طویل سفر کا اختتام زیادہ دُور نہیں۔ مگر آج جب میں پیچھے مڑ کر دیکھتا ہوں تو سوچتا ہوں کہ زندگی نے مجھے ہمیشہ بے شمار مواقعوں سے نوازا۔ میں اپنے آپ کو ایک فیض یاب انسان سمجھتا ہوں۔ لہٰذا اگر بسترِ مرگ پر مجھ سے پُوچھا گیا کہ کیا میری زندگی قابلِ قدر تھی تو میرا جواب اثبات میں ہوگا۔ یہاں میں چند باتوں کا کریڈٹ لینا چاہوں گا:

سب سے پہلے اور سب سے اہم تحقیق کی وہ قندیل ہے جو میں نے اپنے میدان یعنی کوانٹم آپٹکس میں روشن کی، جس کی روشنی نہ صرف پاکستان بلکہ ایران، قطر اور سعودی عرب سے ہوتی ہوئی چین کے کئی علاقوں تک جا پہنچی۔ دوسری چیز کوانٹم آپٹکس کے موضوع پر میری کتاب ہے۔ جس نے دنیا بھر کے تحقیق کاروں اور طلباء کو یہ مضمون سمجھنے میں مدد دی۔ یہاں میں یہ بھی کہنا چاہتا ہوں کہ میں اپنی علمی حدود و قیود کا ادراک تکلیف دہ حد تک رکھتا تھا۔ مگر میں نے یکسوئی سے محنت کر کے وہ مقاصد حاصل کئے جن کے کبھی خواب دیکھے تھے۔

آج کوئی نوجوان میرے پاس طبیعیات داں بننے کے حوالے سے کوئی نصیحت لینے آتا ہے تو میں ایسی کوئی نصیحت کرنے سے انکار کر دیتا ہوں۔ البتہ اتنا ضرور کہتا ہوں کہ یہ اس کے مزاج اور اور دستیاب ماحول پر منحصر ہے۔

ایک آزمودہ نصیحت ہے جو میں عام طور پر سب جوانوں کو کرتا ہوں: اپنی زندگی کے مقاصد ہمیشہ بلند رکھو اور ان کو حاصل کرنے کے لئے، تمام مشکلات کے باوجود، مستقل مزاجی سے محنت کرو۔ اگر منزلِ مقصود نہ بھی ملی، تو بھی تمھارا یہ سفر بذاتِ خود بہت قابلِ قدر ہوگا۔

حصہ دوم

خالد سہیل کے سوانحی خطوط

ایک خواب کو تعبیر ملتی ہے

سہیل زبیری: آپ اکثر اپنے والد کی بیماری کا تذکرہ کرتے ہیں، جس نے آپ کی زندگی پر دیر پا اثرات مرتب کیے۔ وہ میرے سمیت اپنے تمام شاگردوں کے لئے ایک محبت کرنے والے مستعد معلم تھے۔ جنھوں نے اپنی زندگی علم کے لئے وقف کر رکھی تھی۔ ہم اُن کو ایک مثالی انسان قرار دیتے تھے اور اُن جیسا بننے کی خواہش رکھتے تھے۔ جب ہم اُن کے شاگرد تھے ان دنوں ہم سوچ بھی نہ سکتے تھے کہ ہمارے معلم کبھی ذہنی بحران کا شکار ہو سکتے ہیں۔ یہ تو میری اور آپ کی حالیہ گفتگو کے دوران معلوم پڑا کہ ان کی بیماری کیسے شروع ہوئی اور اس بیماری نے کس طرح اُن کی آئندہ زندگی بدل کر رکھ دی۔

کیا آپ مجھے اس دور کے بارے میں کچھ بتا سکتے ہیں؟

آپ کی زندگی پر آپ کے والد کی بیماری نے کیا اثرات مرتب کئے؟

اور ایک نفسیات دان بننے کے، آپ کے فیصلے کے محرکات کیا تھے؟

خالد سہیل: ہر روز صُبح جب میں اپنے مریض دیکھنے اپنے کلینک کی طرف روانہ ہوتا ہوں تو میرا دل تشکر سے لبریز ہوتا ہے۔ مجھے اپنے کام سے عشق ہے۔ اسی لئے میں ہمیشہ کہتا ہوں کہ میں نے زندگی میں ایک دن بھی کام نہیں کیا۔ جب میں نوجوان تھا تو میرا سپنا تھا کہ میں ایک نفسیات دان بنوں۔ سائیکوتھراپی کا میرا اپنا کلینک ہو جس کے اندر میں اپنے مریض دیکھوں اور ان کے خاندان کے افراد سے ملا کروں- میرا گرین زون سائیکوتھراپی کلینک، اُسی خواب کی تعبیر ہے۔

جب میں اپنی پیشہ وارانہ زندگی پر ایک نگاہ ڈالتا ہوں۔ تو مجھے اس میں چند سنگِ میل نظر آتے ہیں۔ میں اس خط میں آپ کو اپنے اس سفر کے بارے میں کچھ بتانا چاہتا ہوں۔

والدہ کا خواب

میری والدہ کا خواب تھا کہ میں بڑا ہو کر ڈاکٹر بنوں۔ ایک دن میں نے، اُن سے پوچھ لیا کہ وہ مجھے ڈاکٹر کیوں دیکھنا چاہتی ہیں۔ تو انھوں نے بتایا کہ بیٹا، جب آپ پیدا ہوئے تھے تو آپ کے ساتھ ایک پیدائشی نقص تھا۔ آپ کے بائیں کان کی لو کا ایک حصہ غائب تھا۔ مجھے اس چیز سے شرمندگی ہوتی تھی اور میں آپ کے

کان کو ایک سکارف سے ڈھانپے رکھتی تھی۔ جب میں تین سال کا ہوا تو وہ مجھے ایک سرجن کے پاس لے گئیں۔ جس نے میرے کان کا آپریشن کر کے اس کو درست کر دیا۔ میری والدہ اس سرجن کے کام سے اتنی متاثر ہوئیں کہ وہیں پر اپنی خواہش کا اظہار یوں کیا:

"میں چاہتی ہوں میرا بیٹا سہیل آپ کے جیسا ڈاکٹر بنے"۔

میرا خیال ہے میری والدہ کی بات سُن کر ڈاکٹر یقیناً محظوظ ہُوا ہو گا۔

میرے والد کی بیماری

میری عمر 10 سال تھی، جب میرے والد عبد الباسط، ایک ذہنی بحران کا شکار ہو گئے۔ مجھے اچھی طرح یاد ہے میرے والد اس کیفیت میں رات کو تاروں سے باتیں کرتے تھے اور دن کے وقت ایک ہی جگہ پر کھڑے کھڑے گھنٹوں خلا میں گھورتے رہتے تھے۔ وہ دن میں درجنوں گلاس پانی پی جاتے اور پھر اُن کو بار بار واش روم بھی جانا پڑتا تھا۔

میری والدہ میرے والد کو علاج کی غرض سے لئے لئے پھریں۔ پہلے وہ ان کو ایک ڈاکٹر کے پاس لے گئیں پھر ایک ماہرِ امراضِ باطنیہ اور ایک نفسیات دان سے ان کا معائنہ کروایا مگر کوئی نسخہ کارگر ثابت نہ ہُوا۔ بالآخر میرے والد کو ایک رُوحانی معالج کے پاس بھی لے جایا گیا۔ حتیٰ کہ اُن کو بجلی کے جھٹکے بھی دیئے گئے، مگر کوئی علاج بار آور ثابت نہ ہُوا۔ "اُلٹی ہو گئیں سب تدبیریں کچھ نہ دوا نے کام کیا" کے مصداق ساری کوششیں ناکام ہو گئیں۔

ایک سال یوں ہی گزر گیا۔ پھر ایک دن، جس پُر اسرار طریقے سے وہ بیمار ہوئے تھے اسی پُر اسرار طریقے سے تندرست ہونا شروع ہو گئے۔ مکمل صحتیاب ہوتے ہوتے وہ ایک دہریہ ریاضی دان سے تبدیل ہو کر ایک گہرے مذہبی انسان بن چکے تھے۔ اُنھوں نے سادہ خوراک، سادہ لباس اور سادہ طرزِ زندگی اپنا لیا۔ وہ ایک رُوحانی صوفی بن چکے تھے۔ دوست احباب اور خاندان کے لوگ سمجھتے رہے کہ میرے والد ایک نروس بریک ڈاؤن کا شکار ہوئے تھے، جبکہ میرے والد کا اپنا خیال یہ تھا کہ وہ ایک رُوحانی تجربے سے گزرے ہیں جو ان کی زندگی کے لئے ایک روحانی پیش رفت کا باعث بنا تھا۔ میرا خیال ہے کہ میرے والد کی بیماری نے غیر شعوری طور پر میرے اندر ایک نفسیاتی معالج بننے کی تحریک پیدا کی ہو گی۔

والد صحت مند ہوئے تو والدہ علیل ہو گئیں

بیماری سے صحت یاب ہونے پر میرے والد نے گورنمنٹ کالج کوہاٹ کو خیر باد کہہ دیا۔ جہاں وہ ایک عرصہ ریاضی کے معلم رہے تھے۔ اب وہ کنٹونمنٹ بورڈ ہائی سکول پشاور میں آدھی تنخواہ پر تدریس کرنے لگے۔ میری والدہ، شوہر کی ذہنی علالت کی وجہ سے اس قدر غمزدہ تھیں کہ رفتہ رفتہ تھائی رائڈ کا شکار ہوتی گئیں۔ پہلے ان کا علاج تابکار آئیوڈین سے کیا گیا مگر ان کی حالت بہتر ہونے کی بجائے اور بگڑنے لگی۔

مجھے وہ رات کبھی نہیں بھولتی جب میری والدہ قومہ میں چلی گئیں تھیں اور ہم یہ سوچنے لگے تھے کہ وہ آخری سانسیں لے رہی ہیں۔ اگلی صبح جب ہم ان کو ہسپتال لے گئے تو پتہ چلا کہ تابکار آئیوڈین کی وافر غذا کے باعث وہ تھائی رائڈ کے شدت کی وجہ سے قومہ میں گئیں تھیں۔ اب تھائی رائیڈ کے علاج کے لئے عمر بھر والدہ نے "تھائی راکسن" کی گولیاں کھانی تھیں۔

کچھ عرصے کے بعد والدہ کو "آرتھیرائیٹس" (گنٹھیا) نے آگھیرا۔ اُن کو "سٹیرائیڈز" steroids تجویز کئے گئے۔ جن سے اُن کو عارضی افاقہ تو ہوا مگر کسی سپیشلسٹ کو باقاعدگی سے مشورہ کرنے کی بجائے، (جس کی مالی سکت نہ تھی)، وہ سٹیرائیڈز کھاتی چلی گئیں۔ سٹیرائیڈز کی وافر مقدار جسم میں جانے کے باعث، والدہ کو مزید پیچیدگیاں لاحق ہو گئیں، وہ فشارِ خون اور ذیابیطس جیسے موذی امراض کا شکار ہو چکی تھیں۔ مجھے وہ دن یاد ہیں جب ان کو ذیابیطس اور فشارِ خون دونوں تھے۔ وہ ذیابیطس کی وجہ سے میٹھا نہ کھا سکتی تھیں جب کہ فشارِ خون کی وجہ سے نمک سے پرہیز لازم تھا۔ میں نے اپنی نوجوانی کے دنوں میں اپنی والدہ کو سالوں ابتلا میں دیکھا۔ وہ یقیناً دل دہلا دینے والے دن تھے۔

چونکہ میری والدہ کے پاس کسی اچھے معالج سے علاج کروانے کے وسائل نہ تھے، ان کو بیماری تکلیف میں مبتلا دیکھ کر، میں اس بات کا قائل ہوتا گیا کہ مریضوں کا مفت علاج حکومتِ وقت کا فریضہ ہونا چاہیے۔ حکومتیں ایک ایسا نظام وضع کریں، جس میں امیر اور غریب کو ایک جیسی معالجے کی سہولتیں میسر ہوں۔ یہی وجہ ہے کہ میں امریکہ کی بجائے کینیڈا میں پریکٹس کرتا ہوں۔ مجھے فخر ہے کہ کینیڈا میں "یونیورسل ہیلتھ کیئر سسٹم" ہے۔ اور اس بات پر دل دُکھتا ہے کہ ہمسائے میں، امریکہ جیسی امیر حکومت نے اپنے کروڑوں مرد، خواتین اور بچوں کو ہیلتھ انشورنس سے محروم رکھ چھوڑا ہے۔

سگمنڈ فرائڈ اور نفسیاتی تجزیے

جن دنوں میں بچپن سے جوانی میں قدم رکھ رہا تھا اس عرصے میں، مجھے لائبریری میں جانے کا اور کتابیں پڑھنے کا بہت شوق تھا۔ ارجنٹائن کے لکھاری 'بورخیز' کی طرح میرا بھی خیال تھا کہ جس "جنت" کا ذکر ہم الہامی کتابوں میں پڑھتے ہیں وہ کوئی باغ وغیرہ نہیں، بلکہ لائبریری تھی۔ لائبریری کے اندر میری دلچسپی کے شعبے، ادب، مذہب، نفسیات اور فلسفہ ہوتے تھے۔ اُن چند سالوں میں، میں نے سینکڑوں کتابیں پڑھ لی ہونگی۔ پھر ایک دن سیگمنڈ فرائڈ کی "تحلیل نفسی" کے موضوع پر ایک ہزار صفحے کی کتاب نے میری توجہ اپنی طرف مبذول کروالی۔ وہ کتاب میرے لئے سونے کی کان ثابت ہوئی۔ میں سیگمنڈ فرائیڈ سے اتنا متاثر ہوا کہ اس سے دل ہی دل میں محبت کرنے لگا۔ اس کتاب نے مجھے ایک نفسیات دان اور نفسیاتی معالج بننے کی تحریک دی۔ اب فرائیڈ کی طرح میں بھی انسانی دماغ کے اسرار و رموز سمجھنا چاہتا تھا تاکہ اس کی وجہ سے پیدا شُدہ جذباتی مسائل کے حل کے لئے انکی مدد کر سکوں۔ آنے والے سالوں میں، مجھے بہت سے نفسیات دانوں، نفسی معالجوں اور فلاسفروں نے متاثر کیا۔ مگر میری پہلی محبت فرائیڈ ہی رہا۔

خیبر میڈیکل کالج

انٹرمیڈیٹ امتیازی نمبروں سے پاس کرنے کے بعد، میں نے خیبر میڈیکل کالج میں داخلے کے لئے درخواست دے دی۔ میرا نام میرٹ لسٹ پر نمایاں ہونے کے باوجود، درخواستِ داخلہ مسترد کر دی گئی۔ یہ اس لئے ہوا کیونکہ میرے والدین کے پاس پشاور کا ڈومیسائل سرٹیفیکیٹ نہیں تھا۔ کیونکہ میرے والدین 1947ء میں ہندوستان سے ہجرت کر کے آئے تھے۔ میں نے متعلقہ منتظمین سے عرض کیا کہ میری ساری عمر پشاور میں گزری ہے، مگران کی نظر میں یہ وجہ کافی نہیں تھی۔ میرے دوست اور ہم جماعت جن کے نمبر مجھ سے بھی کم تھے میڈیکل کالج میں داخل ہو گئے، مگر میرا داخلہ مسترد کر دیا گیا۔ میں بہت دکھی ہوا۔ میرا ڈاکٹر بننے کا خواب بکھر رہا تھا۔

اپنا غم غلط کرنے کی غرض سے، میں چند دنوں کے لئے اپنی نانی سرور کے ہاں لاہور چلا گیا۔ ایک دن میں اپنے ماموں علاؤالدین سے ملنے گیا تو وہاں پر ان کے ایک وکیل دوست سے ملاقات ہو گئی۔ اُن کا نام سعید انکل تھا۔ وہ مجھ سے بہت شفقت کرتے تھے۔ جب انھوں نے میری تعلیم کے بارے پوچھا تو میں نے اُن کو ڈومیسائل سرٹیفکیٹ نہ ہونے کی وجہ سے میڈیکل کالج میں داخلہ مسترد ہونے والی بات بتادی۔

انھوں نے مجھے اپنے دفتر بُلا لیا، جب اگلے روز ان سے ملنے ان کے دفتر گیا تو انھوں نے میری ساری بپتا دوبارہ سُنی اور ایک طویل خط اس طرز سے لکھا جیسے میرے وکیل ہوں۔ انھوں نے اس خط کی ایک کاپی خیبر میڈیکل کالج کے پرنسپل، ایک کاپی پشاور یونیورسٹی کے وائس چانسلر اور ایک کاپی صوبہ سرحد کے گورنر کو بھجوادی۔ خوش قسمتی سے ان دنوں ائیر مارشل اصغر خان، صوبے کے گورنر تھے۔ انھوں نے معاملے کی تحقیق اور منصفانہ فیصلے کے لئے ایک کمیٹی بنادی۔ کمیٹی نے میرے والد عبدالباسط سے ایک لمبا انٹرویو لیا اور چند دنوں میں میرے حق میں فیصلہ سنا دیا۔ یوں مجھے 1970ء میں، میڈیکل کالج میں داخلہ مل گیا اگرچہ میں، اپنی کلاس سے تین ماہ پیچھے ہو چکا تھا۔

1974ء کے اواخر میں، جب میں نے بہترین تعلیمی کارکردگی کے ساتھ ڈاکٹری کا آخری امتحان پاس کیا تو میری والدہ کا دل باغ باغ ہو گیا۔ ان کو اپنا بیٹا ڈاکٹر بنانے کے خواب کی تعبیر مل چکی تھی۔

ڈاکٹر احمد علی

جب مجھے یہ معلوم ہوا کہ نفسیات کے شعبے میں، ہماری یونیورسٹی میں کوئی پروگرام نہیں ہے تو کسی سپیشلسٹ کو ڈھونڈنے کے لئے میں نے پشاور شہر کھنگالنا شروع کر دیا۔ تین دن کی تلاشِ بسیار کے بعد مجھے ڈاکٹر احمد علی کا نفسیاتی کلینک نظر آیا۔ میں سیدھا کلینک میں داخل ہو گیا اور اپنا تعارف کروایا اور بتایا کہ میں میڈیکل کالج سے تازہ بہ تازہ فارغ التحصیل ہوا ہوں اور تین ماہ تک فارغ ہوں۔ میں نے ڈاکٹر علی کو یہ بھی بتایا کہ میرا خواب ہے کہ میں بھی ایک دن نامور نفسیات دان بنوں اور میرا بھی آپ کے جیسا کلینک ہو۔ کیا آپ میری مدد کر سکتے ہیں؟

ڈاکٹر علی بہت شفقت سے پیش آئے۔ انھوں نے ایک مخصوص کرُسی منگوائی اور مجھے اپنے سامنے بٹھا لیا۔ اگلے تین ماہ کے دوران میں نے اُنکے ساتھ مل کر مریض دیکھے۔ وہ نہ صرف اپنے مریضوں کے بارے

میں تبادلہ خیال کرتے بلکہ مجھے کچھ نصابی کتابیں بھی پڑھنے کو دیتے۔ تین ماہ کے بعد وہ ایک ہفتے کی چھٹی اپنے آبائی گاؤں گئے تو اُن کے مریض دیکھنے کے لئے وہ مجھے اپنی کُرسی پر بٹھا گئے۔ یہ میرے لئے اعزاز کی بات تھی۔ اس تین ماہ کی تربیت اور ایک ہفتے کی خود مختاری نے مجھے اچھا خاصا پُراعتماد بنا دیا۔ اس تجربے کے بعد میں قائل ہو گیا کہ میں ایک نفسیات دان بن سکتا ہوں اور یہ کہ ایک دن میرا اپنا کلینک ہو گا۔

ہاؤس جاب

گرمیوں کی چھٹیاں ختم ہوتے ہی میں نے لیڈی ریڈنگ ہسپتال میں ہاؤس جاب کے لئے درخواست، جمع کروا دی۔ چونکہ نفسیات کے شعبے میں ہاؤس جاب کا بندوبست وہاں پر نہیں تھا اس لئے مجھے مجبوراً گائناکالوجی اور ابسٹیٹرکس (زچہ و بچہ) کے شعبے کا انتخاب کرنا پڑا۔ مجھے اچھی طرح یاد ہے کہ اس بات پر مجھے لیڈی ریڈنگ ہسپتال کے ایڈمنسٹریٹر نے اپنے دفتر میں بلایا تھا۔ جب میں ان سے ملنے ان کے دفتر گیا تو ہمارے درمیان یہ مکالمہ ہوا:

ایڈمنسٹریٹر: "کیا آپ ڈاکٹر سہیل ہیں؟"

ڈاکٹر سہیل: "جی، میں ہی ہوں۔"

ایڈمنسٹریٹر: "کیا آپ نے گائناکالوجی اور آبسٹیٹرکس کے شعبے کے لئے درخواست دی ہے؟"

ڈاکٹر سہیل: "جی۔ بالکل دی ہے۔"

ایڈمنسٹریٹر "کیا آپ کو معلوم ہے کہ گزشتہ 75 سالوں میں لیبر روم میں کسی مرد ہاؤس آفیسر نے کام نہیں کیا؟

ڈاکٹر سہیل: "تو جناب کیا اس کا مطلب یہ ہے کہ آئندہ سال بھی کوئی ہاؤس آفیسر اس شعبے میں کام نہیں کرے گا؟"

ایڈمنسٹریٹر: ڈاکٹر سہیل! "آپ پریشان نہ ہوں، میں تو آپ کو تنبیہ کرنا چاہتا ہوں کہ پشتون خواتین بہت مذہبی اور قدامت پسند ہوتی ہیں۔ وہ مرد ڈاکٹروں سے اپنا معائنہ کروانا پسند نہیں کرتیں۔"

ڈاکٹر سہیل: "میں اس چیز کا خیال رکھونگا۔"

میں اس لحاظ سے خوش قسمت تھا کہ ڈاکٹرز کے انتخاب کے دوران مجھے ڈاکٹر شمیم مجید نے اپنے ساتھ لیبر روم میں کام کرنے کے لئے منتخب کیا۔ پہلے ہفتے کے دوران ڈاکٹر مجید نے ہیڈ نرس شیر بہادر کو ہدایت کی کہ وہ مجھے لیبر روم میں ضم ہونے میں مدد کرے۔ وہ میرے لئے بہت معاون و مددگار ثابت ہوئیں۔ جب بھی کوئی مریضہ مرد ڈاکٹر سے معائنہ کروانے میں ہچکچاہٹ کا اظہار کرتی۔ شیر بہادر اس کو یوں یقین دلاتی: "یہ ڈاکٹر ہے، مرد نہیں ہے۔" اس کے لہجے میں ایسا جادو تھا کہ مریضہ فوراً مان جاتی۔

جب ڈاکٹر مجید کو معلوم ہوا کہ میں نفسیات میں دلچسپی رکھتا ہوں، تو انھوں نے مجھے ہدایت کی کہ میں ان مریضوں کو دیکھوں جو اینگزائٹی (anxiety) اور پینک ڈس آرڈر (panic disorder) بالخصوص پوسٹ پارٹم ڈپریشن (postpartum depression) کا شکار تھیں۔ وہ ایک باکمال پروفیسر تھیں۔ میں نے اُن سے بہت سیکھا۔

ایران میں کام و قیام

شعبہ امراضِ زچہ و بچہ اور میڈیکل وارڈ میں اپنا ہاؤس جاب مکمل کرنے کے بعد میں ایران چلا گیا۔

میں وہاں کام کر کے کچھ رقم پس انداز کرنا چاہتا تھا تا کہ اپنی پوسٹ گریجوئیٹ تعلیم کے سفری اخراجات پورے کر سکوں۔ میں ہمدان میں بچوں کے ایک ہسپتال میں کام کرتا تھا۔ اپنے کلینک کی کھڑکی سے مجھے اپنے وقت کے عظیم طبیب "بو علی سینا" کا مزار نظر آتا تھا، جو مغربی دنیا میں Avicenna کے نام سے جانے جاتے ہیں۔

میں دن بھر کلینک میں کام کرتا اور شام کو دنیا بھر کی جامعات میں درخواستیں بجھواتا۔ میں کسی اچھی یونیورسٹی میں ریزیڈنسی ٹریننگ حاصل کرنا چاہتا تھا۔ میں نے ایک سال تک اس کلینک میں کام کیا۔ نو ماہ کے بعد مجھے خوش خبری مل گئی۔ نیوزی لینڈ، آئرلینڈ اور کینیڈا میں نفسیات کے شعبے میں، ریزیڈنسی کرنے کی میری درخواست منظور کر لی گئی تھی۔ میں نے پروفیسر شمیم مجید سے مشورہ مانگا۔ انھوں نے مجھے کینیڈا جانے کا مشورہ دیا کیونکہ کینیڈا کی فیلوشپ دنیا بھر میں احترام کی نگاہ سے دیکھی جاتی تھی۔

کینیڈا میں آمد

اس طرح میں اکتوبر 1977ء میں کینیڈا پہنچ کر میموریل یونیورسٹی نیوفاؤنڈ لینڈ میں داخل ہو گیا۔ اُن دنوں ڈاکٹر جان ہوئنگ (Dr. John Hoeing) شعبہِ امراضِ نفسیاتی کے چیئر مین تھے۔ ایک دن میں اُن سے ملا اور ان سے کہا: ''میں آپ کا شکر گزار ہوں کہ آپنے اپنے شعبہ نفسیات میں ریزیڈنسی ٹریننگ کے لئے مجھے قبول کیا۔ مگر میں از راہِ تجسس پُوچھنا چاہتا ہوں کہ آپ نے انٹرویو کیے بغیر میرے نام کی منظوری کیوں دے دی؟"

ڈاکٹر ہوئنگ مسکرائے اور جواب دیا: " آپ کا نام یہاں کے لئے تجویز کرنے والے تینوں پروفیسروں نے لکھا تھا کہ آپ ایک اچھے شاعر ہیں۔ میں نے سوچا اگر آپ اچھے شاعر ہیں تو یقیناً اچھے ماہرِ نفسیات بھی ہونگے۔۔۔" ہوئنگ لکھاریوں اور فن کاروں کے قدردان تھے۔ ان کی شریکِ حیات بھی ایک فن کارہ تھیں۔ ڈاکٹر ہوئنگ نامور فینا مینو لوجسٹ (Phenomenologist) کارل جیسپرز کے نہ صرف مداح تھے بلکہ انھوں نے جیسپر کی ایک کتاب کا ترجمہ بھی کر رکھا تھا۔

مجھے اپنی ریزیڈنسی کی تربیت کے دوران سائیکو تھراپی کا فن اور اس کی سائنس سیکھنے کا موقع ملا۔ میری خوش نصیبی تھی کہ مجھے بہترین ماہرین نفسیات کے ساتھ کام کرنے کے مواقع میسر آئے۔ جن میں ڈاکٹر کوتسوپولس، ڈاکٹر لبراکس، ڈاکٹر جیمز اور ڈاکٹر وُولف شامل ہیں۔ ڈاکٹر یوجین وُولف نے تو مجھے اپنے پروں کے نیچے ہی لے لیا اور میری تربیت بطور ایک سائیکوتھراپسٹ کی۔ وہ ہیری سٹیک سلی وان (Harry Stack Sullivan) کے قدردان تھے۔ اور انھوں نے ہی مجھے سلیوان کے فلسفے سے روشناس کروایا۔ اپنا نفسیات کا علم وسیع کرنے کے لئے مختلف مکتبہ فکر کا نفسیات پر نکتہ نظر جاننے کے لئے میں نہ صرف نصابی کتب کا گہرا مطالعہ کیا بلکہ مشہور ماہرینِ نفسیات، نفسیاتی معالجین اور فلسفیوں کے نفسیات کے مختلف پہلوؤں پر لکھے گئے مضامین پڑھے۔ اس کے علاوہ مجھے اس موضوع پر منعقد ہونے والے متعدد سیمینارز اور کانفرنسز میں شرکت کرنے کا موقع بھی ملا۔ مجھے پیٹر سیفنیاس (Peter Sifneos مرے بوون Murray Bowen اور وکٹر فرینکل Victor Frankl کو بنفسِ نفیس سننے کا شرف حاصل ہے۔ میں بہت شوق سے ان کا علم تجربہ اور دانش سیکھنا چاہتا تھا تاکہ میں ان کے قیمتی مشورے اپنے طریقہ علاج اور فلسفے میں شامل کر سکوں۔

گرین زون کلینک

نیو فاؤنڈ لینڈ، نیو برنزوک اور اونٹاریو میں مختلف جنرل اور نفسیاتی ہسپتالوں میں کام کرنے کے بعد میں نے فیصلہ کیا کہ میرا ایک اپنا کلینک ہونا چاہیے۔ 1995ء میں، میں نے 'این۔اینڈرسن' Anne Henderson کے ساتھ مل کر "کری ایٹو سائیکوتھراپی کلینک " Creative Psychotherapy Clinic کے نام سے اپنا کلینک شروع کر دیا۔اس کے بعد 'کو تھراپسٹ'(مددگار معالج) کے طور پر نیو فاؤنڈ لینڈ سے 'بے ٹی ڈیوس' Bette Davis' بھی ہمارے ساتھ آملیں۔میں نے اپنی دونوں معاونین اور مریضوں کی مدد سے گرین زون فلسفہ دریافت کیا۔ یہ فلسفہ ہمارے گرین زون طریقہ علاج کی بنیاد ہے جو ہم اپنے مریضوں کو کلینک میں تجویز کرتے ہیں۔

گزشتہ سالوں کے دوران سینکڑوں مریض اور ان کے خاندان اس طریقہ علاج سے مستفید ہو چکے ہیں۔اور سینکڑوں لوگ صحت مندانہ، خوشگوار اور پُرامن طرزِ زندگی اپنا چکے ہیں۔ جس کو ہم 'گرین زون زندگی' کہتے ہیں۔

ہمارے پاس مختلف ڈاکٹروں، نرسوں اور سماجی کارکنوں کی طرف سے اتنے زیادہ مریض آتے ہیں کہ ہماری انتظاری فہرست ایک سال پر محیط ہے۔ ہم نے اپنے مریضوں کی مدد کرنے کے لئے متعدد کتابیں لکھی ہیں، ویڈیوز بنوائی ہیں اور ایک ویب سائٹ تخلیق کی ہے۔ ہمارے بہت سے مریض ویٹنگ لسٹ پر ہوتے ہوئے ہماری کتابیں پڑھ لیتے ہیں یا ویب سائٹ کو دیکھ لیتے ہیں۔ مریضوں کو اپنے آپ کو تندرست کرنے کا عزم، حوصلہ اور عزم ہمارے لئے بھی تقویت کا باعث بنتا ہے۔

اس لئے مجھے اپنا کام بہت پسند ہے اور اس میں اچنبھے کی کوئی بات نہیں کہ مجھے کام پر جانے کے لئے اگلے دن کا انتظار ہوتا ہے۔اپنے قرابت داروں، معاشرے اور انسانیت کی خدمت میرے لئے عزت کا مقام ہے۔اب میں کہہ سکتا ہوں کہ گرین زون کلینک میرے خواب کی تعبیر ہے۔

میرے دانشمند والد

سہیل زبیری: گزشتہ گفتگو کے درمیان اسکول کے وقت کے ہمارے ریاضی کے معلم عبدالباسط صاحب کا ذکر میں کر چُکا ہوں۔انھوں نے نہ صرف میری بلکہ مجھ جیسے کئی شاگردوں کی زندگیوں پر انمٹ نقوش چھوڑے۔ مگر آپ سے اُن کا رشتہ دوھرا تھا۔وہ آپ کے ٹیچر ہونے کے ساتھ ساتھ آپ کے والد بھی تھے۔ایسا بہت کم دیکھنے میں آیا ہے۔کیونکہ ایسی صورت حال میں عموماً تنازعات جنم لیتے ہیں۔آپ مجھے بتائیں کہ آپ کا اپنے والد کے ساتھ بطور والد اور بطورِ ٹیچر گھر اور سکول میں کیسا رشتہ تھا؟

خالد سہیل: چند سال قبل میرے والد پاکستان میں وفات پا گئے۔رمضان کے مبارک ماہ میں وہ ایک دن صُبح روزے سے تھے کہ ان کو فالج کا دورہ پڑ گیا۔اُن کو فوری طور پر ہسپتال لے جایا گیا مگر وہ جانبر نہ ہو سکے اور اناً فاناً اِس دنیا سے کُوچ کر گئے۔ مگر میں اس بات پر مطمئن تھا کہ ان کو بقیہ زندگی فالج کی اذیت میں نہیں گزارنی پڑی۔ان کی وفات کے چند ہفتوں بعد میں پاکستان گیااور ان کی یاد میں منعقد ایک تعزیتی تقریب میں شرکت کی۔اس تقریب میں میرے والد کے دوست،پڑوسی اور رفیقِ کار شریک تھے، جنھیں کینیڈا میں قیام کے باعث میں کبھی نہ ملا تھا۔ان کی نظر میں میرے والد کی جو تعظیم و تکریم تھی،اسے جان کر میرا سر فخر سے بلند ہو گیا کہ میں ایک عظیم انسان کا بیٹا ہوں۔میں نے اپنے آپ کو خوش قسمت محسوس کیا کہ میرے والد ایک دانشمند انسان تھے۔پاکستان سے واپس آکر میں نے والد کے بارے میں درج ذیل مضمون لکھا:

اپنے والد کی یاد میں

میرے والد کہا کرتے تھے کہ جب بادشاہ مر جاتے ہیں تو وہ اپنے بچوں کے لئے اپنے پیچھے محلات، زمینیں، گھوڑے، کشتیاں اور بے شمار دنیاوی مال و متاع چھوڑ جاتے ہیں۔ مگر جب سنت ، صوفی اور درویش اس دنیا سے کوچ کرتے ہیں تو ان کے بچوں کو وراثت میں اپنے والدین کا علم ،دانش اور سبق آموز کہانیاں ملتی ہیں۔جو نسل در نسل آگے چلتی ہیں اور ان کے بچوں،اور پھر بچوں کے بچوں کی زندگی کی تاریک گلیوں میں شمع کا کام کرتی ہیں۔

جب میں کبھی گوشہ تنہائی میں بیٹھ کر اپنے والد کے ساتھ گزرے دنوں کی یادیں تازہ کرتا ہوں تو مجھے ان کی بیان کردہ کئی کہانیاں یاد آتی ہیں، جو ان کی شخصیت اور فلسفہ زندگی کی عکاسی کرتی ہیں۔

مجھے اچھی طرح یاد ہے کہ جب میں نے آٹھویں جماعت کا امتحان امتیازی حیثیت سے پاس کیا تو میرے والد کے کچھ دوست، ان کے بیٹے کی کامیابی پر ان کو مبارک باد دینے آئے تھے۔ میرے والد نے بہت خوش اسلوبی مگر شانِ بے نیازی سے یہ خوبصورت جملے بولے تھے:

"میرا بیٹا قدرت کا عطا کردہ ایک تحفہ ہے۔ میں تو بس ایک نگران ہوں اور جس قدر ممکن ہے اپنا فرض نبھا رہا ہوں۔ مجھے فخر ہے کہ اس نے اتنی اچھی کارکردگی دکھائی۔"

مجھے ایک عرصے بعد ان کے الفاظ میں پوشیدہ دانش کا ادراک ہوا۔ میرے والد نہ صرف مجھ سے محبت کرتے، فخر کرتے تھے بلکہ میری آزاد منش شخصیت کا احترام بھی کرتے تھے۔

جب میں دسویں جماعت کا طالبِ علم تھا تو ہمارے اسکول میں انتخابات منعقد ہوئے۔ میں سکول کی صدارت کے انتخاب میں حصہ لینا چاہتا تھا۔ میری مقبولیت کو سامنے رکھتے ہوئے میرے دوستوں کا خیال تھا کہ میں صدارتی انتخاب جیت جاؤنگا۔ انتخابی فارم پر والد کے دستخط ضروری تھے۔ جب میں ان کے پاس فارم پر دستخط کروانے گیا تو انھوں نے انکار کر دیا۔

"کیا ہوا ابا جان؟" میں نے حیران ہو کر پوچھا۔

"کیا تم صدر بننا چاہتے ہو؟"

"جی بالکل" میں نے ایمانداری سے جواب دیا۔

"مگر آپ تو اس عہدے کے لائق نہیں ہیں۔۔۔"

"ایسا کیوں ابا جان؟" میں نے پریشانی سے پُوچھا۔

"کیونکہ آپ کو طاقت چاہیے، اور طاقت اپنا ناجائز استعمال سکھاتی ہے۔ یہ عموماً لوگوں کو بدعنوان اور مغرور بنا دیتی ہے۔"

"مجھے آپ کی دلیل نے قائل نہیں کیا۔" میں اپنی بات پر مصر تھا۔

"میرے نزدیک کسی بھی برادری میں لوگوں کو اپنے سربراہ کا انتخاب خود کرنا چاہیے۔ جو ان کے خیال میں ان کی بہتر طور پر خدمت کر سکتا ہے۔ اور اس شخص کو عاجزی سے ایسی پیشکش مسترد کر دینی چاہیے۔ یہی

جمہوریت کی رُوح ہے۔ لوگوں کو حکمرانی کے گر سیکھنے کی بجائے عوام الناس کی خدمت کرنے پر توجہ دینی چاہیے۔ ایک آمرانہ نظام اور جمہوری نظام میں یہی بنیادی فرق ہے۔ اس سلسلے میں، جب ہم مسلمانوں کی تاریخ پر نگاہ ڈالتے ہیں تو ہمیں چند عمدہ مثالیں دیکھنے کو ملتی ہیں۔

"جب عمر بن عبدالعزیز کو خلیفہ اور امام ابو حنیفہ کو عدالتِ عالیہ کا قاضی مقرر کرنے کی پیشکش کی گئی تو دونوں شخصیات نے یہ کہہ کر عہدے قبول کرنے سے انکار کر دیا کہ وہ اتنی بھاری ذمہ داری اٹھانے کے متحمل نہیں ہو سکتے۔ مگر جب لوگوں بے پناہ اصرار کیا تو انھوں نے بادل نخواستہ یہ ذمہ داریاں قبول کر لیں۔ "

اس طرح میرے والد نے میرے کاغذاتِ نامزدگی پر دستخط نہ کئے اور میں صدارت کے الیکشن میں حصہ نہ لے سکا۔ لیکن مجھے اپنے والد کی منطق سمجھ نہ آ سکی۔ میرا خیال تھا کہ میرے والد بہت زیادہ مثالیت پسند ہیں۔ کئی دہائیوں بعد جب میں نے اسرائیل کے شہر کبوتز کا دورہ کیا تو مجھے اپنے والد کی دانشمندانہ دلیل سے متفق ہو گیا۔ کبوتز میں لوگ اپنے سربراہ کا چناؤ اسی طرح کرتے تھے جیسے میرے والد نے تجویز کیا تھا۔ وہاں کے لوگ اصرار کرتے ہیں کہ وہ حقیقی طور پر سربراہی کے حقدار، مُخلص لوگوں کو اپنا سربراہ مقرر کریں۔ مگر تجویز کردہ اشخاص ایسی پیشکش مسترد کر دیتے ہیں اور پھر لوگوں کے اصرار پر ایسی ذمہ داری بصد ہچکچاہٹ قبول کرتے ہیں۔

اس دن مجھے احساس ہوا کہ میرے والد کا نظریہ محض ایک تصور یا خوش فہمی نہیں تھا۔ بلکہ اس کو کسی بھی معاشرے میں رائج کیا جا سکتا ہے۔ بشرطیکہ وہاں کے باشندے ایسا نظریہ اور طرزِ زندگی اپنانے کے لئے تیار ہوں۔

انٹرمیڈیٹ کا امتحان میں نے بہت اچھے نمبروں کے ساتھ پاس کیا۔ میں کارکردگی کے لحاظ سے صوبے بھر میں پہلے 20 طلباء میں سے تھا۔ مگر جب میڈیکل کالج نے میری درخواست مسترد کی تو میرا دل ٹوٹ گیا۔ جیسا کہ میں نے پہلے ذکر کیا ہے، کالج کا موئقف تھا کہ میرے والدین چونکہ ہندوستان سے ہجرت کر کے آئے تھے، ان کے پاس پشاور کا ڈومیسائل سرٹیفیکیٹ نہیں تھا اور نہ ہی اُنکی یہاں کوئی جائیداد تھی، اس لئے مجھے میڈیکل کالج میں داخل نہیں کیا جا سکتا تھا۔

چند مہینوں بعد جب میرا غم ذرا کم ہوا تو میں نے آرمی میں کمیشن کے لئے درخواست دینے کا فیصلہ کر لیا۔ یہ 1969ء کی بات ہے۔ چند سال قبل ہندوستان اور پاکستان کے مابین 1965ء کی جنگ ہو چکی تھی۔ اور پاکستان آرمی ان دنوں بہت مقبول تھی اور عوام کی نظر میں آرمی آفیسر زہیروز سمجھے جاتے تھے۔ میں نے جب آرمی کا فارم پُر کر لیا تو پتہ چلا کہ آخر میں، میرے والد کے دستخط ہونے تھے اور انھوں نے دستخط کرنے سے انکار کر دیا۔ ایک دن میرا اور والد صاحب کا اس موضوع پر بالمشافہ مکالمہ ہو گیا:

والد صاحب: "بیٹا! آپ نے فوج میں شمولیت اختیار نہیں کرنی۔۔۔"

میں: "ابا جان! کیوں نہیں؟" میں متجسس تھا۔

والد صاحب: "جب آپ کا کمانڈر آپ کو گولی مارنے کا حکم دیتا ہے تو بطورِ سپاہی آپ کو گولی چلانی ہوتی ہے۔"

میں: "کیونکہ، ہر فوجی کمانڈر کا حکم ماننے کا حلف لیتا ہے۔"

والد صاحب: "اگر ہمارے پڑوسی ممالک، ایران یا افغانستان کے ساتھ پاکستان کی جنگ لگ جائے اور تمھیں گولی چلانے کا حکم ملے تو آپ مسلمان بھائیوں پر گولی چلا دو گے؟ نہیں نا۔۔۔ اس لیے میں ان کاغذات پر دستخط نہیں کر سکتا۔" اس طرح میرے والد نے میرے کاغذات پر دستخط نہیں کئے اور میں فوج میں بھی شمولیت اختیار نہ کر سکا۔

جب میں یونیورسٹی میں تھا تو رات کو اکثر دیر سے لوٹتا تھا۔ میرے والد سو چکے ہوتے جب کہ میری والدہ میرے انتظار میں ہمیشہ جاگتی رہتیں۔ ایک رات میری والدہ نے میرے ابو کو جگائے رکھا تا کہ وہ رات کو گھر دیر سے لوٹنے پر، میری سرزنش کریں اور مجھے نظم و ضبط کے دائرے کے اندر لائیں۔ اس رات میں پریشان تو ہوا مگر مجھے یقین تھا کہ میرے والد حلیم طبع انسان ہیں۔ وہ سخت گیر نہیں تھے بلکہ ان کی ہر بات میں ایک فلسفیانہ رمز چھپا ہوتا تھا۔

میرے والد مجھے اپنے کمرے میں لے گئے۔ مجھے اپنے سامنے بٹھایا۔ اور مجھ سے پوچھا:

"بیٹا! کیا آپ جانتے ہیں کون دو قسم کے لوگ رات دیر تک جاگتے ہیں؟

"نہیں۔ ابا جان میں نہیں جانتا۔۔۔" میں نے جواب دیا۔

"یا وہ بہت بڑے پاپی ہوتے ہیں یا بہت بڑے پارسا۔۔۔" یہ مختصر بات کہہ کر میرے والد سونے چلے گئے۔

میرے والد ایک اچھی حسِ مزاح بھی رکھتے تھے۔ وہ پسند کرتے تھے کہ شام کے کھانے پر میں اور میری بہن عنبر کوئی لطیفہ، کوئی کہانی سُنائیں۔ ہنسا، ہنسانا میری بیمار والدہ کی صحت کے لئے بھی اچھا تھا اور میرے والد ان چھوٹی چھوٹی ہنسی مذاق کی باتوں کو میری والدہ کے لئے تحفے گردانتے تھے۔

جب میں نے شاعری لکھنی شروع کی اور یونیورسٹی میں منعقد ہونے والے مشاعروں میں پڑھنا شروع کر دیا، ان دنوں میرے والد نے ایک دن مجھے ایک کہاوت سنائی۔

"ایک دفعہ کا ذکر ہے کہ درمیانی عمر کا ایک دیہاتی شخص، ایک ٹیلے پر بیٹھا رو رہا تھا۔ لوگوں نے پوچھا کہ تُم اس قدر کیوں روتے ہو؟

اس نے جواب دیا: "میرا کوئی بیٹا نہیں بچا۔"

"بڑے لڑکے کو کیا ہوا ہے؟" لوگوں نے استسفار کیا۔

"اس کی شادی ہو گئی ہے۔"

"اور منجھلا؟"

"وہ گاؤں چھوڑ، شہر جا بسا ہے۔"

"اور سب سے چھوٹے کو کیا ہُوا؟" لوگوں نے پوچھا۔

"وہ شاعر بن گیا ہے۔" وہ شخص یہ کہہ کر دوبارہ رونے بیٹھ گیا۔

کہانی سنانے کے بعد میرے والد نے کہا: "میرا ایک ہی بیٹا تھا اور وہ شاعر بن گیا'۔ یہ کہہ کر میرے والد ہنسنے لگ گئے، میں بھی ہنس پڑا۔

گزشتہ برس والد صاحب کی ملاقات، میرے دوست جاوید دانش سے میری بہن کے گھر لاہور میں ہوئی۔ وہ دانش کو ایک خاموش گوشے میں لے گئے اور رازدارانہ طریقے سے بتانے لگے: "میں جب سہیل کو لٹریچر اور سائیکو تھراپی کے عشق میں مبتلا دیکھتا ہوں تو سمجھ آتا ہے کہ اُس نے خاندان کیوں نہیں بنایا۔ بلکہ اس کی شادی بھی انہیں اصناف کے ساتھ ہو چکی ہے۔ مجھے یہ بات سمجھ آ گئی ہے مگر اس کی والدہ یہ بات نہیں سمجھتی۔

دانش میرے میرے والد کی بات سُن کر حیران ہُوا۔

گزشتہ ہفتے لاہور کے دورے کے دوران اپنے مرحوم والد صاحب کے دوستوں سے مل کر مجھے خوشگوار حیرت ہوئی۔ وہاں بھی حلقہ احباب ہے جو میرے والد صاحب کو عزت و تکریم کی نگاہ سے دیکھتا ہے۔ اور اس بات کی ضمانت دیتا ہے کہ وہ ایک باکردار اور انسان دوست شخص تھے۔ میرے اور اُن کے زندگی کے فلسفے میں بعد ہونے کے باوجود، ہمارے درمیان محبت کا لازوال رشتہ بھی قائم تھا۔ وہ میرے سیکولر فلسفے سے متفق نہ ہونے کے باوجود اس کی عزت کرتے تھے۔ ہمارا مکالمہ ایک مذہبی انسان دوست اور ایک سیکولر انسان دوست کے مابین، ایک دلچسپ گفتگو پر مبنی ہوتا۔ مذہبی انسان دوست جو تمام دنیا کے انسانوں کے لئے مذہبی نظریات رکھتا تھا۔ اور سیکولر انسان دوست جو بلا تمیز، رنگ، نسل و مذہب، کل انسانیت کے لئے خیر سگالی پر مبنی تمنائیں رکھتا تھا۔

میرے والد نے مجھے سکھایا کہ اپنے مخالفین حتٰی کہ دُشمنوں سے بھی عزت سے مکالمہ کیسے کیا جاتا ہے۔ میری تمنا ہے کہ دنیا میں میرے اباجان جیسے بے شُمار والد ہوں۔ وہ نہ صرف ایک سنت اور صوفی تھے بلکہ ایک اچھے کہانی گو بھی تھے۔

فوت ہونے کے چند سالوں کے تک میری ملاقات میرے والد صاحب سے ہوتی رہی، وہ خواب میں آکر بھی میرے ساتھ دانشمندی کی باتیں کرتے تھے۔ اور چند ایسے مسائل جو زندگی میں مجھے درپیش تھے ان پر رہنمائی بھی کر جاتے تھے۔ ان کی باتیں آج بھی میرے لئے مشعلِ راہ ہیں۔

2001ء میں جب امریکہ نے افغانستان پر حملہ کیا تو مجھے والد صاحب کی مجھے فوج میں شامل نہ ہونے کا مشورہ یاد آیا۔ اور دل ہی دل میں اپنے والد کا شکریہ بھی ادا کیا، جنھوں نے میرے کاغذات پر دستخط نہیں کئے تھے۔ ورنہ اپنے امن کے آدرش رکھنے کی بجائے، میں خود جنگی قتل و غارت میں ملوث ہو جاتا۔ ان کی زندگی میں مجھے اندازہ نہ ہو سکا کہ میرے والد اس قدر دور اندیش اور دانا شخص تھے۔ ان کے فلسفے سے متاثر ہو کر میں نے ایک مضمون "خدا کے نام پر قتل و غارت" کے عنوان سے لکھا، جو کینیڈا کے ایک پرچے "کینیڈین ہیومنسٹ" نے 2002ء کی آخری سہ ماہی میں شائع کیا تھا۔

گہری محبت

سہیل زبیری: آپ کا تفصیلی جواب یقیناً آپ کے والد کے لئے ایک حسین خراج تحسین ہے۔ وہ واقعی ایک باکمال شخصیت تھے۔ باسط صاحب ایسے اعلی کردار کے لوگ کم کم ہی میسر آتے ہیں۔ مجھے یاد پڑتا ہے اُن دنوں آپ کے ایک چچا جان شاعر بھی تھے جن کی مذہبی خیالات باسط صاحب سے یکسر مختلف تھے۔ میں جاننا چاہتا ہوں کہ اس صورتِ حال میں، دونوں بھائیوں کے مابین تعلقات کیسے تھے؟

خالد سہیل: میری بچپن کی یادوں میں سے ایک یاد یہ بھی ہے، جب میرے والد باسط میرے چچا عارف کو پندرہ پندرہ، بیس بیس صفحوں پر مشتمل طویل خطوط لکھتے تھے۔ اس وقت میرے والد گہری مذہبی شخصیت بن چکے تھے، جبکہ میرے چچا پکے دہریے اور ایک سماجی ادیب تھے۔ میرے چچا اُن خطوط کے جواب نہیں دیتے تھے۔ مجھے اچھی طرح یاد ہے میں نے ابا جان کو ازراہِ تفنن کہا: "چچا ان خطوط کے جوابات اس لیے نہیں دیتے کیونکہ وہ ان کو پڑھتے ہی نہیں ہیں۔ میرے والد مُسکرائے اور جواب دیا: بیٹا! یہ محبت نامے ہیں، کاروباری خط و کتابت نہیں ہے۔ دس سال تک میرے چچا وہ خطوط وصول کرتے رہے۔ اتنے عرصے بعد جب انھوں نے اپنی تازہ نظموں کا مجموعہ شائع کروایا تو کتاب کا انتساب میرے والد کے نام تھا۔

بعد ازیں مجھے پتہ چلا کہ وہ خطوط نہ صرف میرے چچا نے پڑھے تھے بلکہ غور سے پڑھے تھے۔ ان خطوط نے ان کی زندگی اور سوچ پر بھی دیرپا اثرات چھوڑے۔ کیونکہ میرے چچا بھی آخری عمر میں ایک صوفی شاعر بن گئے تھے۔

کئی سال تک میں اپنے والد کے ان طویل خطوط کے بارے میں غور کرتا رہا۔ میرا خیال ہے کہ عموماً جب جواب نہیں آتا تو لوگ خطوط لکھنا بند کر دیتے ہیں۔ خواہ دوسری جانب اپنا بھائی ہی کیوں نہ ہو۔ لیکن میں حیران ہوں کہ میرے والد نے ایسا نہیں کیا۔

کس چیز نے میرے والد کو پھر بھی خطوط لکھنے میں مشغول رکھا ہوگا؟

وہ کون سا جذبہ تھا؟

وہ مایوس کیوں نہ ہوئے؟ اور انھوں نے خطوط لکھنے کیوں نہ چھوڑے؟

میری اس ساری حیرانی، پریشانی اور تاویلات کا ایک ہی جواب میرے باطن سے نمودار ہوا: گہری محبت۔

میرے والد میرے چچا سے گہری محبت کرتے تھے۔اس محبت سے بہت گہری جو عموماً دو بھائیوں میں ہوتی ہے۔ وہ خطوط جذباتی بھی تھے اور فلسفیانہ بھی۔ وہ خطوط میرے والد کے علم، تجربے اور دانش پر مشتمل تھے۔ جن میں انھوں نے اپنے روحانی تجربے کی باتیں بھی کیں۔ شاید اسی لئے میرے چچا نے ایک دن مجھ سے کہا: "آپ کے والد عمر میں مجھ سے چھوٹے ہیں، مگر عقل و دانش میں مجھ سے بہت بڑے ہیں۔ وہ ایک باکردار شخصیت کے مالک ہیں۔"

انسانی نفسیات کے طالب علم کی حیثیت سے میں اکثر سوچتا ہوں۔ میرے والد نے گہری محبت کی صلاحیت اپنے اندر کیسے پیدا کی ہو گی؟

میرے خیال میں، اس میں ان کے جذباتی بحران کا ضرور عمل دخل ہے۔ وہ بحران جس کو اہلِ کنبہ Nervous Breakdown سمجھتے تھے مگر والد، خود اس کو Spiritual Breakthrough گردانتے تھے۔ جب میرے والد اپنے ذہنی بحران سے شفایاب ہوئے اور ایک روحانی شخصیت میں تبدیل ہو گئے تو ان کے محبت کرنے کے جذبے میں پہلے سے زیادہ شدت آگئی۔ اب ان کی محبت زیادہ گہری تھی، زیادہ شدید تھی۔ میں خوش قسمت ہوں کہ مجھے بھی اس گہری محبت کا ذائقہ چکھنے کا موقع ملا۔

جب میں اپنی والد کی گہری محبت کے بارے میں سوچتا ہوں تو مجھے بچپن کا ایک واقعہ بھی یاد آتا ہے جب ہمارے ہمسائے میں لوگ اپنے صحن میں ایک کنواں کھود رہے تھے۔ ایک بچہ ہونے کے ناطے میرے لئے یہ ایک دلچسپ اور انوکھا منظر تھا۔ چونکہ ہمارے قرب و جوار میں صاف اور تازہ پانی کا کوئی بندوبست نہیں تھا، لوگ استعمال کے لئے پانی طویل مسافت طے کر کے دریا سے لاتے تھے۔ لٰہذا ضروری تھا کہ صاف اور تازہ پانی حاصل کرنے کے لئے ایک کنواں کھودا جائے۔

پانچ فٹ کی کُھدائی کے بعد ہی پانی نظر آ گیا۔ میں بہت محظوظ ہوا۔ مجھے محسوس ہوا جیسے کام مکمل ہو گیا۔ مگر میرے والد نے کہا: "نہیں، ان لوگوں کو اور کھدائی کرنی ہو گی، کیونکہ یہ پانی باقی استعمال کے لئے تو ٹھیک ہے مگر پینے لائق نہیں ہے۔ کیونکہ اس میں ابھی بہت آلائشیں ہیں۔"

بیس فُٹ مزید کھدائی کے بعد پانی کی جو سبیل ملی، اس کا پانی صاف شفاف اور پینے کے لئے موزوں تھا۔ مجھے کبھی کبھی خیال آتا ہے کہ شاید لوگوں کے دل بھی دو طرح کی محبتوں سے لبریز ہوتے ہیں۔ سطحی محبت اور گہری محبت۔۔۔

اکثر لوگ سطحی محبت میں مبتلا رہتے ہیں۔ وہ ساری زندگی سطحی محبت کا تجربہ کرتے اور دوسروں میں بانٹنے کی کوشش کرتے رہتے ہیں۔ بہت کم لوگ میرے والد کی طرح ہوتے ہیں جو گہری محبت سے آشنا ہو جاتے ہیں۔ اور دوسروں میں بانٹنے کی سعی کرتے ہیں۔ وہ اس گہری محبت کو پانے کی لگن میں، اپنے من کی دنیا میں ڈوب جاتے ہیں۔ اس عالم بعض اوقات وہ لوگ، ذہنی بحران اور روحانی معرفت کے تجربوں سے گزر آتے ہیں۔

کچھ لوگ اپنی زندگی کے تجربوں سے، کچھ کسی استاد سے اور کچھ کسی نفسیات دان کی مدد سے، اس گہری محبت سے روشناس ہوتے ہیں۔ مجھے کلینک پر کام کرتے ہوئے ایسے بے شمار خواتین و حضرات ملے، جن کے دِل، ذاتی، ازدواجی، خاندانی، سماجی اور وجودی بحران کے بعد گہری محبت سے آشنا ہوئے تھے۔ میرے لئے یہ اعزاز کی بات ہے کہ اُن لوگوں نے اپنی زندگی کے تجربات اور جدوجہد کا حال دیانت داری سے مجھے بتایا۔ اور میں بطورِ معالج ان کے شفایابی کے سفر میں ان کا ساتھی بن گیا۔ ایسی تبدیل اس صورت میں ممکن ہے، جب نفسیاتی طریقہ علاج کثیر الجہتی ہو، جو مریض کی شخصیت کا گہری نظر سے تجزیہ کر کے اس کو مثبت تبدیلی کی طرف مائل کر دے۔

گزشتہ سالوں کے دوران میں ایک کثیر الجہتی معالج ایک Dynamic Therapist بن چکا ہوں۔ میں ان لوگوں کا ان کے ساتھ مل کر علاج کرتا ہوں جو شدید ذہنی اور نفسیاتوں عارضوں کا شکار تو ہیں مگر ان سے باہر نکل جانے کا جذبہ بھی رکھتے ہیں۔ وہ زندگی کے سفر میں اگلا قدم اٹھانا چاہتے ہیں جس سفر کی منزل ذہنی، جسمانی اور سماجی بلوغت ہے۔ وہ اپنے من میں ڈوب کر گہری محبت سے آشنا ہونا چاہتے ہیں اور اس کو باقی لوگوں میں بانٹنے کا عزم بھی رکھتے ہیں۔ میں نے ایسے افراد سے بہت سیکھا ہے۔

جب میں اپنی گزری ہوئی زندگی پر ایک نگاہ ڈالتا ہوں تو ایک بات پر خوش ہوتا ہوں کہ جو گہری محبت مجھے اپنے والد سے ورثے میں ملی تھی وہ اپنے مریضوں میں تقسیم کرنے سے نہ صرف یہ کہ میں ایک بہتر انسان بنا، بلکہ ایک انسان دوست ماہرِ نفسیات بن گیا جس کا دل پوری انسانیت کی گہری محبت سے سرشار ہے۔

حصہ سوم

سہیل زبیری کے سائنسی اور فلسفیانہ خطوط

بطور طبیعیات داں چند کامیابیاں

خالد سہیل : بطور ایک سائنسداں آپ کی چالیس سالوں پر محیط ایک شاندار پیشہ وارانہ زندگی ہے۔ کیا ہماری دلچسپی کے لئے آپ سائنس اور آپٹکس کے شعبے میں اپنی چیدہ چیدہ کامیابیوں پر روشنی ڈال سکتے ہیں؟

سہیل زبیری : یادش بخیر! پی ایچ ڈی کے لئے میں نے کوانٹم آپٹکس کا شعبہ منتخب کیا تھا۔ کوانٹم آپٹکس فزکس کا قدرے نیا شعبہ ہے، جس کا تعلق روشنی اور ایٹموں کی مقداری (کلی) خصوصیات سے ہے۔ ان دو اشیاء پر تحقیق کر کے نئے رجحانات اور جدید آلات وجود میں لائے جا سکتے ہیں۔ کوانٹم آپٹکس کا جنم، ایک شعائیں پیدا کرنے والے آلے "لیزر" کی دریافت سے ہوا۔ 1960ء میں پہلی لیزر وجود میں آگئی تھی اور 1970ء میں سائنسدانوں کو معلوم ہو گیا تھا کہ روشنی پیدا کرنے کا یہ ذریعہ اپنے ساتھ سائنسی ترقی کے ان گنت امکانات لے کر آیا ہے۔ یہ انسانی طرز زندگی میں ایسی انقلابی تبدیلیاں لائیگا، جس کا کبھی ہم نے تصور بھی نہیں کیا تھا۔ لیزر کی مدد سے فاصلے، وقت اور درجہ حرارت وغیرہ، باریک بینی، درستگی اور عینیت کے ساتھ ناپے جانے لگے۔ اس کے علاوہ لیزر سے امیجنگ (تصویر کشی) اور مائیکروسکوپی (خوردبینی) کے شعبوں میں بہت دلفریب ترقی ہوئی۔ جس سے نئے امکانات اور رازہائے پنہاں، عیاں ہونے کے مواقع پیدا ہوئے۔

مثال کے طور پر کوانٹم آپٹکس کے بل بوتے پر سائنس اس قابل ہو گئی ہے کہ انفرادی ایٹم کو علیحدہ کر سکے اور بوقتِ ضرورت نئے فوٹان (توانائی کے پیکٹ) پیدا کئے جا سکیں۔ کمپیوٹر، مواصلات، حیاتیات اور دوا سازی کے شعبے کو اس سے بے پناہ ترقی ملی ہے۔ اس دریافت سے آنے والے وقتوں میں ایسی حیرت انگیز ترقی کے امکانات روشن ہو گئے ہیں۔ جس کا تصور بھی محال ہے۔

میں جب کوانٹم آپٹکس میں داخل ہوا تو یہ ابھی نوخیزی کے مراحل سے گزر رہی تھی۔ لہٰذا مجھے بھی اس کی ترقی و ترویج میں اپنا حصہ ڈالنے کا موقع ملا۔ میری اس سمت میں کاوشوں اور کامیابیوں کی ایک طویل فہرست ہے۔

میں لیزر فزکس اور کوانٹم آپٹکس کے مختلف پہلوؤں پر 400 سے زائد مضامین لکھ چکا ہوں۔ یہاں میں اس شعبے میں اپنی چند خدمات کا ذکر کرونگا، مگر یہ تذکرہ عام قارئین کی سہولت کے لئے غیر تیکنیکی اور کسی حد تک عام فہم زبان میں ہوگا۔ اس سے اندازہ لگایا جاسکتا ہے، کہ مجھے اتنے برس کس قسم کے سائنسی مسائل کا سامنا رہا تھا۔

مواصلاتی رابطے کا ایک بنیادی اصول یہ ہے کہ جسامت رکھنے والے ذرات مثلاً الیکٹران یا فوٹان دو جگہوں کے درمیان سفر کرتے ہیں، جن کے باعث ان جگہوں پر موجود دو افراد آپس میں معلومات کا تبادلہ کر سکتے ہیں۔ اور ایسا ممکن نہیں کہ میرے اور آپ کے درمیان کوئی برقی ذرہ قطعی طور پر سفر نہ کر رہا ہو اور ہم دونوں پھر بھی آپس میں بات چیت کرلیں یا ای میل وغیرہ کے ذریعے معلومات کا تبادلہ کرلیں۔ اگر ایسا ہوتا ہے تو ہم اس کو کوئی غیر سائنسی نام دیں گے۔ جیسے ٹیلی پیتھی یا دماغی یا روحانی ربط وغیرہ۔ حتیٰ کہ سائنسداں جو کوانٹم مکینکس ایسے شاہکار سے بخوبی واقف ہیں۔ اس کرتب کو شک کی نظر سے دیکھیں گے۔

2013ء میں میں اور میرے چند ساتھیوں نے ثابت کیا کہ ایسا ممکن ہے۔ جب ہم نے ایک مخصوص تجرباتی ماحول میں، برقی ذرات کو ایک جگہ سے دوسری جگہ تک سفر کروائے بغیر دو لوگوں کے درمیان رابطہ قائم کروادیا۔

ہمارا یہ کام عام فہم طبیعیات کا متضاد، چونکادینے والا اور دماغ کو چکرادینے والا ثابت ہوا۔ حال ہی میں یہ تجربہ کامیابی سے ہمکنار ہوا ہے اور اس کا عملی نفاذ آج کل سائنسی اور ادبی حلقوں میں موضوع گفتگو ہے۔

معروف سائنسی جریدے "فزکس ٹوڈے" نے اس موضوع پر ایک اہم مضمون "کوانٹم لے جانے والا کبوتر، جو کبھی تھا ہی نہیں" جیسے خوبصورت عنوان سے شائع کیا۔ مضمون کا خلاصہ کچھ یوں ہے:

"غیر روایتی و غیر مروجہ مواصلاتی نظام کا منصوبہ "ٹیکساس اے اینڈ ایم یونیورسٹی" کے پروفیسر محمد سہیل زبیری اور ان کے ساتھیوں نے 2013ء میں پیش کیا تھا۔ موجودہ کام کو "پان" اور اس کے ساتھیوں نے عملی و تجرباتی شکل دی ہے۔ بظاہر عقل یہ بات سمجھنے سے قاصر ہے کہ دو افراد "باب" اور "ایلس" نے ایک دوسرے کو کس طرح ڈیٹا ارسال کیا؟ ایسے ماحول میں کہ ان کے درمیان کسی قسم کے کوئی پیام رساں برقی ذرات محو سفر نہ تھے۔

مشہور جریدے "فیزیکل ریویو لیٹرز" نے "یاکر آہورونوف" اور "ڈینکر ورلچ" کا ایک مضمون اسی موضوع پر شائع کیا، آہورونوف کی ایک وجہ شہرت ان کی مشہورِ زمانہ دریافت "آہورونوف۔ بوہنا یفکٹ" ہے۔

"یاکر آہورونوف" اور "ڈینکر ورلچ" نے اس مضمون میں لکھا: "ایچ صالح، زیڈ ایچ لی، ایم العمری اور ایم۔ایس زبیری نے ایک حیرت انگیز نظریہ پیش کیا ہے۔ اس نظریے کو انھوں نے "غیر منطقی کوانٹم مواصلات" کا نام دیا ہے۔ یہ معلومات کی ترسیل جو ہمیشہ کسی نہ کسی ذریعے (الیکٹران، فوٹان وغیرہ کے سفر کرنے) سے ہوتی تھی۔ اب بغیر کسی ذریعے کے ممکن ہوگی۔ یہ ایک حیران کن دریافت ہے۔ بلکہ آئن سٹائن کے اس جملے کی منہ بولتی تصویر ہے۔ جس میں انھوں نے کہا تھا: "دور دراز فاصلے پر انوکھا کام"۔

ہماری تھیوری نے سائنسی حلقوں میں ہلچل مچادی۔ بہت بڑے بڑے سائنسداں ہمارے نظریئے کے مخالف بھی ہوگئے۔ لیکن وقت گزرنے کے ساتھ ساتھ صورت حال تبدیل ہوئی۔ اب سائنسدانوں کی اکثریت ہمارے ماخذات سے متفق ہے۔

خوردبینی کے شعبے میں بھی میری تحقیق کافی رنگ لائی۔ سائنس کی ابتداء سے ہی فاصلوں کو باریک بینیسے ناپنا ایک بنیادی مسئلہ رہا ہے۔ جوں جوں سائنس نے ترقی کی، اور وہ "نینوسکوپ" اور "میسوسکوپ" جیسے ادوار میں داخل ہوئی تو یہ مسئلہ اور بھی گھمبیر ہوگیا۔ کسی فاصلے کی ایک نینومیٹر تک درستگی تک رسائی حاصل کرنا ایک دلچسپ اور مفید کام تھا۔ ناپی جانے وال چیز پر روشنی پھینک کر دو ایٹموں کے درمیان فاصلہ معلوم کر کے ایسا کیا جا سکتا ہے۔ البتہ انیسیویں صدی کے اواخر میں یہ پتہ چلا کہ ایسا ممکن تو ہے مگر زیادہ سے زیادہ درستگی اُس روشنی نصف ویولینتھ (طولِ موج) تک ہو سکتی ہے۔ اس سے کم فاصلہ ناپنا ممکن نہیں ہے۔ کیونکہ اتنے کم فاصلے پر موجود ایٹم دُھندلے ہو جاتے ہیں، اور الگ الگ نظر ہی نہیں آتے۔

میں اور میرے رفقائے کار کوانٹم آپٹیکل طریقے استعمال کر کے اس حد کو عبور کرنے میں کامیاب ہو گئے ۔کیونکہ ہم ایٹموں کو دیکھنے کی صلاحیت کو روشنی کی ویولینتھ (طولِ موج) کے پانچ سوویں حصے (500/1) تک لے جانے میں کامیاب ہوگئے تھے۔

اسی طرح لیتھوگرافی (چھاپنے کا عمل) کے شعبے میں بھی ہم نے بے مثال کارکردگی دکھائی۔ اور یہ ثابت کیا کہ باریک ترین حد سے بھی باریک چھپائی کی جا سکتی ہے۔ 1879ء میں برطانیہ کے مشہور

سائنسداں "لارڈ ریلے" نے ایک مفروضہ پیش کیا کہ دو متوازی لکیریں، کتنے قریب ترین فاصلے پر کھینچی جا سکتی ہیں؟اس کی ایک کم سے کم 'حد' کیا ہے؟ یہ 'حد' بھی روشنی کی نصف طولِ موج مقرر کی گئی اور یہ "ریلے لمٹ" کہلائی۔ یہ کلیہ 1999ء تک چلا۔ پھر اس حد کو کم کر کے 'طولِ موج' کے تین گنا یا چار گنا کم کرنے کی تجاویز آنے لگیں۔

میں نے اور میرے ساتھیوں نے اس پر کام کیا اور ہم لوگوں نے یہ آئیڈیا پیش کیا کہ ایک سادہ کوانٹم سسٹم کا استعمال کر کے اس حد کو روشنی کی طول موج کے دس لاکھویں حصے تک لے جایا جا سکتا ہے۔ امریکہ کی 'فیزیکل سوسائٹی' نے اس کام کو نادر تحقیق کا نام دیا۔ کیونکہ اس کی عملی افادیت مائیکرو الیکٹرانکس انڈسٹری کے لئے بہت اہم ہے۔

ایک اور سائنسی کاوش جس کا تذکرہ میں یہاں کرنا چاہونگا، اور جس میں ہم نے نیورل نیٹ ورک ماڈل neural network model بنائے۔ یوں سمجھ لیں کہ یہ کام کسی شے کو پہچاننے کی دماغی صلاحیت سے متعلق ہے۔ اگر میں مزید سادہ طریقے سے بات کروں تو وہ کچھ اس طرح ہے:

"اگر مجھے 4637 کو 9457 سے ضرب دینی ہو تو یہ کام کیلکولیٹر سے فوراً ہو جائیگا۔ اگر مجھے خود کرنا پڑے تو ایک کاغذ پنسل درکار ہو گی, اور مجھے یہ حل کرنے میں چند لمحے لگیں گے۔ البتہ کچھ مسائل ایسے ہیں جو انسانی دماغ، تیز ترین کمپیوٹر سے بھی جلدی حل کر لیتا ہے۔ ان میں سے ایک مسئلہ پہچان کا مسئلہ ہے۔ جب ہم کئی سالوں بعد ملتے ہیں تو ایک لمحے میں ایک دوسرے کو پہچان لیتے ہیں۔ حالانکہ وقت کے بے رحم تھپیڑوں نے ہمارے خدوخال تبدیل کر دیے ہوتے ہیں۔ ہم پھر بھی ایک دوسرے کو فوراً پہچان لیتے ہیں۔ ایسا کیوں کر ممکن ہے؟"

یہ جواب حاصل کرنے کے لئے ہمیں دماغ کی پیچیدہ گلیوں سے گزر کر وہ گوشہ تلاش کرنا ہو گا، جو اشیاء کو پہچاننے سے متعلق ہے۔ میں نے اپنے طلباء کے ساتھ مل کر 'سادہ جال' کی مدد سے اس مسئلے کو حل کرنے کی تجاویز دیں۔

اس کے علاوہ میں نے اپنے ساتھیوں کے ساتھ مل کر فزکس کے دیگر شعبوں میں بھی کارہائے نمایاں انجام دیے۔ ان میں لیزر تھیوری، کوانٹم کمپیوٹنگ، کوانٹم مکینکس کی بنیاد آئن سٹائن کی تھیوری آف ریلے ٹی ویٹی کا آپٹیکل ٹیسٹ اور کوانٹم ٹیلی پورٹیشن قابل ذکر ہیں۔

نیوٹن، آئن سٹائن اور سٹیفن ہاکنگ

خالد سہیل: اب بطور طبیعیات داں اور سائنسداں، آپ سے ایک سوال، کیا ایک عام آدمی کی زبان میں آپ ہمیں عظیم سائنسدانوں، نیوٹن، آئن سٹائن اور ہاکنگ کی دریافتوں اور سائنسی خدمات کے بارے میں کچھ بتا سکتے ہیں؟ان عظیم سائنسدانوں کی کاوشوں سے انسانی طرز زندگی اور سوچ کے دھارے میں کیا تبدیلیاں رُونما ہوئیں؟

سہیل زبیری: سر آئزک نیوٹن اور البرٹ آئن سٹائن جیسے سائنسداں کبھی دنیا میں آج تک پیدا نہیں ہوئے۔ماسوائے ارسطو کے کوئی دوسرا سائنسداں ایسا نہیں گزرا، جس نے ان کے مقابلے میں، قوانینِ فطرت سمجھنے میں بنی نوع انسان کی اس قدر مدد کی ہو۔ سوچ پر دیرپا اثرات چھوڑے ہوں اور سائنسی سوچ کے ارتقاء اور ترویج کو چار چاند لگا دیے ہوں۔ لیکن سٹیفن ہاکنگ کو ان میں شامل کئے بغیر بات نہیں بنتی۔ یہ تینوں سائنسداں بلاشبہ جدید سائنسی علم کے مینار ہیں۔

نیوٹن، 1642ء میں یتیم پیدا ہوئے۔ان کا متنوع سائنسی کام اٹھارویں اور انیسویں صدی کے صنعتی انقلاب کی بنیاد سمجھا جاتا ہے۔ 1666ء میں جب نیوٹن کی عمر چوبیس برس تھی اور وہ کیمبرج یونیورسٹی کے طالبِ علم تھے، برطانوی جزائر پر طاعون کی وباء پھیل گئی۔ برطانوی یونیورسٹیاں ایک سال کے لئے بند کر دی گئیں اور طلباء کو ان کے آبائی مقامات پر بھیج دیا گیا۔ نیوٹن بھی اپنے گاؤں چلے گئے مگر اپنی تحقیق کا کام جاری رکھا۔ اس دوران نیوٹن نے کششِ ثقل دریافت کر کے دنیا کو سائنس کے جدید دور میں داخل ہونے کی نوید سنائی۔ اس دریافت سے جو سائنسی انقلاب برپا ہوا وہ آج تک جاری و ساری ہے۔ نیوٹن نے دریافت کیا کہ کائنات میں چھوٹی سے چھوٹی اور بڑی سے بڑی کمیت رکھنے والے اجسام کے درمیان ایک کشش کی قوت ہمیشہ موجود ہوتی ہے۔ یہ کشش ثقل ان اجسام کی کمیت کے راست متناسب اور ان کے درمیان فاصلے کے غیر متناسب ہوتی ہے۔

اسی وجہ سے، نیوٹن کے کششِ ثقل کے قانون نے جہاں یہ بتایا کہ اشیاء زمین پر اس لئے گرتی ہیں کہ زمین ان کو اپنے مرکز کی طرف کھینچتی ہے۔ وہاں اسی قانون کو لے کر "کیپلر" نے سُورج اور اس کے گرد

گھومنے والے سیاروں کی گردش سے متعلق تجرباتی فارمولے وضع کئے۔ بلاشبہ یہ ایک روشن اور دلکش قانونِ فطرت تھا۔۔۔

انسانی تاریخ میں یہ پہلی دفعہ ایک ایسا قانونِ فطرت دریافت ہوا جو سیب جیسی صغیر اشیاء کے زمین پر گرنے سے لے کر اجرامِ فلکی جیسے قوی الجثہ کروں کی خلا میں گردش اور مداروں کی ہیئت کی یکساں تشریح کرتا ہے۔ ایک ہی قانون اپنے اندر اتنی وسعت رکھتا ہے کہ عقل دنگ رہ جاتی ہے۔ اس سے قبل کی معلوم انسانی تاریخ میں ایسا قانون کبھی دریافت نہیں ہوا۔

نیوٹن کے کشش ثقل کے قانون نے سائنسی حلقوں میں یہ مثال بھی قائم کی کہ سائنسی قوانین کس طرح بنائے جانے چاہئیں۔ اور یہ کہ قانون کا درجہ وہ تھیوری رکھتی ہے جو عالم گیر ہو۔ یعنی وہ قانون، ہر وقت، ہر جگہ اور ہر حال میں یکساں نتائج پیدا کرے۔۔۔

اس دریافت کے بعد نیوٹن اگر کوئی اور کارنامہ انجام نہ بھی دیتے تب بھی ان کا نام انسانی تاریخ میں آتی صدیوں تک ایک عظیم اور ذی اثر سائنس دان کے طور پر زندہ رہتا۔ مگر انھوں نے اس کے علاوہ حرکت کے تین قوانین بھی وضع کئے۔ جو ایک چھوٹے سے چھوٹے ذرے سے لے کر دیو ہیکل فلکی اجسام کی، قوتِ محرکہ کی موجودگی میں، حرکات کا احاطہ کرتے ہیں۔

نیوٹن نے ریاضی کی شاخ، "کیلکولس" کی بنیاد بھی رکھی جو سائنس کی تمام شاخوں میں، مشکل ترین اور گھمبیر سائنسی سوالات حل کرنے کی استعداد بڑھا دیتی ہے۔ جرمنی کے سائنسداں "گوٹ فرائیڈ لیبنیز" نے بھی تقریباً اسی اثناء میں اپنے طور پر کیلکولس دریافت کیا اور کام بھی کیا مگر نیوٹن کے کام کی افادیت اپنی جگہ اسی طرح قائم ہے۔

نیوٹن نے سائنس کی دنیا سے باہر بھی اپنا لوہا منوایا۔ ان کے قوانین نے صدیوں پرانے رازہائے سر بستہ کا پردہ چاک کیا۔ جو ہزارہا سال سے مبہم اور انسانی سمجھ سے بالاتر تھے۔

نیوٹن کی دریافتوں نے جن سائنسی دور کا آغاز کیا ان کی بنیاد یہ بات تھی کہ ہر فطری مظہر کی سائنسی توجیح ہونی چاہیے۔ اور یہ کہ اگر ہمیں فطرت کی طاقتوں کا پتہ چل جائے تو ہم کائنات میں موجود ہر شے کے ارتقاء کی پیش گوئی درستگی کے ساتھ کر سکتے ہیں۔

اس فیصلہ کن سائنسی استدلال نے لوگوں کے دل و دماغ میں مذاہب سے متعلق کئی شکوک و شبہات پیدا کر دیئے۔ اور مذہبی پیشواؤں کی عوام پر گرفت کمزور پڑ گئی۔ اٹھارویں اور انیسویں صدی کو "نیوٹانی علمِ میکانیات" کی صدیاں کہا جائے تو بے جا نہ ہو گا۔

پھر کیا ہوا؟

جب بیسویں صدی کی سحر نمودار ہو رہی تھی تو ہر کسی کا خیال تھا کہ قوانینِ فطرت پُوری طرح انسان کی سمجھ میں آچکے ہیں۔ اتنے میں کیا ہوتا ہے کہ دنیا میں ایک ایسا انقلاب برپا ہوتا ہے جو نیوٹن کے حتمی قوانین سے آگے بڑھ کر دنیا کو سائنس اور ٹیکنالوجی کے نئے دور میں داخل کرتا ہے۔☆ "کوانٹم مکینکس" Quantum Mechanics اور "تھیوری آف ریلے ٹیویٹی" Theory of Relativity کا ظہور ہوتا ہے۔ اس سائنسی انقلاب کا سہرا کسی اور کے نہیں بلکہ عبقری "البرٹ آئن سٹائن" کے سر سجتا ہے۔ جو ہمارے مضمون کا دوسرا ہیرو ہے۔

آئن سٹائن 1879ء میں جرمنی کے شہر "اُلم" میں پیدا ہوئے۔ 1905ء میں، جب اُن کی عمر چوبیس برس تھی، انھوں نے اپنے تین سائنسی مضامین شائع کئے۔ آئن سٹائن کے ان پیپرز نے بیسویں صدی کی سائنس میں انقلاب برپا کر دیا۔ ان سائنسی دریافتوں کے اعزاز میں سن 1905ء "معجزوں کا سال" قرار دیا گیا۔ سائنس کی دنیا میں، 1666ء کے بعد 1905ء کا سال ایک اہم ترین سنگِ میل کی حیثیت رکھتا ہے۔

ان میں سے ایک مضمون میں آئن سٹائن نے مشہور تھیوری: "تھیوری آف ریلے ٹیویٹی" پیش کی۔ اس تھیوری نے ایک دوسرے کے لحاظ سے، یکساں رفتار سے سفر کرتے ہوئے اجسام سے متعلق قوانین کو جنم دیا۔

نیوٹن کا علمِ میکانیات جب اجسام کی حرکت اور قوتِ محرکہ کی بات کرتا تھا تو زمان و مکان اپنا علیحدہ اور آزاد وجود رکھتے تھے، ایک دوسرے پر منحصر یا جُڑے ہوئے نہ تھے۔ یعنی وقت، فاصلہ یا رفتار کی بات نہ ہوتی تھی۔ آئن سٹائن نے یہ ثابت کیا کہ دونوں نظریات آپس میں مدغم ہیں۔ زمان اور مکان مستقل مقداریں نہیں۔ اگر دو مشاہدہ کار، کچھ فاصلے پر، ایک جیسی رفتار سے سفر کر رہے ہوں تو اپنے اپنے سسٹم کے اندر رہتے ہوئے وقت اور فاصلے کی تبدیلی کی پیمائش پر کبھی متفق نہ ہونگے۔

آئن سٹائن کی 'تھیوری آف ریلے ٹیویٹی' نے یہ تعین بھی کیا کہ کوئی شے زیادہ سے زیادہ کتنی رفتار سے سفر کر سکتی ہے؟ معلوم ہوا کہ یہ رفتار روشنی کی رفتار ہے جو 186,000 میل فی سیکنڈ ہے۔ اس تھیوری کے مطابق اگر کسی شے کو روشنی کی رفتار سے حرکت دی جائے تو اس شے کی کمیت لامحدود، لمبائی صفر اور اس کے لئے وقت رُک جائیگا۔ مگر اس وقت یہ باتیں ناقابل یقین اور دیوانے کی گفتگو لگتی تھیں۔

اس تھیوری کا ایک اور نتیجہ یہ بھی نکلا کہ کسی شے کی کمیت (کسی جسم میں مادے کی مقدار) کو سینکڑوں اور ہزاروں صدیوں سے ناقابل فنا سمجھا جاتا رہا تھا، اب اس تھیوری کے مطابق مادہ فنا ہونے کی بجائے توانائی میں تبدیل ہو رہا تھا۔ اس تھیوری کے مطابق مادے کی ایک معدوم سی مقدار کو تباہ کرنے سے جو توانائی پیدا ہوتی ہے وہ ایک عظیم بم دھماکے سے زیادہ ہوتی ہے۔ قریب نصف صدی بعد، یہی نظریہ ایٹم بم، ہائیڈروجن بم اور بجلی کی پیداوار (نیوکلیئر پاور پلانٹ) بنانے میں کارآمد ثابت ہُوا۔

مگر بات یہاں پر ختم نہیں ہوتی۔ اس کے بعد بھی دنیائے سائنس میں کچھ بہت دلچسپ اور حیرت انگیز برپا ہونے جا رہا تھا۔ 1915ء میں آئن سٹائن نے "جنرل تھیوری آف ریلے ٹیویٹی" پیش کر دی۔ جس نے زمان اور مکان سے متعلق ہمارا نظریہ ہمیشہ کے لئے بدل کر رکھ دیا۔ ایک صدی سے اُوپر کا عرصہ گزر چکا ہے، مگر آج تک ہم اس تھیوری کے دماغ کو عاجز کر دینے والے نتائج سے مستفید ہو رہے ہیں۔

ہم اس تھیوری کو نہایت آسان الفاظ میں بیان کریں تو ہم اپنی بات کا آغاز مساوات کے اصول سے کرینگے۔ جس کے تحت ایک تیز رفتار جسم اور ایک کششِ ثقل کے میدان میں کھڑا ہوا جسم۔ جسمانی طور پر ایک جیسے ہوتے ہیں۔ اس نظام میں آئن سٹائن نے کششِ ثقل کو زمان و مکان کی جیومیٹرک (اشکالی) خصوصیت قرار دیا۔ بالخصوص، اُس نے لکھا کہ قوی الجثہ اجسام کی قربت کے باعث زمان و مکان کی جیومیٹری بھی تبدیل ہو جاتی ہے۔ کیونکہ کشش ثقل کی وجہ سے اس میں خم آ جاتا ہے۔

اس تھیوری کی پشین گوئیاں نیوٹن کی کشش ثقل کی تھیوری سے کسی حد تک متصادم نکلیں۔ اب فزکس کی تاریخ کا سب سے بڑا اور ڈرامائی تجربہ کیا گیا جس میں دنیا کے دو عظیم سائنسداں آئزک نیوٹن اور البرٹ آئن سٹائن اپنی اپنی تھیوری کے ساتھ ایک دوسرے کے مدِ مقابل تھے۔ اس تجربے میں یہ مشاہدہ کرنا تھا کہ اگر کس قوی الجثہ جسم کے قریب سے روشنی گزاری جائے تو کیا اس کی کرنیں خمیدہ ہو جائینگی؟

یہ تجربہ اس طرح انجام پایا:

مئی 1919ء میں برطانیہ کے معروف ماہرِ فلکیات 'سر آرتھر ایڈنگٹن' نے براعظم افریقہ کے مغربی ساحل کے پار "پرنسیپی" نامی جزیرے پر ایک مہم بھیجی۔ مہم کے ارکان نے سورج گرہن کے دن مخصوص دوربینوں سے یہ مشاہدہ کرنا تھا کہ دور دراز کے ستاروں سے آنے والی روشنی کی کرنیں سورج کی کشش ثقل کی وجہ خمیدہ ہو رہی ہیں یا نہیں؟

آئن سٹائن کی جنرل تھیوری آف ریلے ٹیویٹی کی عملی شکل، نیوٹن کی کشش ثقل کی تھیوری سے یکسر مختلف نکلی۔ جب تجربے کے نتائج کا اعلان ہوا تو آئن سٹائن کے دعوے درست نکلے۔ اور آئن سٹائن راتوں رات دنیا کی مشہور شخصیت اور عظیم ترین سائنسداں بن گئے۔

آئن سٹائن کی جنرل تھیوری آف ریلے ٹیویٹی (عام نظریہ مناسبت) نے سائنس کی دنیا میں کئی اور غیر متوقع اور انقلابی اثرات مرتب کئے۔ اس نے پہلی دفعہ یہ انکشاف کیا کہ کائنات تواتر سے پھیل رہی ہے۔ اس کو بھی مخصوص دوربینوں کے مشاہدات سے آزمایا گیا۔ اس کے بعد بگ بینگ کا مفروضہ وجود میں آیا جو کائنات کے آغاز سے متعلق آج بھی بڑی حد تک ایک تسلیم شُدہ نظریہ ہے۔

اس تھیوری کی ایک اور پیش گوئی "بلیک ہول" کا وجود تھا۔ جو خلا میں موجود ایسی دیو ہیکل اشیاء ہیں جن کی کشش ثقل اتنی زیادہ ہے کہ ہر شے کو، حتیٰ کہ روشنی کو بھی اپنے اندر اس طرح کھینچ لیتے ہیں کہ پھر کبھی ان سے آزاد نہیں ہو سکتی۔ سٹیفن ہاکنگ کی رُوداد میں، ہم اس کا تفصیل سے ذکر کرینگے۔

1905ء میں شائع ہونے والے، آئن سٹائن کے ایک اور مضمون نے ایک دیرینہ سائنسی قضیہ حل کر دیا۔ یہ مسئلہ، کسی دہات پر روشنی پڑنے سے برقی ذرات، الیکٹران پیدا ہونے سے متعلق تھا۔ اس عمل کا نام انھوں نے "" فوٹو الیکٹرک افیکٹ " رکھ چھوڑا تھا۔ مگر ایسا کیوں ہوتا ہے؟ سائنسدانوں کے پاس اس سوال کا کوئی جواب نہ تھا۔ سب سے زیادہ پریشان کن امر یہ تھا کہ جب سُرخ روشنی دھات پر گرائی گئی تو کوئی الیکٹران دھات کی سطح سے باہر نہیں نکلا، حالانکہ اس روشنی کی طاقت بہت شدید تھی۔ مگر جب بنفشی رنگ کی روشنی اسی دھات پر ڈالی گئی تو الیکٹران باہر نکل پڑے اور برقی رو بہنا شروع ہو گئی۔ ایسا کیوں ہوتا ہے؟

آئن سٹائن نے اس کا جواب تلاش کر لیا۔ اس نے مفروضہ پیش کیا کہ روشنی دراصل توانائی کے ذرات پر مشتمل ہوتی ہے۔ جن کو فوٹان کہا جا سکتا ہے۔ فوٹان اپنے اندر توانائی کی خاص مقدار رکھتے ہیں۔ آئن سٹائن کے اس نظریے سے صدیوں پرانے اس مفروضے کو شدید دھچکا لگا جس کے مطابق روشنی لہروں

پر مشتمل ہے اور اسی وجہ سے روشنی کی کرنوں کو پھیلایا جاسکتا ہے اور ان کا رُخ بھی موڑا جاسکتا ہے۔ اور اب ایک نیا کلیہ پیش کر دیا گیا تھا جس کے تحت روشنی کی ھیئت کو ذرات پر مشتمل سمجھ کر آگے بڑھنا ضروری تھا۔ واقعتاً، ایسا ہی ہے: روشنی کچھ تجربات میں لہروں کی صورت چلتی ہے اور کچھ تجربات میں یہ فوٹان کی صورت سفر کرتی ہے۔

روشنی کو کیسے پتہ چلتا ہے کہ کب اس نے ذرات کی خصوصیات اپنانی ہیں اور کب لہروں کی؟ اس سوال کا جواب ایک ایسا خواب ہے جس کی تعبیر ملنی ابھی باقی ہے۔ البتہ روشنی کے اس دوہرے مزاج نے سائنسدانوں کے لئے نئے راستے کھول دیے۔ اور اس علم کا دائرہ الیکٹران اور ایٹم جیسے ذرات تک جا پہنچا۔ اور یوں 1925ء میں، فزکس کی ایک نئی شاخ کوانٹم مکینکس ظہور پذیر ہوئی۔ روشنی کے دوھرے طریقے سے سفر کرنے سے متعلق معمہ جو آئن سٹائن کے کام سے ظہور پذیر ہوا تھا۔ سو سال سے اوپر عرصہ گزر جانے کے باوجود آج بھی قائم ہے اور اس کی وجہ سے روشنی اور مادے سے متعلق گرما گرم مباحث اب تک ہو رہے ہیں۔

آئن سٹائن کی 'جرنل تھیوری آف ریلے یویٹی' اور 'کوانٹم مکینکس' کی تھیوری سائنس کی دنیا میں انقلابی اور بے مثال نظریے ہیں۔ جنھوں نے ایسے مشاہدات اور پیش گوئیاں کی ہیں کہ عقل دنگ رہ جاتی ہے۔

جس طرح نیوٹن کے علمِ میکانیات اٹھارویں اور انیسویں صدی میں صنعتی انقلاب کی بنیاد بنا تھا اسی طرح آئن سٹائن کی تھیوری نے تیکنیکی ترقی و ترویج کی نئی راہیں ہموار کیں۔ الیکٹرانکس کی صنعت ہو یا مواصلاتی انقلاب، کمپیوٹر ٹیکنالوجی ہو یا توانائی پیدا کرنے کے ذرائع، نینو ٹیکنالوجی ہو یا لیزر اور اس سے متعلق مصنوعات، ان کا کوئی وجود نہ ہوتا، اگر آئن سٹائن کی اس تھیوری سے دنیا روشناس نہ ہوتی۔ اگر ان نئے قوانین سے سائنس کی آشنائی نہ ہوتی تو ہم آج بھی اٹھارویں صدی کے پرانے اور نیوٹانی طبیعیات کے دور میں زندہ ہوتے۔

سائنس کی بے پناہ کامیابیوں کے باوجود جرنل تھیوری آف ریلے ٹیوِیٹی اور کوانٹم مکینکس نے اپنا آزاد وجود قائم رکھا ہوا ہے۔ اور ان پر تحقیق کر کے ان کو آپس میں مدغم کرنے کی کوئی کوشش اب تک بار آور نہیں ہو سکی۔ اس راستے میں بہت زیادہ مشکلات ہیں۔ البتہ ایک میدان ایسا ہے جس کے اندر دونوں

مفروضوں کے ادغام نے حیران کن نتائج پیدا کیئے ہیں۔ یہ انکشاف ہمیں "سٹیفن ہاکنگ "تک لے آیا ہے۔ جو میرے اس مضمون کے تیسرے ہیرو ہیں۔

سٹیفن ہاکنگ 1942ء میں پیدا ہوئے۔ وہ ہمارے وقت کے سب سے بڑے سائنسدانوں میں شامل تھے۔ یوں لگتا ہے کہ لیاقت اور ذہانت کا ایک ہالہ ان کے ارد گرد ہر وقت موجود رہتا تھا۔ ایک مخصوص بیماری کی وجہ سے وہ نہ تو بول سکتے تھے اور نہ لکھ سکتے تھے۔ انھوں نے تقریباًساری عمر ایک وہیل چیئر پر گزار دی۔ مگر اُن کی سائنسی خدمات نے نہ صرف انھیں زبان زدِ عام کیا بلکہ آئزک نیوٹن اور آئن سٹائن جیسے عظیم سائنسدانوں کے برابر لا کھڑا کیا ہے۔

جیسا کہ ہم نے اُوپر ذکر کیا ہے، آئن سٹائن کی حیران کن دریافت، 'تھیوری آف ریلے ٹیوِیٹی' میں بلیک ہول کا وجود تھا۔ بلیک ہول کی کشش ثقل اپنے اندر بے پناہ طاقت رکھتی ہے۔ اس کی زد میں آنے والی کوئی شے اس کی کشش ثقل سے آزاد نہیں ہو سکتی۔ حتٰی کہ کسی قسم کی کوئی روشنی بھی بلیک ہول سے بچ کر نہیں جاسکتی۔ ایک طویل عرصے تک بلیک ہول کا یہ تصور دنیا میں سچ مانا جاتا رہا۔

ہاکنگ کا سب سے اہم کارنامہ بلیک ہول کے درج بالا تصور کی درستگی ہے۔ ان کا خیال ہے کہ نئی دریافت شدہ سائنس، کوانٹم مکینکس کی کچھ خصوصیات ایسی ہیں جن کی وجہ سے وثوق سے کہا جاسکتا ہے کہ کچھ زیر و بم ایسے بھی ہیں کہ روشنی پر مبنی ذرہ پھٹ کر دو فوٹان پیدا کر دے۔ جن میں سے ایک فوٹان بلیک ہول کے اندر چلا جائے اور دوسرا باہر نکل جائے۔ نتیجتاً یہ ہو سکتا ہے کہ بلیک ہول آہستہ آہستہ اپنی توانائی سے تہی دامن ہوتا رہے اور بلآخر اپنا وجود محدود کرتے ہوئے کائنات میں تحلیل ہو جائے۔ اس حیران کن انکشاف نے سٹیفن ہاکنگ کو دنیا میں ایک بڑے سائنسداں کے طور پر متعارف کروایا۔

ایک بلیک ہول کو تحلیل ہونے میں کتنا وقت لگے گا؟ شاید اس کا تخمینہ ہماری کائنات کی کل زندگی سے کھربوں سال زیادہ ہے۔ لہٰذا اس کا مشاہدہ کرنے کے لئے ہم میں سے کوئی بھی موجود نہ ہوگا۔۔۔

یہاں تک پہنچتے پہنچتے ہم ان عظیم ہستیوں کے کافی کارنامے بیان کر چکے ہیں۔

کیا پھر کبھی نیوٹن اور آئن سٹائن جیسے سائنسداں پیدا ہو سکتے ہیں؟

یہ کہنا بہت مشکل ہے۔ یہ لوگ فطرت کے سربستہ راز دنیا پر آشکار کرنے کے لئے صحیح زمان و مکان میں پیدا ہوئے۔ کیا ایسا بھی ممکن ہے کہ جن قوانین فطرت پر ہمارا پختہ ایمان ہے، وہ قوانین نئی ایجادات اور

جدید دریافتوں کے سامنے سجدہ ریز ہو جائیں؟ اس کا جواب دینا ابھی بہت دُشوار ہے۔ کیونکہ جو کام نیوٹن اور آئن سٹائن نے کئے کیا ہم نے کبھی ان کا تصور بھی کیا تھا؟

طبیعیات اور مابعد الطبیعیات

خالد سہیل : آپ ایک طبیعیات داں ہیں۔ مگر میں مابعد الطبیعیات کے بارے میں متجسس ہوں۔ کیا آپ مجھے بتائیں گے کہ طبیعیات اور مابعد الطبیعیات کا آپس میں کیا رشتہ ہے؟

سہیل زبیری : یہ ایک مشکل سوال ہے۔ بہر کیف میں جواب دینے کی کوشش کرتا ہوں۔

"مابعد الطبیعیات" کا لفظ سب سے پہلے 'ارسطو' کے کام کے حوالے سے استعمال ہوا تھا۔ اگرچہ ارسطو نے خود یہ لفظ استعمال نہیں کیا مگر بعد میں آنے والے فلسفیوں نے ارسطو کا وہ کام جو طبیعیات کے دائرے سے باہر تھا، کو 'مابعد الطبیعیات' کا نام دیا۔

'طبیعیات'، سائنس کی سب سے پرانی شاخوں میں سے ایک ہے جو وسیع تر معنوں میں یہ کھوج لگانے کی کوشش کرتی ہے کہ کائنات کیسے کام کر رہی ہے۔ یہ تحقیق کے بعد وہ قوانین بناتی ہے جو نہ صرف سامنے نظر آنے والے موجود عناصر کے آپس میں رشتے کا تعین کرتے ہیں، بلکہ مستقبل کے بارے میں پیشن گوئی بھی کرتے ہیں۔ اس کی سب سے عمدہ مثال "قانون کشش ثقل ثقل" ہے، جو نہ صرف یہ بتاتا ہے کہ زمین کتنی قوت سے کسی شے کو اپنے مرکز کی طرف کھینچتی ہے بلکہ یہ بھی بتا سکتا ہے کہ جب کوئی شے ایک خاص قوت سے کسی سمت پھینکی جائے تو کس قسم کی قوس (خطِ پرواز) بنے گی۔ حتیٰ کہ وہ یہ پیشن گوئی بھی خاصی درستگی کے ساتھ کر دے گا کہ ہمارے نظامِ شمسی میں سیارے سورج کے گرد کس انداز میں گھوم رہے ہیں۔ مگر جب کچھ نئی دریافت ایسی ہوتی ہیں جن کی تشریح موجودہ قوانین میں نہیں ملتی تو پھر تحقیق کا کام نئے قوانین کو جنم دیتا ہے۔ یہ نئے قوانین تمام مشاہدات کی نئے سرے سے کامیابی سے تشریح کرتے ہیں۔

'مابعد الطبیعیات' وہاں سے شروع ہوتی ہے جہاں پر طبیعیات ختم ہوتی ہے۔ طبیعیات ان سوالوں کے جوابات نہیں دیتی جو فلسفے اور دینیات (الہیات) کے زمرے میں آتے ہیں۔ مثلاً ایک طبیعیات داں یہ تو بتا سکتا ہے کہ جب کسی شے پر قوت لگائی جائے تو وہ حرکت کرتی ہے مگر یہ بتانا اس کے دائرہ کار سے باہر ہے کہ یہ قانون کس نے بنایا؟ اور اس کا مقصد کیا ہے؟ یہ کام 'مابعد الطبیعیات' کا ہے جو فلسفے کی اہم شاخ کے طور پر الگ سے سامنے آ رہی ہے۔

مابعدالطبیعیات نہ صرف طبیعیات کی حدود سے باہر ہے بلکہ علمِ سائنس سے بھی باہر کا علم ہے۔ مابعدالطبیعیات کی بنیاد اندازوں اور موضوعی خیالات پر رکھی گئی ہے۔ طبیعیات جو سوالات اٹھاتی ہے وہ مادے اور زمان و مکان کی منتخب کردہ حدود و قیود سے متعلق ہوتے ہیں۔ وہ واضح نظر آتے ہیں اور آسانی سے سمجھ آجاتے ہیں۔ جبکہ مابعدالطبیعیات، نامعلوم اور اکثر 'سمجھ سے بالاتر' علاقے میں جا کر ان جوابات کے معانی تلاش کرتی ہے۔ مثال کے طور پر زندگی کو سمجھنے کے لئے ایک طبیعیات داں، زندگی کی بنیاد یعنی 'ڈی این اے' کے ریشوں کی ترتیب دیکھتا ہے۔ وہ زندگی کی ہیئت اور ڈی این اے کا رشتہ سمجھنے کی کوشش کرتا ہے اور یہ معلوم کرنے کی کوشش کرتا ہے کہ ڈی این اے کا ڈھانچہ انسانی اوصاف کو کیسے متاثر کرتا ہے۔ اس کے برعکس ایک 'مابعدالطبیعیات داں' رُوح اور حیات بعد الموت کو لے کر زندگی کو سمجھنے کی کوشش کرتا ہے۔ اگرچہ مابعدالطبیعیات میں زمان و مکان کی حقیقت اور مطلق حقیقت کی کھوج جیسے موضوعات شامل ہیں مگر اس کے موضوعات لامتناہی ہونے کے ساتھ ساتھ لایعنی بھی ہیں۔۔۔

طبیعیات ایک تواتر سے مابعدالطبیعیات کے علاقے میں گھومتی پھرتی ہے۔ اور وہ موضوعات جو کبھی مابعدالطبیعیات کے زمرے میں آتے تھے ان کی تشریح سائنس کے ذریعے کر کے اپنے شعبے میں داخل کرتی رہتی ہے۔

بیسویں صدی کے آغاز میں 'کوانٹم مکینکس' اور 'تھیوری آف ریلے ٹیویٹی' کے ظہور کی وجہ سے طبیعیات کا شعبہ ایک عظیم انقلاب سے گزرا ہے۔ جس نے طبیعیات کے ان تمام قوانین کی کایا کلپ کر دی ہے جو گزشتہ صدیوں میں نیوٹن اور دیگر سائنس دانوں نے بنائے تھے۔ دونوں تھیوریاں انسانی تاریخ کی کامیاب ترین دریافتیں ہیں۔ تقریباً ایک صدی گزر جانے کے بعد بھی ان میں کوئی ترمیم نہیں کی جا سکی۔ باوجودیکہ وقت، فاصلہ، وزن اور درجہ حرارت جیسی مقداریں ماپنے کے پیمانے حیرت انگیز باریک بینی کی حد تک پہنچ چکے ہیں۔ بلکہ جن سوالات کے جوابات ان تھیوریوں نے دیے ہیں ان کے جوابات اس وقت مل جانے چاہیئں تھے۔ کیونکہ گزشتہ دو تین صدیوں میں سائنس نے بہت ترقی کی ہے۔

انیسویں صدی کے اواخر تک، طبیعیات، مخصوص اور واضح قوانین کے ستونوں پر کھڑی تھی۔ طبیعیات کے قوانین مطلق اور غیر متزلزل سمجھے جاتے تھے۔ مثال کے طور پر، اگر ایک شے نپی تُلی طاقتوں کے زیرِ اثر حرکت کر رہی ہے تو طبیعیات کے قوانین بتا سکتے ہیں کہ وہ شے کہاں ہے اور آنے والے لمحات

میں کس رفتار سے حرکت کرے گی۔ 'کوانٹم مکینکس' کے مطابق ایسا نا ممکن ہے۔ 'کوانٹم مکینکس' کے قوانین ہمیں یہ بتاتے ہیں کہ ہمارے پاس ماپنے کے جتنے بھی باریک بین آلے موجود کیوں نہ ہوں ہم کسی کام کا کوئی خاص نتیجہ ملنے کا صرف امکان ظاہر کر سکتے ہیں۔ کوئی حتمی فیصلہ نہیں کر سکتے۔ اس چیز کا مابعد الطبیعیات نے فائدہ اٹھایا اور اس کو اندازے لگانے کے لئے نئے موضوعات مل گئے۔

"حقیقت" دراصل ہے کیا؟'

کوانٹم مکینکس' کے پاس اس سوال کا جواب بھی غیر متوقع اور نیا ہے۔ اس سے قبل طبیعیات اور مابعد الطبیعیات کا خیال تھا کہ کچھ حقیقتیں ایسی ہیں جو کوئی مقصد رکھتی ہیں اور مشاہدہ کاروں کی پہنچ سے باہر ہیں۔ 'کوانٹم مکینکس' نے اس دلیل کو یکسر مسترد کر دیا، اس کے مطابق، پیمانوں سے ہر معلوم شے دیکھی، ناپی اور تولی جاسکتی ہے۔

ایک ہزار برس سے ہم نے ذرات اور لہروں کو الگ الگ اشیاء مانا اور سمجھا ہے۔ ہمارے نزدیک روشنی لہروں پر مبنی ہے اور توانائی کا گولہ (فوٹان) ایک بڑا ذرہ ہے۔ اس میں کوئی شک بھی نہیں کیونکہ گولہ لہروں کی طرح کام نہیں کرتا اور نہ لہریں گولے کی طرح۔ 'کوانٹم مکینیکل' قوانین کے مطابق ایسی کسی تفریق کا کوئی وجود ہی نہیں ہے۔ روشنی گولوں اور لہروں، دونوں کی شکل میں سفر کر سکتی ہے۔ کچھ تجربات میں روشنی نے لہروں میں سفر کیا اور دوسرے تجربات میں روشنی نے فوٹان (توانائی کے گولے) کی شکل میں سفر کیا۔ اسی طرح ایٹم بھی لہروں اور ذرات دونوں طرح سے کام کر سکتا ہے۔ لہروں اور ذرات کے یہ مظاہر ایک ناقابلِ یقین دریافت ہے جو انسان کی اب تک کی دانش سے بالاتر ہے۔

حتیٰ کہ آئن سٹائن جیسی زیرک شخصیت بھی اس ناقابلِ یقین حقیقت سے سمجھوتہ نہیں کر پا رہی تھی۔ ایسے معمے حل کرنے کے لئے سائنسدانوں نے عجیب و غریب حل نکالا ہے۔ وہ کہتے ہیں کہ ایک سے زیادہ بلکہ لامتناہی کائناتیں موجود ہیں۔ گویا، آپ میری طرف دیکھیں۔ میں آپ کو خوش نظر آرہا ہوں۔ مگر عین اسی وقت ایک اور کائنات پیدا ہو گئی ہے۔ جس کے اندر میں اُداس ہوں۔

متعدد کائناتوں کا نظریہ بظاہر ایک دیوانے کا خواب لگتا ہے مگر لمحہ فکریہ یہ ہے کہ اکثر سائنسداں بھی اس کو سنجیدگی سے دیکھ رہے ہیں۔ مگر ہم متعدد کائناتوں کے وجود کو نہ تو ثابت کر سکتے ہیں اور نہ ہی جھٹلا سکتے ہیں اس لئے یہ بحث مابعد الطبیعیات کے زمرے میں آجاتی ہے۔

ایک عملی طبیعیات داں عموماً حقیقی دنیا کے مسائل کا حل ڈھونڈنے میں مصروف رہتا ہے اس لئے وہ مابعد الطبیعیات کے مباحث میں نہیں پڑنا چاہتا۔ اس کے نزدیک مابعد الطبیعیات ایک عطائی یا نیم حکیم والا کام ہے۔ جب کہ دوسری طرف ایک فلاسفر مابعد الطبیعیات کی (اپنی پیدا کردہ) گھتیاں سلجھانے میں خوشی خوشی ساری زندگی صرف کر دیتا ہے۔

کامیابی کیا ہوتی ہے؟

خالد سہیل : کامیاب زندگی کی کیا ہوتی ہے؟ یہ سوال کئی دہائیوں سے میرے دماغ میں گردش کرتا ہے۔ گزشتہ سالوں میں جتنے لوگ مجھے ملے، کامیابی کی اپنی اپنی تعریف رکھتے تھے۔ کچھ کے نزدیک بے شمار دولت کامیابی کا پیمانہ تھی کچھ کے ہاں شہرت کامیابی کی دلیل تھی جبکہ بعض لوگوں نے محبت بھرے رشتوں کو کامیاب زندگی قرار دیا۔ اس ضمن میں، میں آپ کی رائے جاننا چاہتا ہوں۔

سہیل زبیری: خوش بخت ہوتے ہیں وہ لوگ جو خواب دیکھتے ہیں۔ اور ان کو اپنے خوابوں کی تعبیر اپنی زندگی میں ہی مل جاتی ہے۔ مگر کامیاب زندگی کیسی زندگی کو کہتے ہیں؟ یہ سوال اپنی جگہ پر ہے۔

یہ سوال خاصا دُشوار ہے کیونکہ کسی ایک جواب سے اس کی تشفی نہیں ہوتی۔ کامیابی ایک نسبتی اصطلاح ہے۔ ایک شخص کو جو بات کامیابی کی نشانی لگتی ہے عین وہی بات کسی اور شخص کو ناکامی نظر آسکتی ہے۔ اس لئے کامیابی کا پیمانہ بہت وسیع ہے۔ کچھ لوگوں کے نزدیک دولت کا انبار کامیاب زندگی کا پیمانہ ہے جبکہ تخلیق کار لوگ اس خیال کو رد کرتے ہیں۔ وہ دنیاوی دولت کی بجائے کوئی نیا نظریہ، کوئی نئی کتاب اور کوئی بے مثال پیپر شائع کرنے کو ترجیح دیتے ہیں۔ کیونکہ ان کے نزدیک کامیاب تخلیقی زندگی کے مقابلے میں مادی مفادات اور رشتوں کی کوئی حیثیت نہیں ہے۔

مگر یہاں ایک اور مسئلہ جنم لیتا ہے کیونکہ دونوں صورتوں میں کامیابی کی کوئی حد مقرر نہیں کی جاسکتی ۔کیونکہ ہر دولت مند شخص کے مقابلے میں کوئی اس سے زیادہ دولت مند شخص موجود ہوتا ہے۔ یہی بات تخلیق کاروں، فنکاروں اور سائنسدانوں پر بھی صادق آتی ہے۔ وہاں بھی ایک سے بڑھ کر ایک تخلیق کار بیٹھا ہے۔ بطور ایک طبیعیات داں میری پیشہ وارانہ زندگی میں مجھے ایسے لوگ ملے جن کو کامیابی کے مینار کہا جاتا ہے۔ میں آئن سٹائن سے کبھی نہیں ملا مگر کئی ایسے عظیم دماغوں کے ساتھ نہ صرف ملا بلکہ کام کرنے کا موقع بھی ملا جو آئن سٹائن کی سطح کے نہیں بھی تو اس کے آس پاس ضرور تھے۔ نزدیک ترین دریافتیں کیں اور بہت زیادہ نام اور عزت کمائی۔ ان کامیابیوں کے اعتراف میں ان کو نوبل پرائز سمیت متعدد انعامات سے نوازا

جا چکا ہے۔اکثریت کے خیال میں ایسے لوگ کامیاب ترین تھے کیونکہ انکی ایجادات اور دریافتوں نے کرہ ارض پر موجود ہر فرد کی زندگی بدل کر رکھ دی۔

بات کو واضح کرنے کے لئے یہاں میں دو بار نوبل انعام یافتہ اور ٹرانسسٹر کے شریک مؤجد "جان بردین" کی مثال دونگا۔ میں نے ایک دفعہ ان سے ایک کورس بھی پڑھا تھا۔ جب ان سے پوچھا گیا کہ دو دفعہ نوبل انعام لے کر وہ کیسا محسوس کرتے ہیں تو ان کا عاجزانہ جواب تھا: "میں خوش قسمت تھا کہ مجھے کچھ ہونہار طلباء اور بہت اچھے معاونین میسر آ گئے۔۔۔"

دو اور سائنسدانوں کا ایک دلچسپ واقعہ کچھ یوں ہے:

ایک سائنسداں نوبل انعام یافتہ "ویلیز لیمب" ہیں۔ جن کی 'لیمب شفٹ' جیسی دریافت نے فزکس کی تاریخ کا دھارا موڑ دیا تھا اور لیمب بیسویں صدی کے سب سے زیادہ بااثر طبیعیات داں سمجھے جانے لگے تھے۔ دوسرے سائنسداں "پال ڈیراک" ہیں جن کی "ڈیراک ایکوئیشن" (ڈیراک کی مساوات) نے "اینٹی میٹر" (ضدِ مادہ) کے وجود کا نظریہ پیش کیا تھا۔ جو ان کے عہد کے سائنسدانوں نے بھی 'دیوانے کا خواب' قرار دیا تھا۔ اور ایک عرصے تک سائنسی حلقوں میں زیرِ بحث رہا۔

ایک دفعہ 'ڈیراک' نے 'لیمب' سے پوچھا کہ "ایٹمی ہائیڈروجن" میں 'لیمب شفٹ' دریافت کرنے کا تجربہ کیسا رہا؟ آپ کو یقیناً لطف آیا ہوگا۔ لیمب نے جواب دیا: "کاش، میں نے 'ڈیراک ایکوئیشن' دریافت کی ہوتی۔"

کامیابی کی حتمی تعریف کے بارے میں ایک اور مسئلہ یہ ہے کہ یہ آپ کا احساسِ کامیابی آپ کی اپنی سوچ سے پیدا نہیں ہوتا۔ کامیابی کا ایک اہم پیمانہ دوسروں کا آپ کے کام کو تسلیم کرنا ہے۔ جیسے ایک امیر آدمی اپنے لئے ایک شان وشوکت اور آرام دہ زندگی حاصل کرنے کے بعد بھی ناخوش رہ سکتا ہے۔ کیونکہ وہ بھی چاہتا ہے کہ اس دوڑ میں شامل دوسرے لوگ جو اس جتنی دولت نہیں کما سکے اس کی کامیابی کو تسلیم کریں۔ اسی طرح ایک تخلیق کار صرف اپنے لئے کتابیں نہیں لکھتا یا شاعری نہیں کرتا بلکہ اپنے کام کی ابلاغ کا دائرہ وسیع رکھنا چاہتا ہے۔ وہ اپنی تخلیقات زیادہ سے زیادہ قارئین تک پہنچانا چاہتا ہے۔ جب لوگ اس کے کام کو دیکھ کر اور استفادہ کر کے اس کی پذیرائی کرتے ہیں تو تخلیق کار لطف اندوز بھی ہوتا ہے اور احساسِ کامیابی سے سرشار بھی۔

ایک سائنسداں کی کامیابی کا معیار بھی مختلف نہیں۔ وہ خود کبھی اپنے کارناموں پر خوش نہیں ہوتا بلکہ جب دوسرے اس کی ایجادات، دریافت اور افکارِ تازہ سے متاثر ہوتے ہیں اور اس کے ہم عصر سائنسداں اس کی کاوشوں کو تسلیم کرتے اور خراجِ تحسین پیش کرتے ہیں تو اس کو اپنی کامیابی کا احساس ہوتا ہے۔ بعض دفعہ سائنسداں کو ان سے جو اس کارنامہ سمجھتے ہیں اور ان سے جو نہیں سمجھتے، دونوں قسم کے لوگوں سے داد چاہیے ہوتی ہے۔ اور بعض اوقات اس کو اپنے ہم عصران سائسدانوں سے جو اس کے بالمقابل ہوتے ہیں، ستائش کے دو لفظ چاہیے ہوتے ہیں۔

کامیابی کی اس دوڑ میں ہمیں کچھ ایسے لوگ بھی نظر آتے ہیں، جن کے کام کو درست تسلیم کرنے اور انکی کامیابی کا اعتراف کرنے میں دنیا نے بہت دیر کر دی۔ بلکہ بعض اوقات یہ کام اُن کی وفات کے بعد بھی ہُوا۔ ایسی بے توقیری کی موزوں مثال "نیکولا کاپرنیکس" کی ہے جس نے 1543ء میں نظامِ شمسی کا "شمس مرکزی ماڈل" یا "ہیلیوسنٹرک ماڈل" پیش کیا جس کے مطابق سورج نظامِ شمسی کا مرکزی ستارہ ہے اور زمین سمیت باقی سیارے سورج کے گرد گردش کرتے ہیں۔ اس نئے ماڈل نے صدیوں پُرانے "پٹولمک ماڈل" یا "جیوسنٹرک ماڈل" جس کے مطابق زمین کائنات کا مرکز ہے اور سورج سمیت باقی تمام کرّے زمین کے گرد گردش کرتے ہیں، کو تبدیل کر دیا۔ قانون کشش ثقل کی غیر موجودگی میں یہ یقین کرنا مشکل تھا کہ زمین اپنے سینے پر اتنا کچھ ہوتے ہوئے اور انسانوں کا توازن برقرار رکھتے ہوئے، سُورج کے گرد چکر کاٹ سکتی ہے۔ "شمس مرکزی" تھیوری کی مخالفت اتنی زیادہ تھی کہ 'نیکولا' اپنی زندگی کے اختتام تک اس کو شائع نہیں کروا سکا۔ ایک روایت کے مطابق نیکولا کی کتاب: "دا۔ ریوولیوشن۔ ایبس" (انقلابی پیامبر) اُن کی زندگی کے آخری دنوں میں چھپ گئی تھی۔ جو اُن کو بسترِ مرگ پر پیش کی گئی۔ مگر وہ کتاب پڑھے بغیر فوت ہو گئے۔ اور اُن کو معلوم نہ ہو سکا کہ ان کے کام نے انسانی تاریخ میں ایک نئے دور کو جنم دیا تھا۔

علاوہ ازیں کامیاب لوگوں کی ایک قسم ایسی بھی ہے جو دنیاوی مال و دولت میں دلچسپی نہیں رکھتے۔ اُن کا ایمان ہے کہ دائمی زندگی بعد از موت ہے۔ اور اس چار روزہ زندگی کو ایمانداری اور نیکوکاری کے ساتھ گزارنا چاہیے تا کہ آخرت کی دائمی زندگی عیش و عشرت اور خوبصورتی سے مزیّن ہو۔ بھلے موجودہ زندگی خستہ حالی میں ہی کیوں نہ گزرے۔ ایسے لوگ اُن لوگوں پر دل ہی دل میں ہنستے ہیں جو اپنی محنت اور کاوش سے اسی دنیا کو فردوس بنانے کیلیے ہر وقت کوشاں ہیں۔

پھر ایسے لوگ بھی ہیں جو دوسروں کو خوشیاں دے کر خوش ہوتے ہیں۔اس کامیابی کی کئی اشکال ہو سکتی ہیں۔ایک شکل یہ ہے کہ جو مال اور دولت ان کے پاس آئی ہے اس کو ان لوگوں پر خرچ کریں جو محروم ہیں اور ان بے سروسامان لوگوں کے چہروں پر مسکراہٹیں بکھیر دیں۔اور دوسری شکل یہ ہے کہ اپنے علم و ہنر سے دوسروں کی زندگیوں میں راحت وچین پیدا کرنے کا سامان کریں۔ مثلاً ایک مزاحیہ فنکار کی کامیابی کا پیمانہ یہ ہے کہ وہ لوگوں کے اداس چہروں پر کس قدر مسکراہٹیں بکھیر سکتا ہے۔

میرے اپنے نزدیک کامیابی کا پیمانہ کیا ہے؟

میرے نزدیک وہ شخص ایک کامیاب شخص نہیں جو ہر وقت اپنے آپ سے یہی سوال پوچھتا رہے کہ کیا میں ایک کامیاب انسان ہوں؟اور نہ ہی میں اس شخص کو کامیاب سمجھتا ہوں جو اپنے آپ کو دوسروں سے زیادہ کامیاب ثابت کرتا پھرے۔

میرے نزدیک کامیاب انسان وہ ہے جس کے نزدیک ناکامی کا تصور ہی نہ ہو۔

ایسا انسان کون ہوگا؟ کیا ایسے لوگ اب بھی دنیا میں پائے جاتے ہیں؟

جی بالکل ایسے لوگ موجود ہیں۔ جو اپنے کام سے خوش اور مطمئن رہتے ہیں۔ جو دنیا کی پرواکئے بغیر محنت کرتے ہیں اور بڑی بڑی کامیابیاں بھی حاصل کرتے ہیں۔ مگر نہ ان کو صلے کا لالچ ہوتا ہے نہ ستائش کی تمنا۔ مجھے یقین ہے کہ ایسے افراد ہی صحیح معنوں میں کامیاب لوگ ہیں۔ جن کو اس کائنات میں اکائی نظر آتی ہے۔

کیا خُدا موجود ہے؟

خالد سہیل: ہر انسان کو زندگی میں کہیں نہ کہیں، کبھی نہ کبھی اس سوال سے واسطہ پڑتا ہے کہ کیا خدا موجود ہے؟ پھر اس کو کوئی نہ کوئی جواب مل جاتا ہے اور وہ اپنے لئے کوئی نتیجہ اخذ کر لیتا ہے۔ چونکہ مجھے خدا کی موجودگی کا کوئی ثبوت نہیں ملا اس لیے میں نے یہ نتیجہ نکالا کہ میرے لیے خُدا کا کوئی وجود نہیں ہے۔ لٰہذا اپنے آپ کو دہریہ اور انسان دوست کہلوانا پسند کرتا ہوں۔ اس سوال سے متعلق آپ کے خیالات جان کر مجھے اچھا لگے گا۔

سہیل زبیری: خدا کے وجود پر غور کرنا ایسا ہی ہے جیسے ہم ایک ایسے مسئلے کا حل ڈھونڈنا شروع کر دیں جس کے بارے میں قطعی طور پر لاعلم ہوں۔ کرہ ارض پر انسانی تہذیب کے آغاز سے ہی انسان کو اس بنیادی سوال سے واسطہ پڑ گیا تھا۔ مگر انسانوں کے مختلف گروہ اس سوال کا جواب مختلف انداز سے دیتے رہے۔ ایک گروہ اپنے وقت کے بہترین فلسفیوں کا ہے تو دوسرا عظیم دانشوروں کا۔ تیسرا گروہ سائنسدانوں کا ہے جو کائنات کے راز اور قوانین فطرت کے متلاشی ہیں اور سب سے بڑا گروہ مذہبی پیشواؤں کا گروہ ہے۔ جنھوں نے اپنے اپنے وقت میں خدا کے مختلف تصورات پیش کئے۔

ان میں سے اکثر انتہائی ذہین، نہایت پُر خلوص اور زیرک عالم تھے۔ مگر سب کو ایک ہی مسئلہ درپیش تھا کہ اپنے دعوٰی کے حق میں ٹھوس دلیل کہاں سے لائیں؟ اس معاملے میں یا تو ان کا علم محدود تھا یا سرے سے تھا ہی نہیں۔

نتیجہ یہ نکلا کہ اوپر بیان کردہ گروہ اپنے اپنے تصورِ خدا پیش کرنے لگ گئے۔ جو کہ متضاد بھی تھے اور کسی حد تک دلچسپ بھی۔ گویا یہ معاملہ ہم لوگوں پر چھوڑ دیا گیا کہ ہم اپنی ثقافتی رسوم، خاندانی پس منظر اور باطنی جھکاؤ کے زیرِ اثر خدا کے کسی ایک تصور کو درست تسلیم کر لیں۔ اوپر بتائے گئے گروہ، خدا کے کسی ایک تصور پر متفق نہیں۔ انسان کی سائنس و دیگر علوم میں ہوشربا ترقی کے باوجود آج بھی ہمارا تصورِ خدا صدیوں پرانے تصورات سے مختلف نہیں ہے۔ خدا کی ہستی پر یقین رکھنے کی انسان کی اپنی جبلی وجوہات بھی ہیں:

سب سے زور آور وجہ جو ہمیں خدا کی تلاش میں سر گرداں رکھتی ہے، یہ ہے کہ ہم اس کائنات میں اپنا مقام بلند دیکھنا چاہتے ہیں۔ ہمارے لئے یہ بات سمجھنا بہت مشکل ہے کہ ہم فطرت کے ارتقائی عمل کی پیداوار ہیں۔ اور اس وسیع و عریض کائنات میں ہمارا کوئی منفرد رُتبہ نہیں ہے۔ انسان سمجھتا ہے کہ اگر وہ منفرد مقام کا حامل نہ رہا تو اسکی زندگی شہد کی مکھی جیسی ہو جائیگی۔ بے کیف و بے سرور، پیدا ہوتے ہی اپنی بقا کی جنگ، رزق کی تلاش کی جدوجہد، اور اس کے ساتھ ساتھ اپنے آپ کو فطرت کی حشر سامانیوں، موسم اور دیگر ضرر رساں اسباب سے حفاظت کا بندوبست اور پھر ایک دن موت۔ یا ایک پھول کی مانند، پہلے ایک کونپل پھر ایک جاذب نظر پھول اور آخر میں فنا۔ لہٰذا ہم بڑے شوق سے اس زعم میں مبتلا رہنا چاہتے ہیں کہ ہم اس کائنات کا مرکز ہیں اور اشرف المخلوقات ہونے کے ناطے ساری کائنات بالخصوص یہ زمین ہمارے کھلواڑ کے لئے بنائی گئی ہے۔ مگر دوسری مخلوقات کے مقابلے میں اتنا اعلیٰ وارفع مقام ہمیں کوئی عظیم ہستی ہی عطا کر سکتی تھی۔ ایسی عظیم ذات خدا کے علاوہ اور کیا ہو سکتی تھی۔ جس نے یہ جہاں اور ہر بنی نوع انسان کو پیدا کیا ہے۔ لہٰذا ہمیں کائنات میں بلند مقام پر فائز رکھنے کے لئے خدا کا موجود ہونا ضروری ہے۔

اس کے علاوہ ایک اور خواہش بھی انسان کے دل میں مچلتی ہے اور وہ ہے زندگی کو کوئی مقصد دینے کی خواہش۔ کسی مقصد کے بغیر زندگی انسان کو بے معنی لگتی ہے۔ یہ بات ہمیشہ ہماری سمجھ سے بالاتر رہی ہے کہ کسی کائناتی حادثے کے نتیجے میں ہم یہاں ہیں اور ہمارے اس دنیا میں موجود ہونے کے پیچھے کوئی الہیاتی منصوبہ بندی نہیں ہے۔ ایک بامقصد زندگی ایک عظیم طاقت یعنی خدا کی دین ہونی چاہیے اور جس کے بتائے ہوئے طریقوں کے مطابق بسر کی جانی چاہیے۔ لہٰذا ہماری زندگی کا مقصد یہ ٹھہرا کہ ایسا خدا جو ہر قسم کی زندگی کا خالق، ہر جگہ موجود اور قادرِ مطلق ہے، نہ صرف اپنے ساتھ بلکہ دیگر مخلوق بالخصوص انسانوں کے ساتھ ہمارا رشتہ و پیوند طے کرتا ہے۔ ہماری زندگی کا مقصد خدا کے بتائے ہوئے طریقوں کے مطابق زندگی بسر کرنا ہے۔ اس دنیا میں ایسی بامقصد زندگی گزارنے کا صلہ ہمیں آخرت کی زندگی میں جنت کی صورت میں ملے گا۔

انسانی تاریخ میں یہ بات بھی ملتی ہے کہ ذہین اور فطین لوگوں کی ایک کثیر تعداد یہ بھی قیاس رکھتی آئی ہے کہ اس جہان میں راست باز زندگی گزارنے کے لئے خدا کا وجود ضروری ہے۔ اگرچہ ہمیں فطرت نے اچھائی اور برائی کی تمیز ودیعت کر رکھی ہے۔ ہم سب کو معلوم ہے کہ قتل کرنا، چوری کرنا اور جھوٹ بولنا

بُرے کام ہیں۔ جبکہ سچ بولنا، خیرات کرنا اور ایماندارانہ زندگی گزارنا نیک کام ہیں۔ مگر اس کا تعین انسانوں کی صوابدید پر نہیں چھوڑا جا سکتا۔ اور اس پر عمل درآمد کروانے کے لئے ایک عظیم و کبیر ہستی (خدا) کی ضرورت ہے، جو ہماری روزمرہ زندگی میں قوانین کا نفاذ اسی طرح کرے جیسے ریاست، اپنے معاشرے میں عدل و توازن قائم رکھنے کے لئے کرتی ہے۔

زمانہ قدیم سے جدید دور تک، بادشاہوں اور حکمرانوں کو بھی، اپنا اقتدار طویل سے طویل تر کرنے کے لئے، ایک طاقتور ہستی کی ضرورت ہمیشہ سے رہی ہے۔ حاکمِ وقت اپنے آپ کو الوہیاتی شخصیت گردانتے تھے تاکہ ان کے پاس عوام پر مسلط رہنے کا جواز قائم رہے۔ لہٰذا طاقت کے سیاسی اور مذہبی مراکز کے درمیان ناپاک گٹھ جوڑ ہمیشہ سے ہی رہا ہے۔ اس گٹھ جوڑ کی ایک مثال مصر کی قدیم تہذیب ہے۔ قرونِ وسطیٰ میں اس کی مثال سلطنتِ روم ہے۔ جہاں پر پوپ، خدا کے نمائندے کے طور پر بادشاہ کو تخت نشین کرتا تھا۔ آج بھی انگلستان کا بادشاہ "انگلیکن چرچ" کا سربراہ بھی ہوتا ہے۔ اور برطانیہ کے حکمران الوہیاتی ہستی (خدا) کو اپنی طاقت کا سرچشمہ اور حکمرانی کا جواز سمجھتے ہیں۔

ایک دلچسپ مگر بھیانک حقیقت ہے کہ انگلیکن چرچ، جس کے تحت شاہ برطانیہ کو حکمرانی کا حق حاصل ہے، کی ابتدا بادشاہ ہنری ہشتم کے چرچ کے سربراہ بننے سے ہوئی تھی۔ 1533ء میں رائج قوانین کے تحت شاہِ برطانیہ نہ تو اپنی ملکہ کو طلاق دے سکتا تھا اور نہ ہی دوسری شادی کر سکتا تھا۔ مگر ہنری ہشتم اپنی بیوی ہسپانوی شہزادی "کیتھرین آف اراگون" کو طلاق دے کر "میری این بولین" سے شادی کا خواہاں تھا۔ مگر چرچ نے اس درخواست کو رد کر دیا۔ اس پر بادشاہ اور پوپ میں اختلافات پیدا ہو گئے۔ اور ہنری ہشتم نے چرچ کے سربراہ ہونے کی الوہیاتی ذمہ داری سنبھال لی اور اپنی مرضی کی عورت سے شادی کر لی۔ یہ واقعہ ایک بادشاہ کی دنیاوی اور جسمانی خواہشات کو پورا کرنے کے لئے 'الوہیاتی طاقت' استعمال کرنے کی عمدہ مثال ہے۔

خدا کے تصور کی ایک اور وجہ موت کا خوف بھی ہے جو انسان کی سرشت میں ہے۔ اگر 'موت' کا مطلب 'خاتمہ' ہوا تو کیا ہو گا؟ یہ ایک بھیانک خیال ہے۔ انسان کی شدید تمنا ہے کہ زندگی کو موت کے بعد بھی جاری رہنا چاہیے۔ مگر ایسا کیسے ممکن ہے؟ ظاہر ہے خدا کی موجودگی کے بغیر حیات بعد الموت پر یقین کون کرے گا؟ لہٰذا اپنی موجودہ زندگی کو جاوداں رکھنے کے لئے بھی انسان کو خدا کی ضرورت ہے۔

قرن ہا قرن سے مختلف مذاہب نے اپنے اپنے طریقے سے ان ضرورتوں کو پورا کرنے کی کوشش کی ہے۔ قریب قریب ہر مذہب میں خدا کو مرکزی حیثیت حاصل ہے جو زندگی دیتا ہے، اخلاقیات سکھاتا ہے اور تقدیر کا مالک ہے۔

یہ ساری گفتگو تو مذہب سے ہٹ کر تاریخی پس منظر میں تھی۔ اب اگر ہم خدا کے وجود پر مذہب کے دائرہ کار میں رہ کر بحث کریں تو صورت حال یکسر مختلف ہو گی۔ کیونکہ مذہب کی دلیل بہت سی غیر ضروری اور کم آمیز باتوں کا احاطہ کرتی ہے۔ جن کا تعلق حقیقت سے زیادہ عقیدت سے ہے۔ مثلاً یہ سوال کہ کیا اس کائنات کا کوئی خالق بھی ہے، مذہبی عقائد سے تعلق رکھتا ہے۔ مذہب کی بنیاد صدیوں پرانے عقائد پر استوار ہے۔ لہٰذا مذہب کی حدود کے اندر رہ کر اور عقائد کی ان گہری بنیادوں کو چھیڑے بغیر خدا کا کھوج نہیں لگایا جا سکتا۔ ہونا تو یہ چاہیے کہ جب ہم سچ کی تلاش میں نکلیں تو ہماری تحقیق ہمیں جہاں لے جائے ہمیں چلے جانا چاہیے مگر کسی بھی مذہب کے اندر ایسی تحقیق کی کوئی گنجائش نہیں ہے۔

مذہب کی سچائی عقائد پر مبنی ہے۔ ایسے عقائد جن کی بنیاد صدیوں پرانی تاریخی روایات پر ہے نہ کہ عقل و شعور پر۔ بعض اوقات تو یہ عقائد مذاہب کے اندر اپنے ہی پیروکاروں کے اندر بھی اختلافات پیدا کر دیتے ہیں۔

اب تک کے دلائل کے بعد ہم اس نتیجے پر پہنچے ہیں کہ خدا کا تصور رکھنا انسان کی ضرورت ہے مگر اس کا حقیقت سے کوئی تعلق نہیں۔ یہ نظریہ ہمیں دہریت کی حمایت پر قائل کرتا ہے۔ جدید سائنس بھی دہریت کی حامی ہے کیونکہ اس نے وہ قوانین معلوم کر لئے ہیں جن کی بدولت کائنات کا نظام چل رہا ہے۔ لہٰذا سائنس کے پاس خدا کے افسانے کی کوئی گنجائش نہیں بچی۔

اس ساری بحث کے باوجود صورت حال اتنی سادہ بھی نہیں۔ خدا کے تصور کو اتنی آسانی سے دماغ سے نکالا بھی نہیں جا سکتا۔ جب ہم اپنے ارد گرد بکھری کائنات پر غور کرتے ہیں اور بالخصوص ایک سائنسداں کی نظر سے فطرت کے مظاہر دیکھتے ہیں تو یہ ماننے میں دُشواری محسوس کرتے ہیں کہ اتنا کچھ بغیر کسی منصوبہ بندی کے وجود میں آ گیا ہے۔ کائنات اور اس کا نظام چلانے والے قوانین اتنے متوازن اور باکمال ہیں کہ خود بخود نہیں بن سکتے تھے۔

انسانی جسم کو لے لیجئے۔ اس کے اندر کام کرنے والے کروڑوں خلیات و عضویات کے درمیان ایک متوازن اور نہایت حساس ترتیبِ کار عقل کو عاجز کر دیتی ہے۔

یہ کائنات ایک پینٹنگ کی طرح ہے۔ جس طرح ہم یہ تصور نہیں کر سکتے کہ کینوس پر بہت سے خوبصورت رنگ گر پڑے تھے اور انھوں نے اپنے آپ کو ایک ترتیب دے کر ایک خوبصورت تصویر بنا ڈالی۔ بالکل اسی طرح یہ تصور کرنا بھی مشکل ہے کہ اتنی بڑی کائنات اور اس کے اندر موجودات خود بخود وجود میں آگئی ہونگی۔

اس لئے یہ کہنا کہ خدا کا کوئی وجود نہیں، بھی ایک قسم کا عقیدہ ہی ہے۔ اور شاید مذہب کی ہی ایک قسم بھی۔ یہ خیال بھی اتنی ہی لاعلمی پر مبنی ہے جتنا خدا پر ایمان لانا۔ ہمیں یہ سوچنا چاہیے کہ جو اوصاف ہم خدا کے بیان کرتے ہیں۔ ان کے ہوتے ہوئے خدا سمجھ میں نہیں آسکتا۔

ہم زمان و مکان کے انتہائی جدید علوم سے لیس ہونے کے باوجود اصل حقیقت کی منزل سے بہت دور ہیں۔ ہم اپنی محدود سوچ سے معلوم زمان و مکان کے بیچ خدا کا صرف تصور کر سکتے ہیں۔ مگر خدا کو انسان کی محدود سوچ میں قید نہیں کیا جا سکتا۔ جہاں تک حقیقت کا تعلق ہے، ہم ابھی تک لامحدود ساحلِ سمندر پر بیٹھے چند کنکر ڈھونڈ پائے ہیں۔ ہم خدا کے ہونے یا نہ ہونے کا فیصلہ کیسے کر سکتے ہیں؟ جب کہ ہمیں یہ تک نہیں معلوم کہ ہم کہاں سے آئے اور کہاں چلے جائینگے۔ ہمارا آغاز کہاں سے ہوا اور آگے کیا ہونے جا رہا ہے؟

مختصر یہ کہ، خدا اور اس کی ہئیت سے متعلق سوالات ہماری اپنی سوچ کی پرواز اور حد بندی پر آکر ختم ہو جاتے ہیں۔ ہم کتنے بھی عالم و فاضل کیوں نہ ہو جائیں، یہاں لاجواب ہو جاتے ہیں۔ اور اس معاملے میں دیا گیا ہر جواب، بہت سے لایعنی جوابات کے سمندر میں ایک اور قطرے کے سوا کچھ نہ ہو گا۔

مجھے سمجھ نہیں آرہی کہ ہماری آنے والی نسلیں جہانِ ہستی کے اس سوال کو کیسے دیکھیں گی؟

کیا وہ بھی حیرت کے اسی مقام پر کھڑی ہونگی کہ کیا خدا کا کوئی وجود ہے؟

وحی کی حقیقت کیا ہے؟

خالد سہیل: اب میں آپ سے ایک ذاتی سوال پوچھنا چاہتا ہوں۔ آپ کے مذہب اور وحی کے بارے میں کیا خیالات ہیں؟ اسی حوالے سے جب میں اپنے سب دوستوں کے بارے میں سوچتا ہوں تو ان کو دو بڑے گروہوں میں تقسیم پاتا ہوں۔ پہلا گروہ صاحبانِ ایمان کا ہے، جن میں عیسائی، یہودی اور مسلمان شامل ہیں۔ یہ لوگ خدائے خالق، انبیاء اور الہامی کتابوں پر ایمان رکھتے ہیں۔ ان کا یقین ہے کہ خدا نے وحی بھیجی تا کہ انسانیت کی رہنمائی سیدھے راستے کی طرف کرے۔ ان کا ماننا ہے کہ اگر بنی نوع انسان ان آسمانی کُتب کے بتائے ہوئے طریقے پر عمل پیرا ہو کر زندگی گزاریں گے تو مرنے کے بعد جنت میں داخل ہو جائیں گے ورنہ دوزخ کی آگ میں جلتے رہیں گے۔ ان میں سے کچھ مذہبی جنگوں اور جہاد پر بھی یقین رکھتے ہیں۔

میرے دوستوں کا دوسرا گروہ ان دوستوں کا ہے جو منکرین ہیں۔ اور کسی خالق خدا، آسمانی صحیفوں، موت کے بعد کی زندگی، جنت اور دوزخ پر یقین نہیں رکھتے۔ ان میں دہریے، آزاد خیال اور انسان دوست لوگ شامل ہیں۔ یہ لوگ اپنے ضمیر سے رہنمائی لیتے اور ریاست کے قوانین پر کاربند رہتے ہیں۔ یہ انسانیت کی خدمت اور ایک پُرامن معاشرے کے قیام پر یقین رکھتے ہیں۔ ان کا یقین ہے کہ کسی نیک کام کا اجر اسی کام کے اندر پوشیدہ ہوتا ہے۔ جب کبھی وحی اور دلیل کے درمیان قضیہ کھڑا ہو جائے تو اہلِ ایمان وحی سے جب کہ منکرینِ خدا، دلیل سے رہنمائی لیتے ہیں۔

اس ضمن میں، میں آپ سے پوچھنے کی جسارت کر رہا ہوں کہ کیا آپ سمجھتے ہیں کہ خدا، انبیاءِ کرام کے ذریعے وحی بھیجتا رہا ہے تا کہ انسانیت کی رہنمائی کی جا سکے؟ اگر آپ ایسا سمجھتے ہیں تو میرا اگلا سوال یہ کہ اب انبیاء کا سلسلہ کیوں بند ہو گیا؟ جب کہ زمانہِ موجود میں طرح طرح کی مصیبتوں میں مبتلا انسانیت کو ہدایت کی جتنی ضرورت اب ہے شاید پہلے کبھی نہ تھی؟

سہیل زبیری: آپ نے بڑا نازک سوال پوچھا ہے؛ کیا خدا پیغمبروں کے ذریعے انسانوں کی طرف وحی کے ہدایات بھیجتا ہے؟ تا کہ لوگ ایک راست باز زندگی گزاریں اور اگر یہ بات سچ ہے تو اب یہ سلسلہ کیوں بند ہے؟ جبکہ انسانوں کو ہدایت کی ضرورت جتنی اب ہے پہلے کبھی نہ تھی۔

جناب! میں اس سوال کا جواب اس وقت تک نہیں دے سکتا جب تک کچھ بنیادی باتیں طے نہ ہو جائیں۔ مجھے اس وقت عمر خیام کی یہ رُباعی اپنے خیالات کا پر تو محسوس ہوتی ہے:

اسرار ازل را نہ تو دانی و نہ من
وین حرف معما نہ تو خوانی و نہ من
هست از پس پردہ گفتگوی من و تو
چون پردہ در افتد نہ تو مانی و نہ من

خدا پہلے کیا کرتا رہا اور اب اُسے کیا کرنا چاہیے؟

ان سوالات کے جواب ڈھونڈنے سے پہلے ہمیں یہ دیکھنا ہے کہ ہم کیا ہیں؟

اس وسیع و عریض کائنات میں ہمارا مقام کیا ہے؟ اور زمان و مکان، کائنات کے اسرار و رموز اور خدا کی حقیقت سمجھنے کے لئے ہمارے پاس علم کتنا محدود ہے؟

کیا ہمارے حواسِ خمسہ اور ہمارا اتمام علم کا ذخیرہ اس قابل ہیں کہ ہم خدا جیسی مافوق الفہم ہستی کے بارے میں وثوق سے یہ جان سکیں کہ وہ وجود رکھتی ہے یا نہیں؟ یہ تو ایسی ہی بات ہے جیسے کوئی نومولود بچہ یہ بتانے کی کوشش کرے کہ راکٹ کیسے چلتا ہے۔ ہمارا المیہ ایک اور بھی ہے۔ ہم تو وثوق سے یہ بھی نہیں کہہ سکتے کہ جس عالم میں ہم اپنے آپ کو زندہ جاوید اور جیتا جاگتا محسوس کرتے ہیں کیا یہ واقعتاً ایسا ہی ہے؟ اس جہاں میں ہماری زندگی ایک خواب بھی تو ہو سکتی ہے۔

انسانی علم کی کم مائیگی و عاجزی کو میں اس طرح بیان کرونگا۔ خدا کے بارے میں کوئی بھی تصور زمان و مکان کے ایک محدود دائرے کے اندر رہ کر ہوتا ہے۔ ہماری سوچ کی پرواز کی ایک حد ہے ہم اس سے باہر جا کر کچھ بھی سوچ نہیں سکتے۔ ہمارا موجودہ شعور ایک سہ سمتی زمانے کا تصور کر سکتا ہے جو ماضی سے حال اور حال سے مستقبل کی طرف جا رہا ہے۔ یہاں غلطی یہ ہے کہ ہم سمجھتے ہیں کہ خدا کا تصورِ زمان و مکان بھی ہماری طرح کا ہے۔ اسی لئے روز مرہ زندگی میں ہم خدا کی جو صفات بیان کرتے ہیں وہ عین انسانی صفات ہیں۔ اس بات سے ہماری جہالت اور کبھی کبھی ہٹ دھرمی کا اندازہ ہوتا ہے۔

کیا خدا زمین پر وحی بھیجتا رہا ہے؟ اس نے اب رسول بھیجنے کیوں بند کر دیئے ہیں؟ اس قسم کے سوالات بھی خدا کی انسانی صفات بیان کرتے ہیں۔ وہ خدا جس کی انسان جیسی بے پناہ خوبیاں ہم بیان کرتے ہیں وہ ہمارے تصور کردہ زمان و مکان کی قید سے باہر کی کوئی ہستی ہے۔ اور انسانی سمجھ سے بالا تر۔

یہ جو ہم بیان کرتے ہیں کہ، خدا کہاں رہتا ہے؟ کیا کرتا ہے؟ اور اس کی ہیئت کیسی ہے؟ یہ ہماری بنائی ہوئی صفات ہیں۔ خدا کی نہیں۔۔۔

جدید ترین سائنسی علم کی مطابق یہ کائنات 13.8 ارب سال قبل ایک (عظیم دھماکے) "بگ بینگ " کے نتیجے میں وجود میں آئی۔ اس سے قبل زمان و مکاں ایک نقطہ نما شے میں مرکوز تھے اور یہ شے اس وقت بلند درجہ حرارت رکھتی تھی۔ 'بگ بینگ' کے نتیجے میں کائنات پھیلنا شروع ہو گئی۔ اور ساتھ ہی ساتھ ٹھنڈی بھی ہوتی گئی۔ سب سے پہلے ایٹم بننے شروع ہوئے پھر مالیکیول بنے، اس کے بعد ستارے، سیارے اور پھر کہکشاہیں وجود میں آئیں۔

سائنسدان اس نتیجے پر پہنچ چکے ہیں کہ کائنات اب بھی پھیل رہی ہے۔ مگر اس کے پھیلنے کی رفتار، ان کے معلوم کردہ مادے اور توانائی کے فارمولے سے کہیں زیادہ ہے۔ ان کا خیال ہے کہ ہمیں صرف 5 فیصد کائنات نظر آتی ہے۔ باقی کائنات ہم سے پوشیدہ ہے۔ ہم کو اس کے بارے میں کچھ علم نہیں۔ اس سے وہ یہ نتیجہ نکالتے ہیں کہ کائنات میں "سیاہ مادے" اور "سیاہ توانائی" کا وجود بھی ہے۔ مگر لحہِ موجود تک اس کی ہیئت کے بارے میں کچھ معلوم نہیں کیا جا سکا۔ یہ ایسے ہی ہے جیسے آپ کے کمرے میں بھُوت گھُس آئے ہوں۔۔۔ کمرے کی اشیاء اپنی جگہ پر حرکت کر رہی ہیں مگر وجہ معلوم نہیں کی جا سکتی۔ سیاہ مادے پر تحقیق فزکس اور آج کی سائنس کا تازہ ترین موضوع ہے جس پر بہت کام ہو رہا ہے۔

ہر دم پھیلتی کائنات کا تصور بڑا دلفریب اور پُر اسرار ہے۔ اس تصور سے جو تصویر بنتی ہے اس میں کائنات محدود ہے اور ہم اگر چاہیئں تو اس کے کنارے تک جا سکتے ہیں۔ مگر علمِ فلکیات ہمیں یہ بھی بتاتا ہے کہ کائنات محدود تو ہے مگر بے کراں بھی ہے۔ یہ کیسے ممکن ہے؟

اس بات کو میں ایک مثال سے واضح کرتا ہوں: ایک بڑے گول غبارے میں جب ہوا بھری جا رہی ہو تو وہ بیک وقت محدود بھی ہو گا، لا محدود بھی اور پھیل بھی رہا ہو گا۔ کوئی بھی جاندار چیز جو صرف دو سمتی پیمانے کو جانتی ہے وہ یہی سمجھے گی کہ اس کا کنارہ موجود ہے حالانکہ اگر وہ غبارے کی سطح پر چلنا شروع کر دے تو

وہیں پہنچ جائیگی جہاں سے چلنا شروع کیا تھا۔ اگر غبارہ پھیل بھی رہا ہے تو اس شے کو اس کا ادراک نہیں ہو گا۔ جب تک وہ ایک تیسری سمت جس میں سے ہم دیکھ رہے ہیں، نہ سمجھ سکے۔ دوسرے الفاظ میں کائنات کو سمجھنے کے لئے اس سے باہر نکلنا ضروری ہے۔ جو انسان کے لئے فی الحال ممکن نہیں ہے۔ ہاں البتہ خدا شاید کائنات کو ایک چوتھی سمت سے دیکھ سکتا ہے جس کا ہم تصور بھی نہیں کر سکتے۔

ہے نا حیران کن بات!!!

اس سادہ سی مثال سے یہ بات سامنے آتی ہے کہ کائنات کتنی بڑی گتھی ہے جس کو سلجھانا اتنا آسان نہیں، اسی طرح ہمارے موجودہ حواسِ خمسہ اور سوچ کی پرواز سے خدا کو سمجھنا بھی ناممکن ہے۔ لہٰذا ہم پھر اسی نقطے پر آ گئے کہ اگر اس جہانِ رنگ و بو کا کوئی خالق موجود ہے تو ہماری سمجھ سے بالاتر ہے۔ ہم اپنے سہ سمتی تصور سے نہ تو خدا کی ہیئت بیان کر سکتے ہیں اور نہ اس کا تصور ہی کر سکتے ہیں۔ اس لئے خدا کی جو بھی صفات ہم بیان کرتے ہیں وہ ہماری انسانی خصوصیات ہوتی ہیں۔ یہ ایسا ہی ہے جیسے ایک نابینا شخص کسی ایسے رنگ یا کسی ایسی شے کا حال بیان کر رہا ہو جو اس نے کبھی دیکھی ہی نہیں۔

یہاں ایک اور بات سمجھنی ضروری ہے کہ "بگ بینگ" نظریئے کی عمر ستر سال سے بھی کم ہے۔ بگ بینگ نظریئے کے وجود میں آنے سے پہلے سائنسدانوں کا خیال تھا کہ کائنات ہمیشہ سے ہے اور ہمیشہ رہے گی اور یہ کہ ایک کائنات بے پایاں حجم رکھتی ہے۔ لہٰذا اگر خدا سے متعلق یہی گفتگو ہم سو سال قبل کر رہے ہوتے تو یقیناً ہماری سائنسی سمجھ بھی مختلف ہوتی اور بحث کا دائرہ کار بھی۔

انسانی تکبر کا ایک مظاہرہ یہ بھی ہے کہ وہ سمجھتا ہے کہ جو اس کو معلوم ہے وہی دنیا کا سب سے بڑا اور قابلِ یقین سچ ہے۔ لیکن جب وقت گزرنے کے ساتھ سائنس ترقی کر جاتی ہے اور نئے نظریات پیدا ہو جاتے ہیں تو پھر انسان کو سمجھ آتی ہے کہ وہ کس قدر غلطی پر تھا۔ کون جانے آنے والی صدیوں میں ہم بھی یہی کچھ کر رہے ہوں۔

کائنات کی پیدائش اور پھیلاؤ کے کلیے کو سامنے رکھیں تو کئی اور سوالات جنم لیتے ہیں۔ کیا 14 ارب سال قبل جب ہماری کائنات ابھی پیدا بھی نہیں ہوئی تھی تو کیا تھا؟ کیا کوئی اور کائنات تھی جو نقطہ آغاز میں سمٹ آئی اور ایک بڑے دھماکے کی وجہ بنی جس سے ہماری کائنات پیدا ہو گئی؟ ہماری کائنات کا مقدر کیا ہے؟ کیا کسی مقام پر اس کا پھیلنا کبھی بند بھی ہو گا؟ اور دوبارہ سکڑنا شروع کر دے گی اور اسی حالت میں چلی

جائیگی، جہاں سے اس کا آغاز ہوا تھا؟ کیا اس وقت ایک اور بگ بینگ ہوگا؟ آنے والے ان اوقات میں وقت کی مقدار کا کیا ہوگا؟

ان سوالوں کے جوابات ہمیں کچھ سائنسی ماڈل دیتے ہیں۔ یہ ماڈل کوانٹم مکینکس کی مدد سے بنتے ہیں۔ کوانٹم مکینکس بذاتِ خود ایک حیرت کدہ ہے۔ کوانٹم مکینکس یہ انکشاف کرتی ہے کہ ایک کائنات نہیں ہے بلکہ لامحدود کائناتوں کا وجود ممکن ہے۔ اور ایک کائنات دوسری کائنات کے معاملات میں مداخلت نہیں کرتی۔

یہاں پہنچ کر ایک اہم سوال جنم لیتا ہے: اس بحرِ بے کراں جیسی کائنات کے وجود کا آخر مقصد کیا ہے؟ بطورِ بنی نوع انسان ہم سمجھتے ہیں کہ یہ کائنات ہم زمین کے باسیوں کے لئے بنائی گئی ہے۔ ایسا دعویٰ کرتے ہوئے ہم یہ بھول جاتے ہیں کہ ہماری اپنی حیثیت ہی کیا ہے اور کائنات کی ترتیب میں ہمارا کردار کیا ہے۔

ذرا تصور کیجیے، ہماری کہکشاں اپنے اندر کھربوں ستارے رکھتی ہے جن میں سے سورج ایک معمولی ستارہ ہے۔ اور کائنات کے اندر اس طرح کی کھربوں کہکشائیں موجود ہیں؟ اس بات کی کوئی سائنسی توجیح نہیں ملتی کہ یہ کائنات محض ہمارے لئے بنائی گئی ہوگی۔ اگر ایسا ہوتا تو ہم اس پر اثرانداز ہونے کی صلاحیت رکھتے۔ یا ہمارا وجود کائنات کو متاثر کر سکتا۔ موجودہ سائنسی تحقیق کے مطابق ہماری رفتار کی ایک حد ہے جو روشنی کی رفتار ہے۔ کوئی چیز روشنی سے زیادہ تیزی سے حرکت نہیں کر سکتی۔ دلچسپ بات یہ ہے کہ اگر روشنی کی رفتار سے سفر کریں تو قریب ترین ستارے تک پہنچنے میں بھی چار سال لگیں گے۔ لہٰذا ہماری کم مائیگی کہ ہم کسی قریبی ستارے کی سیر پر بھی نہیں جا سکتے۔ اگر یہ سب تماشہ ہمارے لئے ہوتا تو ہم میں یہ صلاحیت تو ہونی چاہیے تھی۔

ایک اور امکان بھی موجود ہے کہ کائنات کا وجود ہی نہ ہو۔ اور جس کو ہم کائنات سمجھ رہے ہیں یہ ہمارے دماغ کا بنایا ہوا افسانہ ہو۔ کچھ ایک خواب ہو اور ہم پر حقیقت اس وقت منکشف ہو جب ہم نیند سے جاگ جائیں۔

ان متجسس اور پریشان کن خیالات کی اساس اس ارتقاء پذیر اور محدود علم پر ہے جو ہمیں موجودہ وقت تک حاصل ہوا ہے۔ اس کی بنیاد پر ہم کسی طور اس پوزیشن میں نہیں کہ اٹھائے گئے سوالات کا کوئی مستند جواب دے سکیں۔ اشرف المخلوقات کا متکبرانہ دعویٰ رکھنے کے باوجود ہماری حیثیت زمین پر رینگنے والے

کیڑے سے زیادہ نہیں۔اپنی ذات اور حیثیت پہچانے بغیر خدااور اس کی سرگرمیوں کے بارے میں بڑے بڑے سوالات اٹھاناایک دعویٰ باطل اور دکھاوے کے سوا کچھ نہیں۔اس طرح وحی کی حقیقت اس وقت تک معلوم نہیں کی جاسکتی جب تک یہ معلوم نہ ہو کہ الٰہیات سے ہماری مراد کیا ہے؟اور یہ کہ ہمارااپنا تجربہ اس بارے میں کیا کہتا ہے؟

میری زندگی میں مذہب کا کردار

خالد سہیل: میں آپ سے ایک بار اور یہ پوچھنا چاہونگا کہ آپکی نجی، عائلی اور سماجی زندگی میں خدا اور مذہب کا کیا کردار رہا ہے؟ اور گزشتہ دہائیوں میں، مذہب کے کردار کے حوالے سے آپ کی زندگی میں کوئی تبدیلی رونما ہوئی؟

سہیل زبیری: مذہب کے بارے میں میری پہلی یادداشتیں ان دنوں کی ہیں جب ہم سکول میں ساتھ پڑھتے تھے۔ مجھے یاد ہے کہ ہم اُس عمر میں بھی مذہب اور اسکے فلسفے کے بارے میں ہر قسم کی باتیں کیا کرتے تھے۔ میرا تعلق ایسے خانوادے سے تھا جو مذہبی ہونے کے باوجود شدت پسند نہیں تھا۔ میری والدہ باقاعدگی سے نماز ادا کرتیں جب کہ میرے والد صرف جمعہ اور عید کی نماز پڑھتے تھے۔ مگر ڈھلتی عمر میں وہ بھی باقاعدگی سے نماز ادا کرنے لگے تھے۔ اس کے برعکس میرے والد روزے بہت پابندی سے رکھتے تھے جب کہ میری والدہ اس معاملے میں ذرا فراخدل تھیں۔ ہمارے والدین نے ہم پر صوم وصلاۃ کے بارے میں کبھی سختی نہیں برتی۔

البتہ میرے والد مجھ سے یہ ضرور چاہتے تھے کہ میں ایک ایسا مسلمان بنوں جو مذہب کے بارے میں نہ تو زیادہ سوالات کرے اور نہ ہی تشکیک زدہ جذبات کا اظہار کرے۔ میرے والدین چونکہ مجھ سے بے حد پیار کرتے تھے۔ لٰہذا ان کی خواہش تھی کہ میں ایک ایسی راست باز زندگی گزاروں جو مجھے مرنے کے بعد جنت میں پہنچادے۔ میرے والدین کے نزدیک صرف عبادات میں مذہب پوشیدہ نہ تھا بلکہ مذہب کی اصل رُوح ایمانداری، دیانتداری اور پاکیزہ زندگی تھی۔

جہاں تک مجھے یاد پڑتا ہے، زندگی کے ہر معاملے بشمول مذہب، میں نے ہمیشہ عقل و دلیل سے رہنمائی لی ہے۔ تحقیق کا لپکا بچپن سے ہی میرے اندر کہیں نہ کہیں موجود تھا۔ کیونکہ میرا دل کبھی کسی ایسی بات کو نہیں مانتا تھا جو عقل پر مبنی نہ ہو خواہ مذہبی اعتبار سے کتنی ہی معتبر ہو۔ یہی پس منظر تھا جس کی بنیاد پر ہم دونوں ہائی اسکول کے دنوں میں مذہب سے متعلق موضوعات پر بے دھڑک اور بے باک گفتگو کر سکتے

تھے۔ مجھے کوئی خدشہ نہیں تھا کہ سچ کی تلاش مجھے کہاں لے جائیگی۔ ہاں البتہ میں اپنی رائے دینے میں محتاط رہتا تاکہ میری بات سے کسی کی دل شکنی نہ ہو۔

میں ساری عمر باہر سے صلح جُو اور اندر سے انقلابی رہا ہوں۔ بظاہر ایسی زندگی کو تنازعات اور تضادات پر مبنی دوغلی زندگی کہا جائیگا۔ لیکن ایسا ہرگز نہیں، مجھے بہت پہلے پتہ چل گیا تھا کہ مذہب سے متعلق چند بنیادی سوالات ہیں جن کے جواب دینا میرے بس کی بات نہیں۔ مثال کے طور پر خدا کی ہیئت کیا ہے؟ اور اس کا ہماری زندگیوں میں کیا کردار ہے؟ مگر یہ جان کر مجھے کسی قدر سکون واطمینان حاصل ہُوا کہ بہت سے پُر اعتماد علمائے کرام کے پاس بھی میرے بنیادی سوالوں کے جوابات نہیں تھے۔

میں ہر مذہب کے لوگوں کی دل کی گہرائیوں سے عزت کرتا ہوں کیونکہ وہ میرے والدین کی یاد تازہ کرتے ہیں، جن سے میں بے انتہا پیار کرتا تھا۔ مگر دہریہ طرزِ فکر کو بھی قابل قبول سمجھتا ہوں۔ دونوں صورتوں میں، یعنی ایمان والے اور منکرینِ خدا دو انتہاؤں پر رہ کر زندگی بسر کرتے ہیں جو میرے نزدیک ایک غیر منطقی روش ہے۔ کیونکہ دونوں کا یقین ایسی باتوں پر ہے جن کی کوئی ٹھوس دلیل موجود نہیں۔ میں اُن لوگوں سے ذرا دُور ہی رہتا ہوں جو اپنے آپ کو مذہب کا ٹھیکیدار اور حتمی سچ کا وارث سمجھتے ہیں۔ اور اپنا سچ دوسروں پر مسلط کرنا چاہتے ہیں۔ میری زندگی میں کسی بھی قسم کی انتہا پسندی کی قطعاً کوئی گنجائش نہیں۔

میرے نزدیک زندگی کی سب سے قیمتی شے انسانی احساسات ہیں۔ میں محبت اور دوستی جیسے جذبات کی دل سے قدر کرتا ہوں۔ میرے ہاں یہ جذبے خدا پر ایمان یا کسی بھی مذہب سے برتر ہیں۔ مثال کے طور پر جب میں اپنی زندگی پر ایک طائرانہ نظر ڈالتا ہوں تو مجھے 2007ء کے وہ فخریہ لمحات یاد آتے ہیں جب میں اپنی والدہ کو عمرہ کروانے لے گیا تھا۔ یہ ان کی زندگی کا دیرینہ خواب تھا مگر اپنی عمر اور صحت کی وجہ سے ان کو ناممکن لگتا تھا۔ میرا ایمان وعقیدہ، میرے ایسے عمل کے سامنے جس سے میری والدہ کو خوشی ملے، ہیچ تھا۔

اس ضمن میں، میں اپنے سوالات کو دو خانوں میں تقسیم کرتا ہوں۔ ایک قسم کے سوالات کا تعلق حقیقی دنیا سے ہے۔ کیونکہ وہ زمان ومکان اور ہمارے موجودہ تصورِ خدا سے متعلق ہیں اور دوسری قسم کے سوالات مخصوص مذاہب اور ان کے ارتقاء سے متعلق ہیں۔

پہلی قسم کے سوالات کے بارے میں اپنی رائے درج بالا سطور میں تفصیل سے دے چکا ہوں۔ان سوالات کا تعلق پوری انسانیت سے ہے۔ میری حتمی رائے یہی ہے کہ لمحہِ موجود میں ہم ان سوالات پر غور کرنے سے قاصر ہیں۔ دراصل اتنا کچھ نامعلوم ہے کہ کوئی سرا ہاتھ نہیں آتا، جہاں سے تحقیق کا آغاز ہو سکے۔

دوسری قسم کے سوالات مذہب سے متعلق ہیں جو بہر حال اہم بھی ہیں اور حقیقی بھی۔ ہم ان کو اس لئے پس انداز نہیں کر سکتے کہ دنیا کے تقریباً تمام معاشروں نے کسی نہ کسی مذہب کو اپنا رکھا ہے۔ مذہب ان معاشروں کو نہ صرف زندگی گزارنے کا سلیقہ سکھاتے ہیں بلکہ دوسرے انسانوں اور معاشروں سے میل جول کے آداب سے بھی آگاہی دیتے ہیں۔ مذاہب کی بنیاد دلیل پر نہ سہی مگر مذاہب دنیا میں موجود ہیں۔اس حقیقت سے انکار ممکن نہیں۔

خدا کا وجود ہے یا نہیں؟ اگر اس مسئلے کو انسان کا ذاتی مسئلہ سمجھ کر شخصی سطح پر ہی رہنے دیا جائے اور مذہب میں جو تعمیری سوچ کی دانائی ہے اس کو اپنایا جائے تو کیا حرج ہے؟ مثلاً ایک ایسا معاشرہ قائم کرنا جس کی بنیاد برابری پر ہو اور جہاں کمزور طبقے کا خیال رکھا جائے، عدل وانصاف قائم کیا جائے اور شخصی آزادی سمیت انسانی حقوق کی پاسداری ہو۔

مگر اس سے منسلک ایک مسئلہ بھی ہے۔ بنی نوع انسان نے اپنے ارد گرد کچھ مصنوعی لکیریں کھینچ کر اپنے آپ کو جغرافیائی، مذہبی اور معاشرتی خانوں میں تقسیم کر رکھا ہے۔ بغیر سوچے سمجھے کھینچی جانے والی ان لکیروں نے دنیا کو ملکوں اور قوموں میں تقسیم کر دیا ہے۔ یہ مصنوعی حدود ہمارے لئے مقدس بنا دی گئی ہیں اور ان لایعنی حدود و قیود کی حفاظت کے لئے اپنی جان قربان کرنا اور دوسروں کی جان لینا، بہت سے لوگوں کی نظر میں ایک اعزاز کی بات ہے۔ اگر گہری نظر سے دیکھا جائے تو یہ ایک حماقت ہے۔ مگر افسوس کہ یہ ایک حقیقت بھی ہے۔اس کا ایک ممکنہ حل یہ ہو سکتا ہے کہ ہم ایک بین الاقوامی معاشرے کے قیام کا پرچار کریں۔ جس میں منتخب اکابرین اپنی اپنی حدود میں رہتے ہوئے بنی نوع انسان کی فلاح و بہبود کے لئے کام کریں۔

ایک دوسرا ممکنہ حل بھی ہے جو لمحہ موجود کا مختصر مدتی اور بہترین حل ہے۔ یہ کہ تمام ممالک ان مصنوعی لکیروں کی حقیقت کو تسلیم کرتے ہوئے باہمی امن اور بھائی چارے کو فروغ دیں۔ قوموں کے قدرتی ذرائعِ رزق سب قوموں کے لئے برابری کی بنیاد پر تقسیم ہوں۔

یہاں پہنچ کر میں اپنے آپ کو اپنے متضاد آدرشوں میں منقسم محسوس کرتا ہوں۔ ایک طرف میں، بڑے سوالات اٹھاتا ہوں جو عقائد سے متعلق ہیں۔ مگر ان کے جوابات ڈھونڈنے کی الجھنوں میں نہ پڑنے کی تاکید کرتا نظر آتا ہوں اور ساتھ ہی ساتھ مسلمان معاشروں کے اندر بہتری لانے کی خواہش رکھتا ہوں اور ان کے اندر عدم برداشت ختم کرنے کا متمنی ہوں۔ مثلاً میرا ایمان ہے کہ فقط قرآنی احکامات پر عمل کرنے سے فرقہ وارانہ منافرت سے پاک اسلامی معاشرے کا قیام ممکن ہے۔ میرے خیال میں فرقے اس وقت بنتے ہیں جب دینی احکامات کے لئے دوسرے اور تیسرے ذرائع یعنی حدیث اور فقہ پر انحصار کیا جاتا ہے۔ مگر یہ ایک الگ موضوع ہے۔ جس کو کسی اور وقت کے لئے اٹھار کھتے ہیں۔

مجھے امید ہے کہ ایک وقت آئیگا۔ جب پوری انسانیت ایک بڑے قبیلے کی طرح مل جل کر رہنا شروع کردیگی۔ ایک بین الاقوامی معاشرہ جس میں مذہب اور قوم کی تقسیم نہیں ہوگی۔

بنی نوع انسان میں کیا خاص بات ہے؟

خالد سہیل: میرے وحی سے متعلق سوال کے جواب میں آپ نے انسان کی جسمانی وذہنی معذوریوں اور حدود کا ذکر بہت فصاحت سے کیا ہے۔ اگر ایسا ہے تو پھر انسان کائنات کی تخلیق اور مقصدِ تخلیق کا محور و مرکز کیسے ہے؟

سہیل زبیری: زمانۂ قدیم بلکہ زمانۂ قبل از تاریخ سے ہی انسان اپنے آپ کو اعلیٰ درجے کی مخلوق سمجھتا آیا ہے۔ انسانوں نے اس دنیا بلکہ اس پوری کائنات میں ہمیشہ سے نہ صرف اپنے آپ کو برتر سمجھا بلکہ ایک اعلیٰ درجے پر فائز رکھا ہے۔ حتیٰ کہ انسان اس زعم میں بھی گرفتار ہے کہ یہ کائنات اس کے کھیل تماشے کے لئے بنائی گئی ہے۔ باوجودیکہ انسان کا ٹھکانہ ایک معمولی سے سیارے پر ہے جو نظامِ شمسی کے اندر ایک عام سے ستارے، سورج کے گرد گھوم رہا ہے۔ سورج اپنی کہکشاں میں غیر اہم فاصلے پر موجود ہے۔ ہماری یہ کہکشاں کھربوں نوری سال طویل ہے۔ (کہکشاں کے ایک سرے سے دوسرے سرے تک جانے کے لئے ایک کھرب نوری سال درکار ہونگے)۔ اگر ایک بڑے صحرا میں موجود ذروں کو اجسامِ شمسی تصور کر لیا جائے تو ہمارے نظامِ شمسی کی حیثیت کسی دور دراز جزیرے پر موجود کسی ریت کے ذرے سے بھی کم ہے۔

پھر یہ بھی سچ ہے کہ زندگی متفرق انداز میں اس کرہ ارض پر موجود ہے۔ اس کی لاکھوں اقسام ہیں۔ چرند پرند، جنگلی جانور، ممالیہ و غیر ممالیہ لاکھوں اقسام میں موجود ہیں۔ جن کی ضروریات انسانوں والی ہیں۔ مثلاً کھانا، پینا، سونا، بچے پیدا کرنا۔ محبت، خوف اور کیف و سرور جیسے لطیف جذبات رکھنا۔ اور سب سے بڑھ کر اپنی بقاء کا جبلی جذبہ اپنے اندر رکھنا۔ پھر یہ بات تعجب انگیز ہے کہ انسان اس ساری اسکیم میں اتنا حقیر مقام ہونے کے باوجود اپنے آپ کو اشرف المخلوقات سمجھے ہوئے ہے۔

ہاں یہ ضرور ہے کہ انسان زمین پر سیدھا کھڑا ہو سکتا ہے اور اس کے دونوں ہاتھ کام کرنے کے لئے آزاد ہیں۔ اور سب سے بڑھ کر یہ کہ وہ ایک سوچنے والا دماغ رکھتا ہے۔ باشعور ہونے کی وجہ سے انسانوں نے زبانوں کو فروغ دیا۔ جس سے ابلاغ بڑھا، باہم روابط کو فروغ ملا اور مختلف علوم کے حصول میں مدد ملی۔ باشعور

ہونے کی وجہ سے ہی انسان نے اپنے رہنے سہنے کے ماحول میں جدت پیدا کی۔ یہ کام دیگر مخلوق کے لئے ممکن نہیں ہے۔

علاوہ ازیں، انسان نے اپنے کھڑے آسن، آزاد ہاتھوں اور سوچنے سمجھنے کی اہلیت کی وجہ سے لکھنا، تعمیر کرنا اور کھانا پکانا سیکھا یہ صلاحیت بھی باقی جانداروں میں موجود نہیں ہے۔ مگر وہ 'سوال' اپنی جگہ اسی طرح قائم ہے: کیا انسان باقی جانداروں سے بنیادی طور پر معتبر ہے؟ اور اگر ایسا ہے تو کیا کائنات میں بھی اس کا کوئی منفرد مقام ہے؟

اگر اس سوال کا جواب دیانتداری سے دیا جائے تو اس مفروضے کے حق میں کوئی ٹھوس ثبوت نہیں کہ بنی نوع انسان کا مقام یا رُتبہ زمین پر یا کائنات میں کسی طور بھی افضل ہے۔

میری اس بات سے میرے بہت سے قارئین کو صدمہ پہنچے گا کہ میرے پاس اس دعویٰ کے حق میں کافی ثبوت موجود ہیں۔ اور پہلا ثبوت تاریخ قدیم ہے۔ انسانی تہذیب کی تاریخ صرف دس ہزار سال پرانی ہے جبکہ زمین کی عمر ساڑھے چار ارب سال ہے۔ اب ذرا سوچیے ہمارے وہ آباواجداد جو آج سے ایک لاکھ سال پہلے پیدا ہوئے تھے۔ کیا ان میں اور باقی (تھن دار جانوریا) ممالیہ جانوروں میں کوئی فرق تھا؟ وہ کسی زبان، زرعی ٹیکنالوجی، مذہب یا سماجی ڈھانچے سے واقف نہ تھے۔ وہ لوگ صرف اپنی جبلت کے تحت زندگی گزارتے تھے۔ وہ اگر کسی چیز سے واقف تھے تو وہ صرف جذبہ بقاء تھا۔ یہ تصور محال ہے کہ ہمارے ایک لاکھ سال پرانے اجداد اپنے آپ کو ساتھی جانداروں سے بہتر گردانتے ہونگے۔

ایسا لگتا ہے کہ انسانی عظمت کا خناس آج سے سات سے دس ہزار سال قبل کہیں پیدا ہوا۔ سب سے بڑی تبدیلی زبانوں کا فروغ تھا جس سے ایک دوسرے سے روابط بڑھے۔ شاید یہ وہی وقت ہوگا جب انسان نے مل جل کر اور گروہ بندی سے ایسے ایسے کارہائے نمایاں انجام دیئے جو انفرادی طور پر ناممکن تھے۔ معلومات کے تبادلے کی مہارت، وہ وصف تھا جس نے انسان کو باقی جانداروں کے مقابلے میں زیادہ سودمند بنادیا۔

اپنے فطری شعور کی وجہ سے انسان نے دیگر جانداروں کو اپنے قابو میں لاکر استعمال کرنا شروع کردیا۔ وہ گھوڑے کو سفر کے لئے، مرغی اور گائے جیسے جانداروں کو غذا کے لئے، جبکہ بھیڑ کی کھال کو اپنے آرام کے

لئے استعمال کرنے لگا۔ دوسرے انسانوں سے روابط بڑھے تو انسان ایک دوسرے سے زراعت کے طریقے، تعمیرات کے ہنر اور شکار کے اوزار کے بارے میں معلومات لینے لگے۔

یہ بات سمجھنے میں شاید انسانوں کو ہزاروں سال لگ گئے ہونگے کہ بچہ مرد اور عورت کے درمیان مباشرت کے عمل کے نو ماہ بعد پیدا ہوتا ہے۔ یہ شعور بیدار ہونے کے بعد مردوں میں یہ احساسِ ذمہ داری پیدا ہوا ہوگا کہ بچے کی پرورش میں اس کو بھی ہاتھ بٹانا چاہیے۔ ایک سماجی ذمہ داری کے طور پر نہیں بلکہ بچے کو دنیا میں لانے میں ساتھی کے طور پر۔ اسی بات سے مردوں کو ایک خاندانی ڈھانچہ بنانے کا خیال آیا ہوگا۔ جہاں مرد کا کام کوئی ٹھکانہ بنانا اور باہر جا کر رزق کا بندوبست کرنا جبکہ عورت کا کام گھر میں بچوں کی دیکھ بھال کرنا ٹھہرا ہوگا۔ ایک اور وجہ جس نے انسانوں کو مل جل کر خاندانی نظام بنانے کی ترغیب دی یہ تھی کہ باقی جانداروں کے مقابلے میں انسانی نومولود قدرے کمزور اور نازک ہوتا ہے۔ اور کم از کم چار، پانچ سال کی عمر تک اپنی پرورش خود نہیں کر سکتا۔ لٰہذا مل کر بچہ پالنے کی جدوجہد بھی خاندان میں رہنے کا باعث بنی ہوگی۔

خاندان تو بنتے گئے مگر اس طرح جو معاشرہ وجود میں آیا وہ ایک قبائلی معاشرہ تھا۔ یوں لگتا ہے کہ خاندان کا سب سے طاقتور شخص اس کا سربراہ بنا ہوگا اور بہت سے خاندانوں نے مل کر ایک قبیلہ تشکیل دیا ہوگا اور پھر قبیلے نے سب سے بڑے اور طاقتور شخص کو اپنا سربراہ مقرر کر دیا ہوگا۔ جس کی کوشش ہوگی کہ اس کا قبیلہ طاقتور بھی ہو اور زیادہ سے زیادہ ذرائع رزق بھی اس کے قبضے میں ہوں۔ تبادلۂ خیالات کی وجہ سے انسانوں نے ضابطۂ اخلاق اور نظامِ عدل پر مبنی معاشرے کے قیام کا ضرور سوچا ہوگا جو کہ پُرامن بقائے باہمی کے لئے ناگزیر تھا۔ عین ممکن ہے یہیں سے انسان نے ایک عظیم اور طاقتور ہستی کی ضرورت محسوس کی ہو جو ان کے دنیا میں آنے کا مقصد بیان کر سکے۔ یہ وہ وقت ہوگا جب انسان باقی جانداروں کے مقابلے میں اپنے آپ کو برتر تصور کیا ہوگا۔ کیونکہ انسان کے نزدیک وہ خدا کی منشا پوری کرنے کے لئے پیدا ہوا ہے۔ جب کہ دیگر جاندار اپنی اپنی ضروریات پوری کرنے کے لئے زندہ تھے۔

ان مباحث کا سلسلہ دراز ہے کیونکہ یہ انسانی ارتقاء کی کہانی ہے۔ ہم دیکھتے ہیں کہ ارتقائی مراحل طے کرتے کرتے ہم آج کے دور میں نہایت جدید و نفیس مقام پر پہنچ چکے ہیں۔ ہم اقوام کی صورت میں منظم ہو چکے ہیں۔ ہمارے مذاہب کا بھی ارتقاء ہوا ہے۔ ہم نے فطرت پر کمندیں ڈالنی شروع کر دی ہیں اور وہ قوانینِ فطرت جو کائنات کا نظام چلا رہے ہیں، ہم ان کو بھی سمجھنے کے قابل ہو چکے ہیں۔ مگر کیا یہ سب کچھ ہمارے

اس دعوے کو برقرار رکھنے کے لئے کافی ہے کہ ہم لامتناہی کائنات کا محور و مرکز اور سب سے اہم مخلوق ہیں؟ وہ کائنات جس کے بارے میں ہم زیادہ جانتے بھی نہیں؟

ایک جدید سوچ یہ بھی ہے کہ ایک حوالے سے انسان اشرف المخلوقات کہلوا سکتے ہیں۔ کیونکہ ہم سوچ سکتے ہیں اور فیصلہ کر سکتے ہیں اور اپنے مقدر کے خود سکندر رہیں۔ مگر انسانی عظمت کا دعویٰ کرنے کے لئے کیا یہ ہی کافی ہے؟۔ یہ تو ارتقائی عمل کا حصہ ہے۔ آج سے ایک لاکھ سال قبل، ہمارے اجداد بھی سوچ سکتے تھے فیصلے کر سکتے تھے اور فیصلہ بدلنے کی صلاحیت بھی رکھتے تھے۔ اور یہ صلاحیت کسی حد تک باقی جانداروں میں بھی ہے۔

بالفرض ہمیں کبھی چیونٹیوں کا کوئی ایسا قبیلہ نظر آ جائے، جنھوں نے اپنی زبان کی ترویج کر لی ہو اور جو آپس میں بہتر طریقے سے معلومات کا تبادلہ کر سکتے ہوں تو کیا ہم ان کو انسانوں کا ہم پلہ تصور کر لیں گے؟اس بات کو اس طرح بھی واضح کیا جا سکتا ہے : اگر انسانی بچہ پیدا ہوتے ہی جانوروں کے بیچ چھوڑ دیا جائے تو کیا وہ اپنی اندر مہذب انسانی صفات پیدا کر لے گا؟

انسانی عظمت کے نظریئے کے کچھ اور مسائل بھی ہیں۔ کیونکہ یہ انسانوں کے اندر تفریق کا باعث بھی ہے۔ بہت سے افراد، عام لوگوں کے مقابلے میں بہتر سوچنے اور سمجھنے کی صلاحیت رکھتے ہیں۔ اور زیادہ آزاد فیصلے کر سکتے ہیں۔ میرے نزدیک حقیقت یہی ہے کہ انسان کا احساسِ برتری ایک خوش فہمی کے سوا کچھ بھی نہیں۔ اس پر مستزاد یہ کہ ہمارا مقام۔ کیا ہمارا زمین کے دیگر جانداروں میں کوئی مقام ہے؟اس سے آگے ،کائنات میں ہم کہاں کھڑے ہیں؟ ہم تو ابھی تک عالمِ کائنات کو نہیں سمجھ سکے۔ ہمیں یہ بھی معلوم نہیں کہ کیا ہماری یہی ایک ہی کائنات ہے یا اس کے علاوہ اور کائناتیں بھی ہیں؟ ہم ان دیکھے اور غیر محسوس مادے کے بارے میں بھی کچھ نہیں جانتے جو ساری کائنات کے نوے فی صد حصے پر مشتمل ہے۔ پھر جیسا کہ اُوپر ذکر کیا گیا ہے ہم ابھی تک اس قابل نہیں ہوئے کہ اپنے نظام شمسی سے پرے کے بارے میں کچھ جان سکیں۔ اور ہمارا نظامِ شمسی اس وسیع کائنات میں ایک ننھا سا ذرہ ہی تو ہے۔ یہ جانتے ہوئے بھی انسان کا اپنے آپ کو برتر اور کائنات کا مرکز سمجھنا مضحکہ خیز ہے۔ ہمیں تو یہ بھی معلوم نہیں کہ کیا زندگی صرف کرہِ ارض پر ہی ہے؟ ہم زندگی کو اپنے آپ اور اپنی سمجھ بوجھ کے مطابق ہی سمجھتے ہیں۔ کیا ایسا نہیں ہو سکتا کہ کائنات میں کچھ الگ قسم کی زندگی بھی ہو جن کی ضروریات ہم سے یکسر مختلف ہوں؟

اپنے لئے مرکزی اور عظیم مقام کا دعویٰ کرنا ایسا ہی ہے جیسا کہ قدیم یونانی کرتے تھے۔ کہ زمین کائنات کا مرکز ہے اور ہر شے اس کے ارد گرد گھوم رہی ہے۔ ہم انسان اس وقت بھی کتنے غلط تھے اور ممکن ہے کہ اب بھی اتنے ہی غلط ہوں۔

پاکستان میں اعلیٰ تعلیم

خالد سہیل: آپ تمام عمر اعلیٰ تعلیم سے وابستہ رہے ہیں۔ جب ہم یہاں بیٹھ کر پاکستان کے تعلیمی نظام پر ایک طائرانہ نظر ڈالتے ہیں تو پاکستان میں اعلیٰ تعلیم کی حالت نہایت ناگفتہ بہ لگتی ہے۔ کیا آپ کے خیال میں میرا یہ اندازہ درست ہے؟ اگر ایسا ہے تو پاکستان میں اعلیٰ تعلیم کا نظام بہتر بنانے کے لئے آپ کیا تجاویز دینگے؟

سہیل زبیری: اس ضمن میں ایک حالیہ مباحثے کا لبِ لباب یہ ہے:

پہلا طریقہ: پاکستان اور پاکستان سے باہر پاکستانی فنڈنگ سے زیادہ سے زیادہ پی ایچ ڈی پیدا کرنا۔

دوسرا طریقہ: پاکستان کے اندر کالج اور یونیورسٹی کی سطح پر نظامِ تعلیم کو مؤثر بنانے کے لئے اقدامات کرنا۔ میں ہمیشہ دوسرے طریقے کا قائل رہا ہوں۔ ہم نے اپنے نظامِ تعلیم کا بنیادی ڈھانچہ درست کرنا ہے۔ اگر ہم اس میں کامیاب ہو جاتے ہیں تو باقی کام خود بخود درُست ہو جائینگے۔ پی ایچ ڈی پروگراموں پر ضخیم رقوم خرچ کر کے ہم ابھی تک مطلوبہ نتائج حاصل نہیں کر سکے۔ اس نقطے کو ثابت کرنے کے لئے یہی مثال کافی ہے کہ ایچ۔ای۔ سی۔ (ہائیر ایجوکیشن کمیشن) نے پی ایچ ڈی ٹریننگ پروگراموں پر اربوں روپے خرچ کر دیے مگر جو طلباء فارغ التحصیل ہوئے وہ پاکستان لوٹ کر بین الاقوامی معیار کا تحقیقی کام نہ کر سکے۔ ایسا کام جس کی دنیا میں پزیرائی ہوئی ہو۔ ایسا کیوں ہوا؟ اور آئندہ ایسا نہ ہو۔ اس موضوع پر ایک سنجیدہ بحث کی ضرورت ہے۔

میری رائے میں ہمارے اعلیٰ تعلیم کے مراکز میں جس سنجیدگی سے تحقیقی کام کی ضرورت تھی وہ نہیں ہوئی۔ مجھے یوں لگتا ہے کہ سکول، کالج اور یونیورسٹی کی سطح پر بنیادی تعلیمی ڈھانچہ درست کرنے کی جتنی ضرورت اس وقت ہے پہلے کبھی نہ تھی۔ صرف چند بہترین اور اعلیٰ کارکردگی کے حامل افراد کو اعلیٰ ترین تعلیم و تحقیق کے لئے نامزد کیا جانا چاہیے۔ سکول اور کالج کی تعلیم کا معیار بہتر بنائے بغیر ڈاکٹریٹ کی سطح پر زور دینا، محض وقت کا ضیاع اور قیمتی وسائل کی پامالی ہے۔ تعلیمی نظام نیچے سے اوپر تک کُلیت کے ساتھ دیکھا جانا چاہیے۔ آج پاکستان میں اعلیٰ تعلیم کی زبوں حالی ہمارے بچوں کی بنیادی تعلیم میں کمزوری کی وجہ سے

ہے۔ہائی اسکول کے ناقص ماحول میں تیار ہونے والے طالبِ علم سے یونیورسٹی میں جا کر بہت بڑے انجنیئر یا سائنسداں بننے کی توقع نہیں رکھنی چاہیے۔

ہمارے سکولوں میں تعلیم کی زبوں حالی کے تانے بانے ہماری غلامی کے دور سے جڑے ہیں: جب مختلف طبقاتِ زندگی کی اولادوں کے لئے الگ الگ اسکول قائم کئے گئے تھے۔اس دوہرے نظامِ تعلیم کی وجہ سے، ملک وجود میں آنے سے لے کر آج تک تعلیمی نظام کو بہتر بنانا ہماری ترجیح نہیں رہا۔سامراجی دور میں امراء اور حکومتی عہدے داروں کے بچوں کے لئے اعلیٰ سطح کے الگ سکول قائم تھے۔وقت گزرنے کے ساتھ ساتھ اُن اداروں کی ھئیت تبدیل ھوتی گئی مگر بنیادی نظریہ آج بھی وہی ہے۔کسی تعلیمی پالیسی نے آج تک اس مؤروثی بے انصافی کا خاتمہ نہیں کیا۔

بظاہر یوں لگتا ہے کہ ہمارے پالیسی ساز سمجھنا ہی نہیں چاہتے کہ عام عوام کے لئے قائم تیسرے درجے کے سکولوں میں کیسی تعلیم دی جا رہی ہے۔شاید اسی وجہ سے یہ اُن کی ترجیح بھی نہیں ہے کہ عوام کے لئے تعلیم کا معیار بہتر بنایا جائے۔موجودہ محدود ذرائع کو بروئے کار لا کر اس بحران سے کیسے نکلا جائے؟ ہماری ترجیحات کیا ہونی چاہئیں؟ مجموعی طور پر معاشرے کے علم کی سطح کیسے بُلند کی جائے؟ یہ کام جوئے شیر لانے کے مترادف ہے مگر اتنا ہی ضروری بھی۔میرے پاس درج ذیل نُسخہ ہے:

1۔سب سے پہلے یہ احساس ایمان کی حد تک اجاگر کیا جائے کہ پرائمری سے لے کر یونیورسٹی کی سطح تک تعلیمی نظام کو دُرست کرنے کے لئے انقلابی اقدامات کی ضرورت ہے۔اس کایاکلپ کا کام ہنگامی بنیادوں پر ہی ہو سکتا ہے۔یہ کمزور یا متزلزل ارادے سے ممکن نہیں۔

2۔پُورے ملک کے لئے یکساں تعلیمی ڈھانچہ ترتیب دینے کی ضرورت ہے۔یہ اسی صورت ممکن ہے کہ جب تمام تعلیمی ادارے وفاقی حکومت خود چلائے۔وہ تمام پرائیویٹ تعلیمی ادارے جو اس وقت پیسہ بنانے کی مشینیں بن چکی ہیں، قومیا لئے جائیں تاکہ وطن عزیز کے تمام بچوں کو ایک جیسی تعلیمی سہولیات میسر ہوں۔

3۔اس وقت 'اولیول' اور 'اے لیول' میں صرف اشرافیہ کے بچے پڑھتے ہیں۔یہ ایک بہترین تعلیمی نظام ہے اور اس تک رسائی پاکستان کے تمام بچوں کو ہونی چاہیے۔اس مقصد کے حصول کے لئے ایک شفاف اور نہایت سادہ، قومی ہدف کی بنیاد رکھی جائے۔جس کے مطابق پاکستان کے تمام سکولوں میں 'اولیول' اور

'اے لیول' نصاب نافذ کر دیا جائے اور تکمیل کا ہدف 2030ء ہو۔ اس ہدف کو پانے کے لئے جس قدر وسائل درکار ہوں مختص کر دیے جائیں۔ اس مقصد کی تکمیل کے ساتھ ہی نصاب، طریقۂ امتحان میں موجود کج روی اور دیگر معروضی مسائل خود بخود حل ہو جائینگے۔ بنیادی طور پر ہمیں وہی کچھ کرنا ہے جو آنے والے وقت کا تقاضہ ہے۔ ذرا تصور تو کریں کہ پاکستان کا ہر ایک 15 سالہ بچہ ایسی اعلیٰ تعلیم سے بہرہ مند ہو جو اس وقت صرف اشرافیہ اور فیصلہ سازوں کے بچوں کے لئے مختص ہے تو ملک میں کتنا بڑا انقلاب برپا ہو جائے۔ ملک اور معاشرے کے لئے یہ ایک ایسی تبدیلی ہوگی جو کبھی پیچھے پلٹائی نہ جاسکے گی۔

4۔ حکومت فی الفور مقامی اور غیر ملکی پی ایچ ڈی پروگرامز کے لئے فنڈنگ روک دے۔ پاکستان سائنس فاؤنڈیشن، یونیورسٹیوں میں تحقیقی فنڈنگ کا واحد ادارہ ہو۔

5۔ پاکستان ہائر ایجوکیشن کا کام صرف تعلیم کا معیار بلند کرنا ہو۔ وہ اس معیار کو اتنا اُوپر لے جائیں کہ یونیورسٹی تک پہنچتے پہنچتے طلباء فیلوشپ اور اسسٹنٹ شپ کے مقابلہ امتحان کے لئے تیار ہو چکے ہوں۔ اور دنیا کی بہترین یونیورسٹیوں میں داخلے کے لئے اہل ہوں۔ اشرافیہ کے بچوں کے لئے ایسا اب بھی ہو رہا ہے۔ ان اداروں کے اساتذہ کوئی خاص قسم کی تعلیم نہیں رکھتے۔ بات یہ ہے کہ کچھ کر گزرنے کے لئے مصمم ارادے کی ضرورت ہوتی ہے۔ اگر پرائیویٹ ادارے ایسا کر سکتے ہیں تو سرکاری ادارے کیوں نہیں کر سکتے؟

میں اکثر حیران ہوتا ہوں کہ ہمارے مسلمان معاشروں میں بھرپور عوامی انقلاب بھی وہ نتائج نہ لا سکے جن کا وعدہ کیا گیا تھا۔ لیبیا، تیونس اور مصر کی مثالیں ہمارے سامنے ہیں۔ اب اپنے ملک کو ہی دیکھ لیں اپنی زندگی کے دوران ہم نے پاکستان میں بھی دیکھا کہ تین عوامی انقلاب بھی کوئی خاطر خواہ نتائج پیدا نہ کر سکے۔ ایسا کیوں ہُوا؟ جبکہ اس کے برعکس 1990ء کے اوائل میں مشرقی یورپ میں پیدا ہونے والی شورشوں نے ان معاشروں کی تقدیر بدل کر رکھ دی۔ وہ لوگ بہتر سے بہترین ہوتے گئے۔ اس سوال کا ایک ہی جواب ہے اور وہ ہے تعلیم۔ تعلیم کے بغیر کوئی سماجی انقلاب کسی قسم کے نتائج پیدا نہیں کر سکتا۔ انقلابات تو ہمیشہ تباہی ہی لاتے ہیں۔ ہاں البتہ تعلیم معاشروں کی تعمیر کرتی ہے۔

کیا پاکستان میں تعلیمی انقلاب ممکن ہے؟

خالد سہیل: آپ نے پاکستان کی اعلیٰ تعلیم کی ترقی و ترویج کو اسکول اور کالج کی سطح پر تعلیم کی بہتری سے جوڑا ہے۔ میرا سوال یہ ہے کہ پاکستانی معاشرہ عمومی طور پر بھی جہالت کے اندھیروں میں گُم ہے۔ عام تعلیم کے فروغ کے لئے بھی کوئی تجاویز آپ کے پاس ہیں؟

سہیل زبیری: میری نظر میں ہماری زندگی کا سب سے بڑا خوش گوار عمل انفارمیشن ٹیکنالوجی کی ترقی ہے۔ یہ انقلاب ہمارے دیکھتے دیکھتے رُونما ہُوا۔ کمپیوٹر سے میرا پہلا تعارف 1992ء میں میرے ایک ساتھی طبیعیات داں کے توسط سے ہُوا جو پولینڈ کے رہنے والا تھا اور امریکہ میں میرے ساتھ کام کرتے تھے۔ انہوں نے مجھے پہلی دفعہ دکھایا کہ کسطرح ایک بٹن دبانے سے ایک پورا تحقیقی مقالہ، برقی رو کے ذریعے پلک جھپکنے سے پہلے، امریکہ سے پولینڈ پہنچ گیا۔ اُس لمحے ملنے والی اپنی خوشگوار حیرت مجھے ابھی تک یاد ہے۔ اس کے دو تین سال بعد ہم نے دیکھا کہ کمپیوٹر معلومات کی فراہمی، تیز ترین رابطہ کرنے، معلومات کا تبادلہ کرنے اور علم حاصل کرنے کا سب سے اہم ذریعہ بننے لگی تھی۔ کمپیوٹر نے معلومات حاصل کرنے میں ایک طرح کی مساوات بھی قائم کر دی۔ اب کوئی بھی انسان کہیں بھی بیٹھ کر کمپیوٹر سے یکساں معلومات حاصل کر سکتا تھا۔ یہ ایک فرحت آمیز احساس تھا۔ بالآخر کہیں تو جمہوریت اصل معنی میں نظر آئی۔ تیسری دنیا کے ایک پسماندہ علاقے کا دیہاتی، جس کی انٹرنیٹ تک رسائی ہو وہ اس کے ذریعے تقریباً وہی معلومات حاصل کر سکتا ہے، جیسی کسی ترقی یافتہ ملک کا باشندہ اپنی جدید درسگاہ میں بیٹھ کر کرتا ہے۔ یہ ایک دیرینہ انسانی خواب کی تعبیر بھی تھی اور ایک مثالی معاشرے کے قیام کی نوید بھی۔ اب پاکستان جیسے تیسری دنیا کے باشندے کی معلومات تک رسائی کے ذرائع کے حوالے سے شکایات کا خاتمہ ہو گیا۔

اب انٹرنیٹ زندگی کے کم و بیش تمام شعبوں میں اپنی افادیت ثابت کرنے لگا تھا۔ ایک کاروباری شخص یہاں بیٹھ کر دنیا کے دوسرے کونے میں بیٹھے شخص کے ساتھ حقیقی وقت میں کاروبار کر سکتا تھا۔ اسی طرح پاکستان میں بیٹھے ایک طالب علم کے لئے یہ مواقع پیدا ہو گئے کہ وہ دنیا کی اعلیٰ ترین درسگاہوں میں دیئے جانے والے لیکچر نہ صرف دیکھ سکتا بلکہ آن لائن کورسز بھی کر سکتا تھا۔ اب ہم اپنی آراء و خیالات کی پہلے سے زیادہ آسانی اور سرعت کے ساتھ تبلیغ کر سکتے تھے۔

اس حیرت انگیز دریافت سے ایسے امکانات پیدا ہو گئے اور امید کی جانے لگی کہ پہلی دنیا کے جدید معاشروں اور تیسری دنیا کے پسماندہ معاشروں کے درمیان علمی خلیج بہت کم وقت میں بھر جائیگی۔ اور یہ توقع بھی پیدا ہوئی کہ انسانوں کے مابین روابط تیز و سہل ہونے سے مختلف ممالک، مذاہب اور تہذیبوں سے تعلق رکھنے والے افراد کے درمیان ایک صحت مندانہ مکالمہ ممکن ہو گا۔ جس سے، باہمی احترام اور بھائی چارے کی فضا قائم ہو گی اور جملہ مسائل پُرامن بات چیت کے ذریعے طے پائینگے۔ بین الاقوامی سرحدوں کی حیثیت علامتی ہو گی اور یہ لکیریں ہماری قربت اور ایک دوسرے کو سمجھنے کے راستے میں حائل نہیں ہونگی۔ اب یہ بھی توقع کی جارہی تھی کہ ہر انسان سرفراز ہو گا، کوئی ناکامی کا منہ نہیں دیکھے گا۔

صد افسوس کہ ایسا نہ ہو سکا۔ بلکہ حالات بد سے بد تر ہوتے گئے۔ اور علمی خلیج کم ہونے کی بجائے بڑھتی چلی گئی۔ ایک نسل گزر جانے کے باوجود تعلیم کا نظام مُنہ کے بل گر چُکا ہے۔ مذہبی اور فرقہ وارانہ تعصب اپنے عروج پر ہے۔ معاشی عدمِ توازن بڑھتا جارہا ہے اور ہمارا تعلیمی نظام، اہم مواقع گنوا دینے کے باعث، ناکامیوں کی ایک داستان کے سوا کچھ نہیں۔ معلومات کے ذرائع ارزاں، عام اور تیز ہونے کے باوجود تعلیمی خلیج کا بڑھ جانا ایک خلافِ قیاس بات ہے جس پر نہ صرف مباحثے بلکہ الگ سے تحقیق اور تجزیئے کی ضرورت ہے۔ یہ آج کا سب سے ضروری سوال ہے جس کی اہمیت سے بہت سے لوگ واقف نہیں۔ بطور ایک معلم مجھے پاکستان کے تعلیمی نظام کی فکر دامن گیر ہے۔ ایسا کیونکر ہو کہ انفارمیشن ٹیکنالوجی کا انقلاب آئے اور بچوں کا نہ صرف علمی معیار بلند ہو بلکہ ایک سائنسی ماحول بنے جو رفتہ رفتہ پاکستان میں ایک سائنسی کلچر کے فروغ کا باعث بنے۔

اب میں کچھ ایسی تجاویز پیش کرونگا جن پر عملدرآمد سے پاکستانی نوجوان محدود وسائل کے ساتھ بہترین تعلیم حاصل کر سکتے ہیں۔ مگر اس سے پہلے کہ میں یہ تجاویز پیش کروں۔ مناسب ہو گا کہ پہلے پاکستان میں تعلیم نظام کے مسائل پر روشنی ڈالی جائے۔

۔ سب سے پہلا مسئلہ پاکستان میں تعلیمی سہولتوں کا فقدان ہے۔ سکولوں اور کالجوں کی اتنی کمی ہے کہ سکول اور طلباء کی تعداد کا تناسب خطرناک حد تک نیچے ہے۔ لہٰذا سب سے ضروری اور سب سے اہم کام تو یہ ہے کہ پہلے تو مزید سکول اور کالج بنائے جائیں۔ جہاں کم سے کم 'کے۔جی' (کنڈرگارٹن) سے میٹرک تک تعلیم، مفت اور لازمی ہو۔

۔دوسرا مسئلہ اساتذہ کا معیار ہے۔عمارات میسر آجانے کے باوجود اگر استاد قابل نہیں تو پھر بھی تعلیم کا معیار بلند نہیں کیا جاسکتا۔یہاں ایک بڑے فیصلے کی ضرورت ہے۔کے جی سے لیکر گریجوئیشن کے بچوں کو پڑھانے کے لئے تعلیم یافتہ ہنر منداور قابل اساتذہ کی ضرورت ہے۔کل آبادی کے لئے اس معاشرے سے پہلی جماعت سے گریجوئیشن تک کے طلباء کے لئے ،اتنی بڑی تعداد میں ، قابل اور تجربہ کار اساتذہ نکال لانا، جوئے شیر لانے سے کم نہیں ہے۔

اگلا مسئلہ تعلیمی نصاب کا ہے۔ ہمیں تمام جماعتوں کے لئے تمام مضامین پڑھانے کے لئے اعلیٰ درجے کا نصاب چاہیے۔اس وقت نصابی کُتب ہر صوبے کے متعلقہ ٹیکسٹ بُک بورڈ کی زیرِ نگرانی لکھی جارہی ہیں۔ عمومی طور پر یہ کُتب جو زمانہِ حال میں بچوں کی کثیر تعداد کو میسر ہیں،اعلیٰ معیار کی نہیں ہیں۔مثال کے طور پر یہ کُتب "او۔لیول" اور "اے۔لیول" میں پڑھائی جانے والی کُتب کے مقابلے میں نہایت کم تر سطح پر ہیں۔ یہ ایک اور وجہ ہے جس سے ایک عام آدمی کے گورنمنٹ سکول میں پڑھنے والے اور اشرافیہ اور فیصلہ سازوں کے مخصوص اور مہنگے سکولوں میں پڑھنے والے بچوں کی علمی استعداد میں زمین آسمان کا فرق ہے۔اوراس سے ایک معاشرتی تفاوت بھی پیدا ہوچکی ہے۔

اگلا سوال یہ ہے کہ ہماری تعلیمی پالیسی کے مقاصد کیا ہوں ؟ ہماری تعلیمی پالیسی کی منزل یہ ہونی چاہیے کہ ایسے ذہن پیدا کریں جو شعور اور آزادی سے سوچنے کی صلاحیت رکھتے ہوں۔ ہمارے آنے والی نسل ایسے طلباء پر مشتمل ہو جو علم، تخلیقیت، فیصلہ سازی اور رہبری جیسے ہنر سے لبریز، کسی بھی خوشحال ملک کے طلباء کے ہم پلہ ہوں۔

جہاں تک یونیورسٹی کے طلباء کا تعلق ہے تو ان کو چاہیے کہ امریکہ جیسی بہترین یونیورسٹیوں میں داخلے اور اسسٹنٹ شپ کے طور پر کام کرنے کے لئے اپنے آپ کو تیار کریں۔اس طرح اس ڈھیر ساری رقم کی بچت ہوسکتی ہے جو کُلی مالی معاونت کے لئے ان طلباء پر خرچ کی جارہی ہے۔یہی پیسہ پاکستان میں سکول اور کالج کی سطح کی تعلیم کو بہتر بنانے پر خرچ کیا جاسکتا ہے۔

اب اتنے بڑے بڑے مقاصد پر کام کا آغاز کہاں سے کیا جائے ؟اور انفارمیشن ٹیکنالوجی کے انقلاب سے مستفید کیسے ہُوا جائے ؟ یہ کچھ تجاویز ہیں جو یقیناً میرے علاوہ اور لوگ بھی سوچتے ہونگے :

- ہماری تعلیمی پالیسی کا بنیادی نقطہ یہ ہونا چاہیے کہ ہم پہیے کو دوبارہ سے ایجاد کرنے کی کوشش نہ کریں۔ ہم اس پر انحصار کر لیں جو کام کر رہا ہے۔ مطلب یہ کہ اوسط سطح کی نصابی کُتب بار بار لکھنے کی بجائے ہم پہلے سے لکھی ہوئی وہ کتابیں اسکول کے نصابوں میں شامل کر لیں جو کامیاب تعلیمی اداروں میں پڑھائی جاتی ہیں۔ مثلاً، اشرافیہ کے لئے مختص تعلیمی ادارے جہاں پر 'او-لیول' اور 'اے-لیول' کا نصاب نافذ ہے۔ انھوں نے بہترین کتب اپنا رکھی ہیں۔ ان کتابوں کا معیار بین الاقوامی ہے۔ ایک گاؤں میں بیٹھا کسان کا بیٹا اس معیارِ تعلیم سے محروم کیوں رہے جو اس بچے کو حاصل ہے جو پالیسی ساز کا بچہ ہے؟

اب رہا اساتذہ کا مسئلہ۔ یہاں پر انفارمیشن ٹیکنالوجی سے بہرہ مند ہوا جا سکتا ہے۔ میرے پاس دو تجاویز ہیں:

سب سے پہلے تو ہمیں بہترین اساتذہ کو تلاش کرنا چاہئے۔ جو اپنے اپنے مضامین میں ہر سطح کے بہترین اساتذہ ہوں۔ مثال کے طور پر جماعت پنجم کے لئے ریاضی، جماعت ہشتم کو تاریخ، انٹرمیڈیٹ کو فزکس، گریجوئیشن کو کیمسٹری اور ماسٹرز کے طُلباء کو معاشیات پڑھا سکیں۔ ان اساتذہ کے لیکچرز (اسباق) پورے ملک میں 'انٹرنیٹ کی ڈُوم ٹیکنالوجی' کے ذریعے نشر اور میسر کر دیئے جائیں۔

دُوسری تجویز یہ ہے کہ انفارمیشن ٹیکنالوجی کو استعمال کرتے ہُوئے بین الاقوامی سطح کے تسلیم شُدہ اساتذہ کے، ہر سطح کے ہر مضمون پر مشتمل آڈیو اور وڈیو لیکچرز محفوظ بنائے جائیں۔ اس کے لئے دنیا کے بہترین تعلیمی منتظمین کی خدمات حاصل کی جا سکتی ہیں۔ یہ اسباق (لیکچرز) مخصوص ویب سائٹس پر دستیاب کر دیئے جائیں۔ نصاب کا مطمئہ نظر مسئلوں کا حل ڈھونڈنا ہو، جیسا کہ مغرب کے طریقہ تعلیم میں رائج ہے۔ اچھے سکولوں میں شاید یہ طریقہ کارآمد نہ ہو کیونکہ وہاں پر تو پہلے ہی سے بہترین اساتذہ موجود ہیں۔ البتہ یہ تجاویز پاکستان میں کم سے کم اخراجات کے ساتھ ایک ایسے تعلیمی انقلاب کا باعث بن سکتے ہیں۔ جس کے ذریعے دُور دراز علاقوں میں موجود اُن سکولوں میں اچھی تعلیم کا انتظام ہو سکتا ہے۔ جہاں عام طور پر یہ ممکن نہیں ہے۔ ان سکولوں میں اب استاد کا یہ کام ہو گا کہ نصاب کو سمجھنا کیسے ہے اور اس پر عبور کیسے حاصل کرنا ہے۔

سب سے مشکل کام یہ ہے کہ کم سے کم وقت اور نہایت کم بجٹ میں تمام بچوں کے لئے سکول کیسے بنائے جائیں۔ اس کے لئے کسی نہ کسی طرح پہلے سے موجود عمارات استعمال کی جا سکتی ہیں۔ یہاں بھی میری کچھ تجاویز ہیں:

۔ پہلی بات وہی ہے جس کا نصف صدی سے پرچار ہے۔ اور وہ ہے مساجد کو تعلیم کے حصول کے لئے استعمال کرنا۔ یہ استعمال فجر کی نماز کے بعد اور ظہر کی نماز سے قبل تک ہو۔ عبادت کی جگہ کو علم کے حصول کے لئے استعمال کرنے سے بڑھ کر اور نیک کام کیا ہو گا۔

دوسری تجویز پر عمل درآمد کے لئے پورے ملک کے خوشحال حضرات سے تعاون کی ضرورت ہے۔ تمام دیہات اور قصبات کے لوگوں سے التماس کی جائے کہ وہ اپنے گھر کے ایک یا دو کمرے صبح سے سہ پہر تک تعلیم کے لئے مختص کر دیں۔ ان کمروں میں جدید برقی آلات؛ کمپیوٹر، انٹرنیٹ اور ذُوم وغیرہ کی سہولیات فراہم کی جائیں۔

یہ بہت اچھی بات ہے کہ ان جیسے موضوعات پر بات ہوتی رہے تا کہ نئی نئی راہیں نکل سکیں۔ سب سے بڑا چیلنج یہ ہو گا کہ ایسے بندوبست کو تعلیمی پالیسی کا حصہ کیسے بنائیں؟ ایسی غیر روایتی باتوں کی مختلف جگہوں سے مزاحمت ہونا تو ایک عام بات ہے۔ بہت سے دیگر مسائل کا احاطہ یہاں نہیں کیا جا سکا مثلاً امتحانات کا نظام کیسا ہو۔ مگر میری ان تجاویز پر عمل پیرا ہو کر کم خرچے سے کم وقت میں زیادہ سے زیادہ بچوں کو تعلیم کے زیور سے آراستہ کیا جا سکتا ہے۔

حصہ چہارم

خالد سہیل کے نفسیاتی اور فلسفیانہ خطوط

سگمنڈ فرائڈ۔ تحلیلِ نفسی کا بابائے آدم

سہیل زبیری: اکثر لوگوں کے لئے البرٹ آئن سٹائن، سگمنڈ فرائڈ، کارل مارکس اور چارلس ڈارون گزشتہ دو صدیوں کے بہت بڑے نام ہیں۔ آئن سٹائن نے "تھیوری آف ریلے ٹیویٹی (Theory of Relativity) پیش کر کے نہ صرف ہمارا زمان و مکان کا تصور بدلا بلکہ ہمیں تھیوری آف مکینکس (Theory of Mechanics) سمجھنے میں مدد دی۔ اگرچہ اس کا کوانٹم مکینکس(Quantum Mechanics) کا تصور بالکل نیا تھا۔ کارل مارکس نے کیمونسٹ اور سوشلسٹ نظریات کی بنیاد رکھی۔ جنھوں نے ایک سو سال تک دنیا میں دھوم مچائے رکھی۔ بہت سے معاشروں نے ان نظریات کے ذریعے سیاسی ترقی بھی کی۔ موجودہ دور میں اپنی چمک دمک کھو دینے کے باوجود سوشلزم کو چند معاشروں نے کلی یا جزوی طور پر اب بھی اپنا رکھا ہے۔ ڈارون نے ہم انسانوں کے بارے میں نظریہ ارتقاء پیش کیا اور حیاتیات کے ارتقاء کا ایک نیا تصور پیش کیا کہ انسان نے قدیم ہیئت سے موجودہ شکل میں آتے آتے اربوں سال ارتقائی منازل طے کی ہیں۔ ڈارون کی تھیوری مذہبی قدامت پسندی کے لئے جہاں ندامت کا باعث بنی وہاں سائنسی طرزِ فکر رکھنے والوں کے لئے طمانیت کا باعث بھی ہے۔ ان اکابرین کے مقابلے میں شاید کم پہچانا گیا ایک بڑا آدمی اور بھی ہے۔ اس کا نام ہے سگمنڈ فرائڈ۔ اس نے اس سائنس کی بنیاد رکھی جو اب آپ کا شعبہ ہے۔ اس نے فرد کے رویئے اور معاشرے کے تعلق کو نفسیاتی جہت عطا کی۔

کیا آپ ہمیں یہ بتا سکتے ہیں کہ سگمنڈ فرائڈ نے ایسی کیا نئے نظریات پیش کئے جو ان کی وفات کے سو سال بعد آج بھی زندہ و کارآمد ہیں؟

خالد سہیل: جب میں نوجوانی میں داخل ہو رہا تھا تو مجھے کتابیں پڑھنے کا بہت شوق تھا۔ ارجنٹائن کے ادیب 'بورخیز' کی طرح میں بھی باغ کی بجائے لائبریری کو جنت سمجھتا تھا۔ میرا بہت سارا وقت لائبریری کے اندر لٹریچر، فلسفے، مذہب اور نفسیات کے حصوں میں گزرتا۔ میں ہر ہفتے چند کتابیں لائبریری سے مستعار لیتا اور بذاتِ خود ایک ادیب بننے کا خواب دیکھتا ہُوا گھر لوٹ آتا۔ میں خواب دیکھتا کہ میری کہانیوں، نظموں اور

مضامین پر مشتمل کتابیں چھپ کر لائبریری میں موجود ہیں اور دوسرے طلباء لائبریری جا کر میری کتابیں مانگتے ہیں۔

ایک دفعہ کا ذکر ہے کہ یوں ہی اتفاق سے ایک دن لائبریری میں 1000 صفحے پر مشتمل تحلیلِ نفسی کے موضوع پر ایک ضخیم کتاب میرے ہاتھ لگ گئی۔ اس کتاب کو ختم کرتے ہوئے ایک ماہ لگ گیا۔ مجھے اب اس کے اسباق کی تفصیل تو پوری یاد نہیں ہے۔ مگر اتنا یاد ہے کہ کتاب ختم کرتے کرتے میں سگمنڈ فرائیڈ اور تحلیلِ نفسی کی محبت میں گرفتار ہو چُکا تھا۔ مجھے یوں محسوس ہُوا جیسے اب سے پہلے میں زمین پر چل رہا تھا اور اب کہ کسی نے میرا ہاتھ پکڑ کر مجھے جہاز میں بٹھا دیا ہے اور اب میں بادلوں کے ساتھ اُڑ رہا ہوں۔ اور کبھی مجھے یوں بھی محسوس ہوا کہ میں زمین کی بجائے ایک آبدوز میں سفر کر رہا ہوں۔ جو سمندر کی گہرائیوں میں محوِ سفر ہے۔ 'انسانی دماغ کا علم' شاندار، دلچسپ اور حیران کن تھا۔ دماغ اپنے اندر کس قدر بے پناہ جہتیں اور پوشیدہ صلاحیتیں رکھتا ہے، یہ راز مجھ پر یہ کتاب پڑھ کر عیاں ہوئے۔ یہ کتاب پڑھنے کے بعد میں نے سائیکوتھراپسٹ (نفسیاتی معالج) بننے کا فیصلہ کیا۔ یہ میرے پیشے اور شوق کا ملاپ تھا۔ یہاں پر ایک ڈاکٹر اور ادیب بننے کے میرے خواب بھی ہم آغوش ہو رہے تھے۔ یہ میری زندگی کا وہ موڑ تھا جہاں پر میرے طب، نفسیات اور فلسفے سے وابستگی کے شوق کی بھی تکمیل ہوتی تھی۔ یوں ایک سائیکوتھراپسٹ بن کر اپنا کلینک بنانا اور اس میں ذہنی امراض میں مبتلا افراد اور ان کے خاندان کی خدمت کرنا میرا خواب بن گیا۔ اب جب میں صبح اپنے مریض دیکھنے کے لئے اپنے "کری ایٹو سائیکوتھراپی کلینک" کی طرف روانہ ہوتا ہوں تو محسوس کرتا ہوں کہ مجھے ایک دیرینہ خواب کی تعبیر مل گئی ہے۔

میں گزشتہ تین دہائیوں سے اپنے لاتعداد مریضوں کے دکھوں کو سکھوں میں بدلنے میں انکی مدد کرتا ہوں۔ ان کے ذہنی عارضوں کی تشخیص کر کے ان طریقوں سے روشناس کراتا ہوں جن کو اپنا کر وہ خود، ان کا خاندان اور عزیز و اقارب ایک خوشگوار، صحت مند اور پُر امن زندگی حاصل کر سکتے ہیں۔ میں اپنے آپ کو خوش قسمت سمجھتا ہوں کہ مجھے اپنے مریضوں اور اس سے بڑھ کر انسانیت کی خدمت کرنے کا شرف حاصل ہے۔ یہ یقیناً ایک اعزاز کی بات ہے۔

اب جب میں ماضی پر نگاہ دوڑاتا ہوں تو سوچتا ہوں کہ میں آج سائیکوتھراپسٹ نہ ہوتا اگر لائبریری میں اُس دن مجھے وہ کتاب نہ ملتی جس میں میں نے تحلیلِ نفسی کے بارے میں سب سے پہلے پڑھا تھا۔ بعض

او قات ایک کتاب لوگوں کی زندگیاں بدلنے کے لئے کافی ہوتی ہے۔ایک کتاب آپ کی زندگی کو ایک نئی سمت دینے کے لئے کافی ہوتی ہے۔

میں سگمنڈ فرائیڈ سے اتنا متاثر تھا کہ یورپ کے دورے کے دوران خاص طور پر ویاناViennaگیا اور سگمنڈ فرائیڈ کا وہ کلینک دیکھا جس کو تحلیلِ نفسی کا(لیبر روم) زچگی کا کمرہ کہتے ہیں۔ میں نے وہ مشہور کاؤچ بھی دیکھا جس پر لیٹ کر فرائیڈ کے مریض بے جھجک اپنی زندگی کے راز کھول کر اس کے سامنے رکھ دیتے تھے۔اس کاؤچ پر کچھ قالین پڑے تھے مجھے وہ اچھے لگے۔کیونکہ ویسے قالین میں پاکستان میں دیکھ چکا تھا۔

ایسا نہیں کہ مجھے فرائیڈ کے بعد کسی نفسیات دان نے متاثر نہیں کیا۔بطور ایک سائیکوتھراپسٹ اور نفسیات کا طالب علم ہونے کے ناطے میں متعددماہرینِ نفسیات، سائیکوتھراپسٹ اور ماہرین تحلیلِ نفسی سے ملا اور شدید متاثر بھی ہوا۔ مگر سگمنڈ فرائیڈ نفسیات کو لے کر ہمیشہ میری بلوغت کی پہلی محبت رہا۔چند برس پہلے میں نے سگمنڈ فرائیڈ کی انسانی نفسیات، نفسیاتی علاج اور تحلیلِ نفسی کے حوالے سے خدمات سے ایک مضمون لکھا تھا۔اس کے چند صفحات پیشِ خدمت ہیں:

بابائے تحلیلِ نفسی سگمنڈ فرائیڈ ایک طبیب اور ماہر علم الاعصاب Neurologistتھے۔ 1896ء میں اپنے والد کی وفات کے بعد انھوں نے انسانی لاشعور میں گہری دلچسپی لینی شروع کر دی۔اس وقت انکی عمر40سال رہی ہوگی۔اگلے تین سال انھوں نے اپنے خوابوں کی تعبیریں رقم کرنی شروع کیں۔ یہ مجموعہ جب 1900ء میں کتابی شکل میں " خوابوں کی تعبیریں " Interpretation of Dreams کے نام سے شائع ہوا تو ایک نفسیاتی شاہکار ثابت ہوا۔ان کے شاگرد اور پیروکار نفسیات دان آج بھی اس کو تحلیلِ نفسی کی بائبل سمجھتے ہیں۔

سگمنڈ فرائیڈ نے اپنے نظریات (تھیوریز) کی ترویج اس وقت شروع کی جب ان کے ایک سینئر اور طبیب دوست جوزف بریئر Joseph Breur نے فرائیڈ کو ایک مریضہ جس کا نام تحلیلِ نفسی کی کتابوں میں "اینا۔او"Anna- O لکھا ہے، تشخیص کے لئے بھیجی۔اینااو، ہسٹیریا میں مبتلا تھی،ان دنوں یہ عارضہ ویانا اور یورپ کی خواتین میں عام تھا۔'بریئر' جب 'اینااو' کے ہسٹیریا کا علاج کر رہے تھے اس

دوران اینااو، بریئر کی محبت میں مبتلا ہو گئی اور ایک دن اعلان کیا کہ وہ حاملہ ہے۔ بریئر اپنے شہر میں ایک معزز طبیب کے طور جانے جاتے تھے، اس شرمندگی سے خوفزدہ ہو کر شہر چھوڑ گئے۔

جب فرائیڈ نے 'اینااو' کا علاج شروع کیا تو انھیں معلوم پڑا کہ اینا حاملہ نہیں تھی۔ بلکہ یہ اس کی بیماری کی ایک علامت تھی۔ فرائیڈ نے یہ تشخیص کی کہ خاتون کے بچپن میں ہونے والی کوئی جنسی ناآسودگی اس کے ہسٹیریا کا باعث بنی تھی۔ اس کے بعد بریئر اور فرائیڈ نے مشترکہ طور پر ہسٹیریا پر ایک مقالہ لکھا جس میں انھوں نے اس بیماری کے بارے میں اپنے مشاہدات اور تجربات رقم کئے۔

اس کے بعد فرائیڈ نے اپنے طریقۂ علاج کی باقاعدہ ترویج شروع کر دی اور اس کا نام " تحلیلِ نفسی " Psychoanalysis رکھا۔ اس طریقہ علاج کا سب سے اہم نقطہ یہ کہ مریض ہمیشہ اپنا ماضی طبیب کو منتقل کرتا ہے۔ فرائیڈ نے اس کا نام ٹرانسفیرنس۔Transference رکھا۔ معالج پھر مریض کی تھراپی کے ذریعے اس کو قائل کرتا ہے کہ اپنے ماضی کی قضیوں کے ساتھ ایک ہی دفعہ نمٹ لے۔ ان کو حال میں منتقل نہ کرے۔ اور حقیقی دنیا میں جینا سیکھے۔ جوں جوں مریض ماضی کے قضیوں کو پیچھے چھوڑتا ہے وہ حال کو حقیقت پسندانہ انداز سے قبول کرنا سیکھتا ہے اور شفایاب ہونے لگتا ہے۔

بعد ازیں فرائیڈ نے آنے والے وقت میں لاتعداد مریضوں کی تشخیص شروع کر دی۔ دن ہفتوں میں ، ہفتے مہینوں میں اور مہینے سالوں میں بدلتے چلے گئے۔ یہ سارا عرصہ فرائیڈ نے ایک صوفے کے پیچھے بیٹھ کر اپنے مریضوں کا علاج کیا۔ جس کو انھوں فری ایسوسی ایشن (آزاد مکالمہ)Free Association کا نام دیا۔ وہ اپنے مریض کو ایک صوفے پر لٹا دیتے اور اپنا سگار پیتے ہوئے اور ان سے باتیں کرتے رہتے۔ ویانا میں فرائیڈ کا کلینک ایک ایسی زچہ گاہ ثابت ہوا جہاں ایک نئے فلسفے اور تحلیلِ نفسی نے جنم لیا۔

اسی کلینک میں ایک اور عارضے " ریپریشن " (طاقت سے کسی جذبے کو دبانا)Repression کا وجود سامنے آیا۔ اس میں مریض اپنا کوئی بھیانک تجربہ یا ماضی کا کوئی سانحہ لاشعور یا کسی اور دفاعی نظام مثلاً: ، Denial، یا Rationalization یا Magical Thinking وغیرہ میں پھینک دیتا ہے۔ جس سے مزید دماغی عارضے جنم لیتے ہیں جن میں اینگزائیٹی(Anxiety) ، ڈیپریشن (Depression)،اور 'پینک ڈسآرڈر'(Panic Disorder) شامل ہیں۔

'فری ایسو سی ایشن' Free Association کے ذریعے فرائیڈ مریضوں کو قائل کرتے کہ وہ لاشعور میں موجود نا حل شدہ قضیوں کو شعور میں لے آئیں پھر یہاں ان کو حقیقت پسندی سے حل کریں۔اور ان الجھنوں سے چھٹکارا حاصل کر کے بیماری سے نجات حاصل کریں۔ اس کے ساتھ ساتھ فرائیڈ نے غیر صحتمندانہ دفاعی نظام کے مقابلے میں صحت مندانہ دفاعی نظام دریافت کئے جیسے، مزاح، Humor تخلیقی کام Creativity اور " سبلیمیشن "۔ Sublimation کا عمل وغیرہ۔ان کے استعمال سے باشعور لوگ جذباتی صدموں اور سماجی مخمصوں سے نمٹ سکتے ہیں۔ 'سبلیمیشن' کے ذریعے بالغ النظر لوگ اپنے حیوانی جذبات کو سماجی طور پر قابلِ قبول کام میں مصروف کر کے شانت کر سکتے ہیں۔ مثال کے طور پر غصیلے اشخاص باکسر بن سکتے ہیں، اپنے جسم کی نمائش کرنے کی شوقین خواتین فلم و تھیئٹر میں جاسکتی ہیں اور گاڑی کو تیز چلانے اور ٹریفک کے اشارے توڑنے کے شوقین افراد ایمبولینس کے ڈرائیور بن سکتے ہیں۔ 'سبلیمیشن' ان کے طرزِ زندگی کو سماجی قبولیت عطا کر دیتی ہے۔

فرائیڈ نے انسانی شخصیت کے بارے میں ایک تفصیلی تھیوری روشناس کروائی۔اس کے لئے انھوں نے 'اِڈ'، اِیگو، سُپر ایگو، کانشیئس، پری کانشیئس، اور ان کانشیئس مائنڈ* جیسی اصطلاحات متعارف کروائیں اس کے علاوہ انھوں نے انسانی شخصیت کی نشوونما کے مرحلے اورل، Oral اینل، Anal فیلک , Phallic اور جینیٹل بتائے۔ اگر بچپن میں ان میں سے کسی سٹیج پر نشوونما میں خلل آجائے تو یہ خرابی جوان ہو کر ظاہر ہو سکتی ہے۔

مثال کے طور پر ایسے افراد جن کی 'اورل' کی سٹیج میں کوئی ناآسودگی رہ گئی تھی وہ زیادہ سگریٹ پی کر، زیادہ کھانا کھا کر اور زیادہ شراب نوشی سے اس جذباتی کمی ختم کرنے کی کوشش کرتے ہیں۔ایسے لوگ عموماً نشے کے عادی ہو جاتے ہیں۔ فرائیڈ نے مختلف قسم کی شخصیات کا تعلق جبلتوں اور نشوونما کی مختلف سٹیجوں سے جوڑا ہے۔

انھوں نے "اوڈیپس کمپلیکس" Oedipus Complex کا تصور بھی پیش کیا۔ جس کے مطابق کوئی بیٹا ماں کی محبت میں مبتلا ہوتا ہے اور نہیں چاہتا کہ اس کا باپ اس کی ماں کے پاس جائے۔ ایسے لڑکے کا علاج یہ ہے کہ اس کی توجہ اسکی ماں سے ہٹا کر کسی اور عورت کی طرف مبذول کروائی جائے۔ تاکہ وہ ماں کو اس حوالے سے بھول جائے۔اس کا علاج "سائیکو سیکسوئل میچورٹی" سے ممکن ہے۔ فرائیڈ نے یہ

نظریہ یونانی دیومالائی کہانی سے مستعار لیا تھا۔ اگر "اوپیڈس کمپلیکس" پر قابو نہ پایا جائے تو لڑکے کی ماں کے لئے محبت کبھی ختم نہیں ہو گی۔ اور ایسا مریض کسی اور عورت سے بھرپور محبت نہیں کر پائے گا۔ اور آگے چل کر اس کی ازدواجی اور رومانوی زندگی یقیناً متاثر ہو گی۔ یہ بیماری لڑکیوں میں بھی پائی جاتی ہے اور اس کا نام "الیکٹرا کمپلیکس" Electra Complex ہے۔ مگر لڑکیوں میں اس کے اثرات لڑکوں کے مقابلے میں کہیں زیادہ پیچیدہ ہوتے ہیں۔

اگرچہ فرائیڈ ایک یہودی گھرانے میں پیدا ہوئے تھے مگر وہ مذہب (کے ادارے) کے سخت نقطہ چیں تھے۔ ان کی کتابیں "موسیٰ اور توحید" ☆ اور "مستقبل کے مغالطے" ☆☆ اُن کی اس سوچ کی غماز ہیں۔

ان کتب کے ذریعے انھوں نے مذہب اور عصبانیت Religion and Neurosis) کا تقابلی جائزہ پیش کیا ہے۔ ان کا یقین تھا کہ مذہب ایک غیر محسوس قسم کا ثقافتی دباؤ ہے۔ جو انفرادی طور پر اپنا اثر دکھاتا ہے۔ انھوں نے پیش گوئی کی کہ آنے والے وقت میں جوں جوں سائنس کی حدود پھیلیں گی، مذہب کی سرحدیں سکڑتی جائیں گی۔

فرائیڈ دلجمعی سے کام کرنے والے معالج تھے مگر ذاتی سطح پر تحکم پسند شخص تھے۔ جب انھوں نے تحلیلِ نفسی کا ادارہ بنایا تو بہت سارے دوستوں اور ساتھیوں کو ساتھ کام کرنے کی دعوت دی۔ اور وہ اُن کے ساتھ آ بھی ملے۔ مگر یہ بات فرائیڈ کے لئے دقت کا باعث تھی کہ کوئی ان کی شخصیت، فیصلے یا فلسفے پر تنقید کرے۔ اس آمرانہ رویئے کی وجہ سے بہت سے دوست ان کو چھوڑ گئے۔

1939ء میں سگمنڈ فرائیڈ فوت ہو گئے۔ موت کی وجہ افیوم کی ضرورت سے زیادہ خوراک بنی۔ اُن کو جبڑوں کا کینسر تھا۔ درد کی شدت کو کم کرنے کے لئے ان کے متعدد آپریشن ہوئے۔ مگر افاقہ نہ ہوا۔ کینسر اور درد کے باوجود وہ زندگی کے آخری لمحات میں بھی سگار پی رہے تھے۔

فرائیڈ کی وفات کے بعد بہت سے فلسفیوں، نفسیات دانوں اور نفسانی معالجوں نے ان کے نظریات پر ترقی اور ترویج کا کام کیا۔ اُن کی بیٹی 'اینا فرائیڈ' Anna Freud جو بچوں کی تحلیلِ نفسی کی ماہر تھیں، بچوں کے حوالے سے دماغ کے مزید دفاعی نظاموں کو دریافت کیا۔ ایرک فرام Eric Fromm نے سگمنڈ فرائیڈ اور کارل مارکس Kark Marx کی تھیوریوں کو یکجا کر کے دو کتابیں لکھ ڈالیں: "اسکیپ فرام فریڈم" Escape From Freedom اور "دا سین سوسائٹی" ۔ The Sane

Society ان کتب میں تحلیلِ نفسی کے ذریعے سوشلسٹ نظام اور نظامِ سرمایہ داری کے اندر بسنے والے لوگوں کے سماجی رویئوں پر نہایت مفید انکشافات کئیے گئے ہیں۔ ان کتابوں نے انسانی نفسیات اور سماجیات کے درمیان پُل کا کام کیا۔

"پیٹر سیفنیوز" Peter Sifneos اور "حبیب ڈیون لو" Habib Davanloo اور دیگر جدید نفسانی معالجوں نے فرائیڈ کے سائیکوڈائنامک سائیکالوجی کے اصولوں پر قلیل مدتی نفسیاتی علاج یا شارٹ ٹرم سائیکوتھراپی Short Term Dynamic Psychotherapy کی بنیاد رکھی۔ فرائیڈ کے جہاں بہت سے شاگرد اور ہمنوا تھے، وہاں کچھ ناقدین بھی تھے۔ ان میں کچھ ماہرینِ علمِ بشریات بھی تھے۔ اُن کا خیال تھا کہ فرائیڈ کا تفویض شدہ "اوڈیپس کمپلیکس" کے عارضہ والا یورپی خاندانی نظام کے مشاہدات پر مبنی ہے۔ جہاں مشترکہ خاندانی نظام قائم ہے۔ اس کی یونیورسل اپیل نہیں ہے۔ کیونکہ ایشیائے کوچک، مشرقِ وسطیٰ اور افریقہ جیسے علاقوں میں اب بھی قبائلی اور وسیع الجثہ خاندانی نظام قائم ہیں۔

بہت سے نصابی سائیکولوجسٹوں اور نفسیات دانوں نے جیسے 'آئزنک' EYESENCK، 'البرٹ ایلس' Albert Ellis اور 'بی ایف سکنر' B F Skinner' نے فرائیڈ کے نظریات کو لاشعوری اور تجریدی جذبے قرار دیا۔ ان کا خیال تھا کہ یہ ٹھوس انسانی رویئے نہیں ہیں۔ 'کارل پاپر' Karl Popper' ایک سائنسی فلاسفر تھے۔ انھوں نے یہ دلیل پیش کی کہ کوئی بھی تھیوری سائنس میں اس وقت داخل ہوتی ہے جب اس کو غلط ثابت کیا جا سکے۔ فرائیڈ کی 'اوڈیپس کمپلیکس' اور 'لاشعور' کو غلط ثابت کرنا مشکل ہے۔ اس لئے ان کو نفسیات اور نفسیاتی معالجے کے لئے استعمال کرنے میں کوئی حرج نہیں۔ مگر یہ سائنس کا حصہ نہیں ہے۔

فرائیڈ نے اپنے جہاں اپنے نظریات طبیبوں اور سائنسدانوں میں عام کئے وہاں انھوں نے ادبی و ثقافتی حلقوں کو بھی اپنی تحریروں سے متاثر کیا۔ بلکہ ان کے حلقہِ احباب میں سائنسدانوں اور نفسیات دانوں کے مقابلے میں ادیبوں اور فنکاروں کی تعداد زیادہ تھی۔ یہی وجہ ہے کہ فرائیڈ کو 'گوئٹے انعام برائے ادب' سے بھی نوازا گیا۔ فرائیڈ نہ صرف ذہنی صحت کا مسیحا تھا بلکہ تعلیم، ادب اور آرٹس میں بھی ایک مقام رکھتا تھا۔

نفسیات کی دنیا میں متبادل مکاتب فکر

سہیل زبیری: یقیناً سگمنڈ فرائیڈ تحلیلِ نفسی کا بابائے آدم تھا یہ پہلا نفسیات دان تھا جس نے انسانی رویئے کو بچے کی نشوونما کے مختلف مدارج سے جوڑا۔ آج یہ کتنی فطری باتیں لگتی ہیں۔ مگر جب اُس نے ایسے انکشافات کیے ہونگے تو اس وقت کے معاشرے میں انقلاب آگیا ہوگا۔ کیا انسانی نفسیات کے حوالے سے کوئی متبادل طرزِ فکر بھی موجود ہے؟

خالد سہیل: دوسرا مکتبہ فکر، کارل ئینگ: سگمنڈ فرائڈ کے ایک شاگرد اور دوست کارل ینگ نے نفسیات کا ایک متبادل نظریہ پیش کیا جو بہت مشہور ہوا۔ کارل ئینگ سوئیزرلینڈ کا رہنے والا تھا۔ کارل ئینگ کی انسانی نفسیات کے میدان میں گراں قدر خدمات ہیں۔ مشترکہ لاشعوری پن اور شخصیت کی دو اقسام: "انٹروورٹ" (باطن پسند) Introvert اور "ایکسٹروورٹ" (ظاہر پسند) Extrovert جیسے نظریات کارل ینگ کی وجہ شہرت بنے۔ جب بطورِ طبیب ینگ زیورخ میں کام کر رہے تھے تو انھوں نے نفسیاتی مریضوں میں خصوصی دلچسپی لینی شروع کر دی۔ انھوں نے الفاظ لکھوا کر انسانی طرزِ سوچ کو جانچنے کا طریقہ : 'ورڈ ایسوسی ایشن ایکسپیریمنٹ' Word Association Experiment' متعارف کروایا۔ جب انھوں نے اس پر مقالہ لکھ لیا تو سگمنڈ فرائیڈ کو بھجوایا۔ پیپر پڑھ کر فرائیڈ متجسس ہو گئے اور ینگ سے ملنے کی خواہش کا اظہار کیا۔ اس وقت ینگ کی عمر 30 اور فرائیڈ کی عمر 50 سال تھی۔ 1907ء میں دونوں نفسیات دان پہلی دفعہ ملے۔ ان کی پہلی ملاقات 12 گھنٹے کی تھی، جس میں دونوں بغیر توقف کئے بولتے رہے۔ فرائیڈ ینگ سے اتنے متاثر ہوئے کہ ان کو بیٹا پکارنا شروع کر دیا۔

اب دونوں نے مل کر کام کرنا شروع کر دیا اور 'بین الاقوامی ایسوسی ایشن برائے نفسیاتی تجزیہ' International Psychoanalytical Association جیسے عظیم ادارے کی بنیاد رکھی۔ ینگ کو اس کا پہلا صدر مقرر کیا گیا۔ مگر ینگ کو یہ جاننے میں زیادہ دیر نہ لگی کہ فرائیڈ کو رائے سے اختلاف کرنا پسند نہ تھا۔ ان سے یہ برداشت نہ ہوتا تھا کہ کوئی شخص ان سے متفق نہ ہو۔ اس کے علاوہ فرائیڈ کو انسانی جنسیات میں دلچسپی تھی۔ جب کی ینگ کی دل چسپی کا علاقہ انسانی روحانیت تھی۔ دونوں میں اختلاف

الرائے اتنا بڑھا کہ ان کی بات چیت بند ہو گئی اور بالآخر 1913ء میں دونوں نے اپنی راہیں جدا کر لیں۔ اس جدائی کا ینگ نے گہرا ذہنی اثر لیا اور وہ خود نفسیاتی بحران کا شکار ہو گئے۔ صحت یاب ہونے پر ینگ نے اپنا سکول 'تجزیاتی نفسیات' Analytical Psychology' کے نام سے کھولا۔ ینگ نے متعدد کتب لکھیں، اپنے نظریات لوگوں تک پہنچائے اور خوب شہرت حاصل کی۔

ینگ کے کچھ نظریات درج ذیل ہیں:

1۔ مشترکہ لاشعور: یُنگ نے یہ نظریہ پیش کیا کہ؛ جس طرح افراد کا انفرادی لاشعور ہوتا ہے۔ اسی طرح وہ ایک مشترکہ لا شعور سے بھی منسلک ہوتے ہیں۔ اس اجتماعی لاشعور کے مظاہر شاعری، موسیقی، آرٹ، لوک داستانوں اور ان کے خوابوں میں دیکھے جا سکتے ہیں۔

2۔ خواب: ینگ کا خیال تھا کہ ہمارے خواب نہ صرف ہمارے ماضی کا پرتو ہوتے ہیں بلکہ ہمارے مستقبل کے ساتھ ہمارا رابطہ کرواتے ہیں۔

3۔ پرچھائیں (آرکی ٹائپ): مشترکہ لاشعور کی پرچھائیاں ساری انسانیت کے پاس ہیں۔ یہ ہمارے نفسیاتی ڈی این اے کی طرح موجود ہیں۔

4۔ نفسیاتی مسائل: ینگ نے بتایا کہ ذہنی صحت کا انحصار شعوری ذہن اور لاشعوری ذہن کے آپس میں متوازن رشتے پر ہے۔ جب یہ توازن بگڑ جاتا ہے تو لوگ 'نیوروسز' اور 'پرسنلیٹی ڈس آرڈر' (شخصیتی بگاڑ) کا شکار ہو جاتے ہیں۔ اور اگر شعوری ذہن میں ضرورت سے زیادہ لاشعوری مواد در آئے تو نفسیاتی بحران کا شکار ہو جاتے ہیں۔

5۔ خود شناسی: جوں جوں انسان پروان چڑھتے ہیں اور ان کی سوچ بالغ ہوتی ہے وہ خود شناس بنتے جاتے ہیں۔ ینگ کا ماننا تھا کہ لاشعور اور خود شناسی کا استوار رشتہ انسانوں کی جذباتی نشوونما کرتا ہے جس سے وہ زیادہ بالغ النظر اور روحانی ہو جاتے ہیں۔

6۔ شیڈو سیلف: جب درد بھری یا تکلیف دہ تجربات اور یاداشتیں زبردستی دبائی جاتی ہیں تو وہ 'شیڈو سیلف' یا ہمزاد بن کر ظاہر ہوتی ہیں۔ شخصیت کے اس سائے سے نمٹنے کے لئے اکثر لوگ 'ڈینائل' Denial یا پروجیکشن Projection کا سہارا لیتے ہیں۔

7۔ انیما اور انیمس: مردوں میں ایک لاشعوری نسوانی حصہ موجود ہوتا ہے۔ جس کو ینگ نے انیما کا نام دیا ان کا خیال تھا کہ مردوں کی طرح خواتین میں ایک مردانہ لاشعوری حصہ بھی ہوتا ہے جس کا نام انھوں نے انیمس رکھا۔ صحتمند لوگ ان حصوں کو ہم آہنگ رکھتے ہیں۔ بڑھاپے میں یہ حصے زیادہ نمایاں ہو کر سامنے آتے ہیں۔

8۔ دانشمند خواتین و حضرات: ینگ کا ماننا تھا کہ وہ خواتین و حضرات جو اپنی شخصیت کے تاریک پہلوؤں سے واقف ہوتے ہیں اور ان سے نمٹنے کا فن جانتے ہیں اور اپنی شخصیت کی مختلف جہتوں کو ہم آہنگ رکھتے ہیں۔ وہ عقلمند بن جاتے ہیں۔

ینگ 80 کی دہائی میں فوت ہو گئے۔ وفات سے قبل انھوں نے اپنی سوانح حیات: "یاداشتیں، خواب اور افکار" کے نام سے لکھی۔ کتاب میں انھوں اپنے نفسیاتی، پیشہ وارانہ اور روحانی سفر کا ذکر تفصیل سے کیا ہے۔ گزشتہ کئی دہائیوں سے ذہنی صحت سے منسلک طبیبوں اور عام لوگوں کی ایک کثیر تعداد ینگ کے افکار کی مداح بن چکی ہے۔

تیسرا مکتبِ فکر: الفریڈ ایڈلر اور انفرادی نفسیات (Individual Psychology)

الفریڈ ایڈلر (1870-1937) آسٹریا کے ایک طبیب تھے۔ جو بعد میں سائیکو تھراپسٹ بن گئے۔ انھوں نے انفرادی نفسیات کی بنیاد رکھی۔ ایڈلر بھی سگمنڈ فرائیڈ کے ہم عصر تھے۔ وہ فرائیڈ سے 1902ء میں ملے اور چند سالوں کے لئے فرائیڈ کی 'تجزیاتی سوسائٹی' کے ممبر رہے۔ 1910ء میں ویانا تجزیاتی سوسائیٹی کی صدر بن گئے۔ شروع شروع میں تو فرائیڈ ایڈلر کے نظریات کے مداح رہے مگر جب ایڈلر نے فرائیڈ کی چند باتوں سے اختلاف کیا تو اُن کو کہا گیا کہ وہ فرائیڈ کا گروپ چھوڑ دیں۔ 1911ء میں فرائیڈ کو خدا حافظ کہنے کے بعد 1912ء میں ایڈلر نے اپنا سکول بنالیا۔ جس کا نام "انفرادی نفسیات" رکھا۔

ایڈلر کا خیال تھا کہ ہر انسان ایک ان دیکھا کل ہے جس کو جُزویات میں تقسیم نہیں کیا جا سکتا۔ اسی لئے ہم انسانوں کو 'افراد' کہتے ہیں۔ ان کا کہنا تھا کہ ایک صحت مندانہ جیون بتانے کے لئے انسانوں کو سماجی طور پر بامقصد ربط رکھنے کی ضرورت ہوتی ہے۔

ایڈلر سوشلسٹ فلسفے سے بھی متاثر تھے۔ان خیال تھا کہ انسانوں کے لئے بیرونی سماجی زندگی بھی اتنی ہی اہم ہے جتنی اندرونی جذباتی زندگی۔انھوں نے دنیا کو نفسیات کی سماجی جہت متعارف کروائی۔

ایڈلر وہ پہلے نفسیات دان تھے جنھوں نے سب سے پہلے تھراپی سیشن کا طریقہ بدل دیا۔ نفسانی معالجے کا طریقہ؛'کائوچ اور کرسی' (جو سگمنڈ فرائیڈ سے چلا آرہا تھا) تبدیل کر کے انھوں نے 'دو کرسیاں' کر دیا۔ایک کرسی مریض کے لئے اور دوسری معالج کے لئے، بظاہر معمولی بات لگتی ہے مگر اس کے اندر برابری کا احساس ہے جو ایک مثبت بات ہے۔ایڈلر نے نفسیات کی زبان بھی تبدیل کر کے آسان کر دی۔ان سے قبل علمِ نفسیات کی زبان اشرافیہ کی ثقیل زبان تھی جو عام آدمی کو سمجھ نہ آتی تھی۔انھوں نے آسان الفاظ لکھ کر اس کو عام آدمی کے لئے سہل بنا دیا۔وہ عام آدمی کو ذہنی صحت کی تعلیم دینے پر یقین رکھتے تھے۔

ایڈلر نے انسانی نفسیات میں "احساسِ کمتری" Inferiority Complex کو متعارف کروایا۔وہ پہلے نفسیاتی طبیب تھے جنھوں نے انسانی نفسیات میں 'سیلف اسٹیم' (خود توقیری) کی اہمیت کو اجاگر کیا۔انھوں نے بتایا کہ قلیل سیلف اسٹیم کے حامل افراد نفسیاتی عارضوں میں مبتلا ہو سکتے ہیں۔انھوں نے 'وِل ٹُو پاور' (قوتِ ارادی کی طاقت) کا تصور پیش کیا جس کے مطابق لوگ اپنی تخلیقی طاقت کو بروئے کار لا کر اپنی زندگی بہتر بنا سکتے ہیں۔بلاشُبہ ایڈلر، یُنگ اور فرائیڈ، عمیق علمِ نفسیات کے بانی تھے۔ایڈلر نے ماہرِ نفسیات 'وکٹر فرینکل' کو بھی متاثر کیا۔ فرینکل اپنی مشہور کتاب: " مینز سرچ فار مییننگ" Man's Search For Meaning میں ایڈلر کے طریقہ علاج کو نفسیات کا تیسرا مکتبہِ فکر گردانتا ہے۔ اور اس کو 'تھرڈ وینیز ے سکول آف تھراپی' کا نام دیتا ہے۔فرینکل نے بتایا کہ فرائیڈ کا طریقہ 'لُطف کے اصول' پر مبنی تھا۔ جبکہ ایڈلر قوتِ ارادی اور تخلیقیت کا پرچارک تھا جبکہ (فرینکل) بذاتِ خود 'مقصد کی قوت' کا قائل تھا۔

ایڈلر 1937ء میں سکاٹ لینڈ کے شہر 'ابردین' میں دل کا دُورہ پڑنے سے انتقال کر گئے۔ وہ اس وقت ایک تدریسی دورے پر تھے۔ان کا کریا کرتو ہوا مگر راکھ کہیں گُم ہو گئی یا چُرا لی گئی جو 2007ء میں برآمد ہوئی۔

ایڈلر نے بہت سے نفسیات دانوں کو متاثر کیا۔ان میں رولو مے، وکٹر فرینکل، ابراہم ماسلو اور البرٹ ایلس شامل ہیں۔ایڈلر انسان دوست، اشتراکیت پسند انسان تھے۔ وہ انسانی نفسیات اور نفسانی معالجے کے میدان میں 'انسان دوستی طرزِ فکر' کے بانی سمجھے جاتے ہیں۔

علمِ نفسیات کا چوتھا مکتبہِ فکر: ہیری اسٹیک سلیوان (Interpersonal School)

ہیری اسٹیک انٹر پرسنل نفسیاتی علاج کے بانی سمجھے جاتے ہیں۔ فرائیڈ کا خیال تھا کہ 'اینگزائیٹی' کے اسباب خالص ذاتی نفسیات میں پوشیدہ ہوتے ہیں۔ اس کے برعکس سلیوان کے مطابق 'انگزائیٹی' یا بے چینی کی وجوہات انسان کے دوسرے انسانوں سے کشیدہ تعلقات ہوتے ہیں۔ یہ بیرونی تجربہ ہے۔ جو لوگ متنازعہ رشتوں میں مُنسلک ہوتے ہیں، اکثر بے چینی کا شکار ہو جاتے ہیں۔

سلیوان کا یہ بھی نظریہ تھا کہ 'قلیل احساسِ توقیری' (Low Self Esteem) میں مبتلا لوگ جذباتی عارضوں کا شکار ہو سکتے ہیں۔ سلیوان نے علمِ نفسیات میں، 'گُڈ می' (میں اچھا ہوں) Good Me، 'بیڈ می' (میں بُرا ہوں) Bad Me اور 'ناٹ می' (میں کچھ بھی نہیں ہوں) Not Me کے تصورات متعارف کروائے۔ انھوں نے بتایا کہ جب والدین، دادا، دادی اور چچا ماموں اساتذہ بچوں کے لئے مثبت اور حوصلہ افزا الفاظ استعمال کرتے ہیں، جیسے:

تم ذہین ہو،

تم خوبصورت ہو،

تم دلکش ہو۔۔۔

تو بچے یہ الفاظ اپنے اندر جذب کر لیتے ہیں اور ان پر یقین کرنا شروع کر دیتے ہیں اور سمجھنے لگتے ہیں کہ:

میں ذہین ہوں۔

میں خوبصورت ہوں۔

اس سے ان کے اندر 'گُڈ می Good Me کی نمو ہوتی ہے۔

اس کے برعکس اگر بچوں کو یہ سننے کو ملے کہ:

تُم احمق ہو،

تُم بدصورت ہو،

تم سُست ہو۔۔۔ وغیرہ تو بچے دھیرے دھیرے ان الفاظ کو سچ مان لیتے ہیں اور اپنے آپ کو:

میں احمق ہوں،

میں بدصورت ہوں اور

میں سُست ہوں،

کہنا شروع کر دیتے ہیں۔اس سے ان کے اندر 'بیڈ می'Bad Me جنم لیتی ہے۔

سلیوان کا کہنا تھا کہ جو لوگ جذباتی طور پر صحت مند ہوتے ہیں ان کے اندر گڈ می، بیڈ میں سے بڑی ہوتی ہے جبکہ جذباتی طور پر کمزور لوگوں میں بیڈ می، گڈ می پر حاوی ہو جاتی ہے۔

سلیوان نے دماغی حالت کے حوالے سے ایک منفرد تھیوری پیش کی: جب 'بیڈ می' حد سے بڑھ جاتا ہے اور فرد کی برداشت سے باہر ہو جاتا ہے تو 'بیڈ می' کا ایک حصہ ٹوٹ کر 'ناٹ می' کی شکل اختیار کر جاتا ہے۔ یہ وہ درجہ ہے جہاں انسان نفسیاتی بحران میں مبتلا ہو کر 'فریب خیالی' کا شکار ہو جاتا ہے۔ سلیوان کا دعٰوی تھا کہ جن دوسروں سے یہ سننا اتنا تکلیف دہ نہیں ہے کہ "تم احمق ہو" مگر "اپنے آپ سے کہنا کہ "میں احمق ہو" شدید تکلیف کا باعث ہے۔ سلیوان کا ماننا تھا کہ نفسیاتی مریضوں کے "احساسِ خود توقیری" کو بڑھاوا دینا انکی شفایابی کے لئے بہت اہم ہے۔وہ اپنے مریضوں کے ساتھ بہت احترام سے پیش آتے تھے۔ انھوں نے نیویارک میں ایک گھر کرائے پر لے رکھا تھا جہاں انھوں اپنے گزشتہ مریضوں کو اپنے ساتھ ملا کر ایک ٹیم بنالی تھی اور نئے مریضوں کو دیکھا کرتے تھے۔

جیسا کہ ہم نے پہلے دیکھا، فرائیڈ انسانی لُطف و حِظ کے اصُول پر کاربند تھے۔ وہ انسان کی جنسی خواہشات کی تسکین کو نفسانی صحت کے لئے ضروری سمجھتے تھے۔ سلیوان کا خیال تھا کہ جنسی تسکین کے ساتھ ساتھ محفوظ ہونے کا احساس بھی ذہنی صحت کے لئے بہت ضروری تھا۔اُن کا خیال تھا کہ جب انسان اپنے اہم رشتوں میں غیر محفوظ محسوس کرتے ہیں تو اینگزائیٹی یا بے چینی کا شکار ہو جاتے ہیں۔اُن کی رائے میں ذہنی معالجوں کو چاہیے کہ مریض کو احساسِ تحفظ مہیا کریں تاکہ ان کے اندر مثبت "احساسِ خود توقیری" بیدار ہو اور وہ جلد از جلد صحت یاب ہو سکیں۔

سلیوان کا فلسفۂِ نفسیات "انٹر پرسنل سکول"Inperpersonal School کہلانے لگا۔ جبکہ انہی اصُولوں پر قائم مبنی برطانوی معالج 'رونالڈ فیئر بیرن' کا سکول "آبجیکٹ ریلیشنز سکول" Object Relations School کہلایا۔ جس طرح فرائیڈ کا خیال تھا کہ انسانی نفسیات کا مُدعا زندگی سے لُطف کشید کرنا ہے فیئر بیرن کا نقطہ نظر تھا کہ انسانی نفسیات لُطف حاصل کرنے کی بجائے قربت حاصل کرنے سے

زیادہ مطمئن رہتی ہے۔ اُن کا ماننا تھا کہ انسانوں کے لئے ان کا آپس میں کسی رشتے میں بندھا ہونا لُطف حاصل کرنے سے کہیں زیادہ اہم ہوتا ہے۔ ہم دیکھتے ہیں کہ اکثر "قلیل خود توقیری" میں مبتلا افراد ایک غیر صحتمند اور بے توقیر رشتے میں رہنا پسند کرتے ہیں کیونکہ وہ سمجھتے ہیں کہ ایسا رشتہ بالکل کوئی رشتہ نہ ہونے سے بہتر ہے۔ یہ مثال ان کی تھیوری کے درست ہونے پر دلیل ہے۔

جس طرح سلیوان نے "گُڈ می" اور "بیڈ می" کا تصور پیش کیا تھا اسی طرح ایک اور نفسیات دان میلانی کلین Melanie Klien نے "گُڈ آبجیکٹ" اور "بیڈ آبجیکٹ" کا نظریہ پیش کیا۔ اب ایک تیسری تھیوری وجود میں آگئی جس کا نام "آبجیکٹ ریلیشن تھیوری" رکھا گیا۔ کلین اور فیئر بیرن کے نظریات کو ایک اور نفسیاتی تجزیہ کار، آٹو کرنبرگ Otto Kernberg نے مزید ترقی کی منازل طے کروادیں۔ اس سے "بارڈرلائن پرسنلٹی ڈس آرڈر" Borderline Personality Disorder اور "نارسسٹک پرسنلٹی ڈس آرڈر" Narcissistic Personality Disorder کے راز سمجھنے میں بہت مدد ملی۔ 'آبجیکٹ ریلیشن تھیوری' کے پیروکار انسانی بچے کی ذہنی نشوونما کے درج ذیل مدارج بیان کرتے ہیں:

1۔ پہلا درجہ: جب انسانی بچہ پیدا ہوتا ہے تو اپنے وجود کو ماں کے وجود سے الگ نہیں سمجھتا۔ لٰہذا خود کو دوسرے وجود (شے) سے جذباتی طور پر الگ نہیں کر سکتا۔

2۔ دوسرا درجہ: بچہ "گُڈ سیلف ری پریزنٹیشن" کو "بیڈ سیلف ری پریزنٹیشن" سے الگ رکھتا ہے۔ چونکہ بچہ 'اچھائی' اور 'بُرائی' کے فرق سے ناآشنا ہوتا ہے، اس لئے دونوں کو اپنے اندر ہم آہنگ نہیں کر پاتا۔

3۔ تیسرا درجہ: اب بچہ، گڈ سیلف سے گڈ آبجیکٹ اور بیڈ سیلف سے بیڈ آبجیکٹ کو الگ کر سکتا ہے۔ اور اچھائی اور بُرائی کو دو الگ الگ خانوں میں تقسیم کر سکتا ہے۔

4۔ چوتھا درجہ: اس مرحلے میں گُڈ سیلف، بیڈ سیلف اور گُڈ آبجیکٹ، بیڈ آبجیکٹ بچے میں ہم آہنگ ہو جاتے ہیں۔

5۔ پانچواں درجہ: اس مرحلے میں بچے کے اندر 'اِڈ'، 'ایگو' اور 'سپر ایگو' بیدار ہوتے ہیں اور وہ ایک بالغ النظر انسان بنتا ہے۔

وہ لوگ جو خود کو دوسروں سے علیٰحدہ نہیں کر سکتے، 'شیزوفرینیا' کا شکار ہو جاتے ہیں۔ وہ لوگ جو 'گڈ می' سے 'بیڈ می' کو اور 'گڈ آبجیکٹ' کو 'بیڈ آبجیکٹ' میں تمیز نہیں کر سکتے وہ 'بارڈر لائن پرسنلٹی ڈس آرڈر' کا

شکار ہو جاتے ہیں۔ کیونکہ وہ تقسیم کا دفاعی نظام استعمال کرتے ہیں۔ اور گُڈ آبجیکٹ کو بیڈ آبجیکٹ سے علیحٰدہ کو الگ الگ خانوں میں تقسیم کر دیتے ہیں۔ سائیکو تھراپی ایسے مریضوں کی مدد کرتی ہے تاکہ وہ اپنے آپ کو اور معالج کو ایک کل کے طور پر سمجھیں۔ 'انٹر پرسنل سکول' اور 'آبجیکٹ ریلیشن سکول' نے بچے کی پیدائش سے لے کر بالغ ہونے تک اس کی نشوونما میں، ماں اور دوسرے افراد کی اہمیت کو اُجاگر کیا۔ بعد میں آنے والے 'بولبی' Bowlby جیسے نفسیات دانوں نے اپنی تحقیق کے بعد ان نظریات کی تصدیق کی۔ 'بولبی' نے اٹیچمنٹ تھیوری 'Attachment Theory' پیش کی۔ اور ثابت کیا کہ کس طرح، بالغ افراد کے رومانوی اور جذباتی رشتوں کا انحصار، بچپن میں انکے والدین اور دیگر محبت کرنے والے لوگوں کے ساتھ استوار رشتوں پر ہے۔

علمِ نفسیات کا پانچواں مکتبہِ فکر: "مرے بوون" اور خاندانی سسٹم سکول

(Murray Bowen and Family Systems Theory)

جہاں سگمنڈ فرائیڈ نے ہمیں انفرادی نفسیات سے آشنا کیا اور ہیری سٹاک سلیوان نے ہمیں انسانی رشتوں کے رازہائے سربستہ سے آشکار کیا وہاں 'مرے بوون' نے ہمیں خاندانی نظام کی نفسیات بتائیں۔ میں 'بوون' کے نظریات سے اس قدر متاثر ہوا کہ اُن کا لیکچر سُننے کے لئے ورجینیا (ریاست ہائے متحدہ امریکہ) چلا گیا۔ انھوں خاندانی نظام کی جو نفسیات بیان کی ہیں، ان سب کا احاطہ کرنا یہاں ممکن نہیں۔ البتہ تین تصورات پیش کرنا ضروری ہیں:

1۔ ٹرائی اینگولیشن: بوون کا خیال تھا کہ مثلث انسانی رشتوں کی بنیادی اکائی ہے۔ ایک رشتے سے منسلک دو افراد جب کسی اضطراری کیفیت سے دوچار ہوتے ہیں تو ان میں سے کوئی ایک کسی تیسرے شخص سے تعلق پیدا کر کے اپنے اس دباؤ کو کم کرنے کی کوشش کرتا ہے۔ اور تیسرا شخص اس مثلث کا حصہ بن جاتا ہے۔ بوون کا خیال تھا کہ بہت سے بکھرے خاندانوں کے بچے اسی 'مثلثی تقسیم' میں مبتلا ہو جاتے ہیں۔ کیونکہ ان کے والدین اپنے بچوں کے مسائل امن واحترام سے حل نہیں کرتے۔ والدین کی ازدواجی ناچاکی بچوں کی شخصیت میں جذب ہوتی رہتی ہے۔ اور بالآخر مختلف نفسیاتی الجھنوں کی صورت میں اپنا اثر دکھاتی

ہے۔ بوون نے اپنا موٴقف ثابت کرنے کے لئے چند ایسے بچوں کا بغیر دیکھے علاج کیا۔ یہ بچے "بیڈ وٹینگ" (نیند میں پیشاب خطا ہو جانا) اور "ٹروانیسی" (سکول سے بلاوجہ غیر حاضری) میں مبتلا تھے۔ بوون نے ان بچوں کی بجائے ان کے والدین کا نفسیاتی علاج کیا والدین نے جب اپنے جھگڑے نپٹا لئے ان کے بچے بھی صحت یاب ہو گئے۔ مثلثی تھیوری کے مطابق میاں بیوی میں سے کوئی ایک ازدواجی جھگڑے سے نمٹنے کے لئے کسی تیسرے فرد سے ازدواجی تعلق قائم کر سکتا ہے۔اس تھیوری کے مطابق غیر ازدواجی تعلق میاں بیوی کی شادی بچا بھی سکتا ہے مگر یہ بھی دیکھا گیا ہے کہ ایسا تعلق ختم ہونے کے کچھ عرصہ بعد شادی بھی ختم ہو جاتی ہے۔

2۔ "ایموشنل کٹ آف" : بوون کے مطابق ہر فرد اور ہر خاندان کا کوئی نہ کوئی کٹ آف پوائنٹ ضرور ہوتا ہے۔ جب دباؤ ایک خاص حد عبور کرتا ہے تو لوگ جذباتی قطع تعلق کر لیتے ہیں۔اس کا اظہار خاندان سے دوری یا مطلق لاتعلقی کی صورت میں ہو سکتا ہے۔ جب کسی ایک شخص کو خاندان نکال باہر کرتا ہے تو اگلے شخص کی باری آجاتی ہے۔ بوون کا یہ بھی خیال تھا کہ ذہنی امراض کے معالجوں کو چاہیے کہ صرف مریض کا علاج کرنے کی بجائے پورے خاندان کے جذباتی قضیے نمٹانے میں انکی معاونت کریں۔ بوون انفرادی نفسیاتی علاج کے مخالف تھے۔ جب بوون خاندانی نفسیات پر تحقیق کر رہے تھے تو خاندانی محرکات کو سمجھنے کے لئے سارے کا سارا خاندان ایک کاٹج میں جمع کر کے ایک یا دو ہفتے انکی میزبانی کرتے تھے۔ وہ اس خاندان میں دادی اماں اور پالتو بلی کو اتنی ہی اہمیت دیتے جتنی کہ والدین اور بچوں کو۔ وہ ایک چھت کے نیچے بسنے والے تمام زندہ افراد کو اپنے پاس بُلاتے تھے۔

3۔ جذباتی تفریق: بوون کا خیال تھا کہ ہر شخص کی جذباتی تفریق کی جاسکتی ہے۔ یہ پیمانہ 1-100 تک ہو سکتا ہے۔ جذباتی تفریق سے ان کی مراد یہ تھی کہ 'انسانی جذبات کا رویوں میں عکس'۔

جو لوگ جذبات سے قدرے دور رہتے ہیں ان کے اس پیمانے کا اسکور سب سے زیادہ ہوتا ہے۔ سب سے مثالی نمبر تو 100 ہے مگر یہ غیر حقیقی لگتا ہے۔ جذبات سے دُور لوگ ایک مضبوط شخصیت کے مالک ہوتے ہیں۔ ان کی خودی ٹھوس ہوتی ہے اور وہ زندگی میں دانشمندانہ فیصلے کرتے ہیں۔ ایسے افراد اپنے ساتھ گزرنے والے تجربات اور خیالات کے بل بوتے پر کچھ اصول و اقدار بنا لیتے ہیں اور پھر ان اوصاف کے ساتھ زندگی گزارتے ہیں۔ یہ لوگ آسانی سے دوسروں کی باتوں میں نہیں آتے اور نہ ہی عارضی چمک دمک ان کی

آنکھوں کو خیرہ کرتی ہے۔ زندگی کے حالات و واقعات پر ان افراد کا ردعمل شدید نہیں ہوتا اور یہ کسی مثلث کا حصہ بھی نہیں بنتے۔ اس کے برعکس جذباتی تفریق میں کم سکور رکھنے والے افراد کی ذات ٹھوس نہیں ہوتی۔ ان کی شخصیت غیر مستحکم ہوتی ہے۔ اور ایسے لوگ ایک غیر متوازن جذباتی زندگی گزارتے ہیں۔ تھوڑا سا ذہنی دباؤ بھی ان کے لئے ایک بحران لے کر آتا ہے۔ نفسیاتی معالجہ (تھراپی) سے لوگوں کی ذات یا خودی کو مضبوط بنایا جاتا ہے تاکہ وہ جذباتی اور سماجی بحرانوں سے نبرد آزما ہونے کے قابل ہو جائیں۔ اس کے ساتھ ساتھ وہ ایک پختہ کار اور دانشمند فرد بھی بن جائیں۔

بوون کا خیال تھا کہ ذہانت کا جذباتی تفریق سے کوئی تعلق نہیں۔ انتہائی ذہین لوگ ایک کمزور شخصیت کے مالک ہو سکتے ہیں۔ اور نہایت اعلیٰ 'آئی۔ کیو' (ذہانت کے معیار کا پیمانہ) کے حامل افراد بھی جذباتی طور پر نابالغ ہو سکتے ہیں۔

وفات سے قبل مرے بوون اپنے نظریات کو خاندانی نظام سے آگے سماجی نظام اور ثقافتی نظام تک پھیلانے پر کام کر رہے تھے۔ ان کا کہنا تھا کہ ایک خاندان کی طرح مختلف معاشرے اور ثقافتیں بھی بالغ اور نابالغ، جذباتی اور غیر جذباتی ہوتے ہیں۔ بالغ معاشرے اور سماج اپنے افراد کو جذبات سے آزاد کرتے ہیں۔ مگر اپنے اس نظریئے کو بروئے کار لانے سے قبل ہی 'مرے بوون' اس جہان سے کُوچ کر گئے۔

اسلام سے 'سیکولر انسان دوستی' کا سفر

(FROM ISLAM TO SECULAR HUMANISM)

سہیل زبیری: مجھے آپکی زندگی کے اوائل میں بطور دوست داخل ہونے کا شرف حاصل ہے۔ جیسے میں نے پہلے ذکر کیا ہے کہ ہماری بچپن کی دوستی نے، آنے والے دنوں میں ہماری سوچ کو متشکل کرنے میں اہم کردار ادا کیا ہے۔ جہاں تک مجھے یاد پڑتا ہے آپ سکول کے زمانے میں بظاہر ایک گہرے مذہبی نوجوان تھے۔ میں نے آپ کو پانچ وقتی نماز اور دوسری عبادات کرتے دیکھا ہے۔ ہاں۔ مگر آپ ایک صاحبِ خرد انسان بھی تھے۔ ہماری گفتگو لگی لپٹی نہیں ہوتی تھی۔ ہم مذہب کے کسی پہلو پر بھی بات کر سکتے تھے۔ اور اپنے اپنے تحفظات اور تشکیک کا برملا اظہار بھی کر سکتے تھے۔

میں یہ جاننے کے لئے متجسس ہوں کہ آپ سکول کے زمانے کے اُن مباحث اور دوستی کو آج کیسے دیکھتے ہیں؟

میں یہ بھی پوچھنے کی جسارت کرونگا کہ آپ ایک اچھے خاصے (اگرچہ ترقی پسند) مسلمان سے ایک سیکولر انسان دوست کیسے بن گئے؟ کیا یہ کوئی ایک حادثہ تھا یا شعوری ارتقاء کا شاخسانہ؟

خالد سہیل: میں آج بھی بچپن کے وہ دِن یاد کر کے خوش ہوتا ہوں جب ہم لمبی لمبی چہل قدمی کرتے ہوئے دنیا جہاں کے موضوعات پر گفتگو کرتے تھے۔ ہمارے درمیان ہونے والے وہ مباحث ذہنی طور پر جلا بخش اور جذباتی طور پر طمانیت آمیز تھے۔ اس سے مجھے اپنی مذہبی، سماجی اور ثقافتی تربیت کا نئے سرے سے جائزہ لینے میں مدد ملی۔ جہاں تک مذہب اور خدا کو خدا حافظ کہنے کی وجوہات کا تعلق ہے تو اس کے پس منظر میں کثرتِ مطالعہ، گہری فکر، خود بینی اور احتسابِ نفس شامل تھا۔ یہ ایک ارتقائی سفر تھا۔ آج جب میں اپنی فکری شناخت پر نظر ڈالتا ہوں تو کچھ سنگِ میل نظر آتے ہیں۔ جن کا تذکرہ میں چند سطور میں کروں گا:

- پیدائش سے لے کر 20 سال کی عمر تک میں ایک مسلمان تھا۔
- 20 سے 40 سال کی عمر تک میری شناخت ایک دہریے کے طور پر تھی۔
- 40 سال کی عمر سے 60 سال کی عمر تک میری شناخت ایک انسان دوست کے طور پر ہے۔

اس موضوع پر میری کتاب "اسلام سے سیکولر ہیومنزم تک "2001ء میں شائع ہوئی تھی۔ حالات کی ستم ظریفی دیکھیے کہ اس کتاب پر بات کرنے کے لیے میرا پہلا انٹرویو 11 ستمبر 2001ء کو طے تھا جو 11/9 کے سانحے کی وجہ سے ملتوی ہو گیا۔ میری نرس "این۔ اینڈرسن "اکثر کہا کرتی ہیں کہ خالد سہیل دنیا کا واحد شخص ہے جو اس سانحے سے مستفید ہُوا وہ ڈاکٹر خالد سہیل ہیں کیونکہ اس کی کتاب اس واقعے کے بعد بہت زیادہ بکنے لگی۔ وجہ یہ تھی کہ اس کے سرورق پر لفظ "اسلام" لکھا تھا۔

2006ء میں ٹورنٹو میں، مجھے "ہیومنسٹ آف دا ائیر "Humanist of the Year ایوارڈ سے نوازا گیا۔ اس کے بعد مجھے ٹورنٹو میں ہی ایک قومی کانفرنس میں مدعو کیا گیا جہاں میں نے 'اسلام سے سیکولر ہیومنسٹ' بننے کی کہانی مختصراً سنائی۔ اس موقع پر دی گئی میری تقریر کی چند جھلکیاں پیشِ خدمت ہیں:

چودہ پندرہ سال کی عمر میں سوچتا تھا کہ اگر میں نے ایک اچھا مسلمان بننا ہے تو مجھے قرآن کا سنجیدگی سے مطالعہ کرنا چاہیے۔ مگر مجھے بھی دیگر کروڑوں لوگوں کی طرح عربی نہیں آتی تھی۔ اس کا حل میں نے یہ نکالا کہ میں نے قرآن کے اردو اور انگریزی تراجم حاصل کیے اور پہلی آیت سے آخری آیت اور پہلے سپارے سے آخری سپارے تک سارے تراجم اور تشریحات پڑھ ڈالیں۔ پڑھتے ہوئے مجھے اندازہ ہُوا کہ جہاں کچھ عالمِ دین قرآن کا لغوی ترجمہ کرتے ہیں وہاں دیگر اس کا بامحاورہ ترجمہ کرتے ہیں۔ جب میں نے ابو اعلیٰ مودودی، غلام احمد پرویز، محمد اقبال اور عبدالکلام آزاد ایسے مشاہیر کو پڑھ لیا تو اس نتیجے پر پہنچا کہ ان دانشوروں کے تراجم اور تشریحاتِ قرآن نہ صرف مختلف بلکہ متضاد بھی ہیں۔ مثال کے طور پر:

کچھ علماء نے "ملائکہ "کو ترجمہ فرشتے لکھا جب کہ دوسروں نے قوانین فطرت بتایا۔

کچھ نے، جنت اور دوزخ کو مقامات لکھا جبکہ دوسروں نے کہا کہ یہ مقامات نہیں بلکہ کیفیتیں ہیں۔ (States Of Mind Not Places)

کچھ علماء نے "نفس الواحدہ" کا مطلب پہلا بشر یعنی آدم لکھا جبکہ کچھ نے اس کو زندگی کا پہلا جرثومہ Amoeba قرار دیا۔

کچھ نے چار شادیوں کو جائز قرار دیا جب کہ کچھ نے یہ دلیل دی کے مخصوص حالات مثلاً جنگ وغیرہ کے سوا ایسا کرنا جائز نہیں۔

کچھ نے لکھا کہ حکم عدولی کی صورت میں شوہر اپنی بیویوں کو مار سکتے ہیں جبکہ دوسروں کے مطابق کسی کو سزا دینے کا حق ریاست کے پاس ہے۔

بعض علماء نے ایک مذہبی ریاست کا تصور دیا جس کی سیاست کا دارومدار اسلامی طرزِ سیاست پر ہوگا جبکہ دوسروں نے یہ توجیہ دی کہ مذہب میں روحانیت بھی ہے اور یہ کہ مذہب انسانوں کا ذاتی مسئلہ ہے۔

میں جوں جوں قرآن کے تراجم پڑھتا گیا یہ خیال اپنے دماغ میں راسخ کرتا گیا کہ 1400 سال پہلے ہی مختلف فرقوں نے قرآن کے اپنے اپنے مطلب کے مفہوم ترتیب دے دیے تھے۔ آج کسی بشر کے لئے ممکن ہی نہیں کہ وہ قرآن کے کسی ایک متفقہ و درست مفہوم تک پہنچ سکے۔ ہاں اگر کوئی اللہ سے ہاٹ لائن قائم کر لے تو قصہ دیگر است۔

رفتہ رفتہ میں اس نتیجے پر پہنچا کہ قرآن بھی نئی اور پرانی بائبل کی طرح زیادہ سے زیادہ ایک لوک داستان اور دانائی کی روایت ہے۔ جس کی قدیم عربی ثقافت کی معلومات سے زیادہ کوئی افادیت نہیں ہے۔ میں اس نتیجے پر بھی پہنچا کہ صدیوں پرانی مذہبی کتابوں میں موجود غیر متفقہ تحاریر کی بنیاد پر ممالک کے آئین بنانا اور مذہبی ریاستیں قائم کرنا ایک خطرناک کھیل ہے۔

میں نے جتنی بار بھی قرآن پڑھا ایک ہی نتیجے پر پہنچا کہ اسلام کے اندر موجود فرقوں نے قرآنی آیات کی اپنی اپنی توجیہات کر رکھی ہیں اور اب ہر فرقہ نہ صرف اپنے آپ کو درست اور دوسرے کو غلط سمجھتا ہے بلکہ ان توجیہات کو اپنی اپنی دنیاوی مقاصد کے لئے استعمال کرتا ہے اور ضرورت پڑنے پر دوسرے فرقے کے ساتھ جنگ بھی کر سکتا ہے۔

مجھے وہ دن یاد ہیں جب ذوالفقار علی بھٹو پاکستان میں انتخابات میں حصہ لے رہا تھا۔ بھٹو نے سندھ اور پنجاب میں بھاری اکثریت حاصل کر لی مگر صوبہ سرحد میں ہار گیا۔ جبکہ ایک مذہبی رہنما، مفتی محمود جیت گیا۔ کیونکہ وہاں پر مذہب کو سیاست کے لئے استعمال کیا گیا تھا۔ ووٹنگ سے قبل طالبان قرآن کا نسخہ اٹھائے گھر گھر جاتے اور لوگوں کو کہتے کہ تم بھٹو کو ووٹ دوگے یا قرآن کو، جس کا مطلب مفتی محمود تھا۔ میں نے طالبان کو اس وقت دیکھا تھا جب دنیا ان کے نام سے بھی واقف نہیں تھی۔ مفتی محمود کے اقتدار میں آتے ہی صوبے میں موسیقی، شراب اور رمضان میں ریسٹورنٹ کھولنے پر پابندی لگادی گئی۔

پھر جیسا سلوک جماعتِ احمدیہ سے متعلق خواتین و حضرات، شیعہ برادری جیسی اقلیت کے ساتھ اکثریت کے حامل سنی اور وہابی روا رکھتے دیکھ کر دل خُون کے آنسو روتا تھا۔ میرے ساتھ میڈیکل کالج میں ساتھ پڑھنے والے احمدیوں کے دوسرے لوگوں کے مظالم دیکھ کر رونگٹے کھڑے ہو جاتے تھے۔ ان کے گھر کے باہر کوڑا تک پھینکا جاتا رہا۔ ریاست بجائے اس کے کہ بطور معزز شہری ان کے حقوق کی حفاظت کرتی ان کو دائرہ اسلام سے خارج اور کافر قرار دے دیا۔ ان کے بنیادی حقوق سلب ہو گئے کیونکہ اب وہ ایک اقلیت تھے۔

یہ وہ وقت تھا جب مجھے احساس ہوا کہ پاکستان، اب اسلامی جمہوریہ پاکستان بن چکا تھا۔ مجھے پتہ چلا کہ مذہب جب سیاست سے شادی کر کے ایک مذہبی ریاست کو جنم دیتا ہے تو لوگوں کا کتنا بڑا نقصان ہو جاتا ہے۔ اس وقت مجھے یقین ہو گیا کہ اگر میں پاکستان میں ہی رہا، یا تو پاگل خانے میں داخل ہو جاؤنگا یا پھر جیل میں ڈال دیا جاؤنگا یا خودکشی کر لوں گا۔

فلسفے اور نفسیات کا مطالعہ

متعدد مشرقی ادیبوں اور فلسفیوں کو پڑھنے کے بعد لائبریری نے میرا تعارف کچھ مغربی فلسفیوں سے کروایا۔ خاص طور پر 'برٹرینڈ رسل' اور 'سگمنڈ فرائیڈ' کو پڑھ کر میں بہت متاثر ہُوا۔ رسل کا مذہب کے حوالے سے یہ خیال تھا کہ مذاہب انسانی تہذیب کے لئے خطرناک ہیں۔ اُس نے اپنی کتاب: "میں عیسائی کیوں نہیں؟" میں اس بات کا برملا اور دیانتدارانہ اظہار کیا ہے۔

"میرے خیال میں دنیا کے تمام بڑے مذاہب، بالخصوص،، بُدھ مت، ہندو مت، اسلام اور کیمونزم، غیر حقیقی اور خطرناک ہیں۔ یہ بات منطقی ہے کہ یہ مذاہب آپس میں متفق نہیں اس لئے ان میں سے کوئی ایک ہی سچا ہو سکتا ہے۔ ایمان و یقین کے زمانے میں، جب عیسائیت اپنے عروج پر تھی، اس وقت بھی انسانیت کے ساتھ ہونے والی زیادتیوں کو لوگوں کی ایک خاموش اکثریت تشویش کی نگاہ سے دیکھتی تھی۔ مذہب کے نام پر کروڑوں خواتین چڑیلیں قرار دے کر زندہ جلا دی گئیں اور ہر عمر کے لوگوں کے ساتھ بہیمانہ مظالم توڑے گئے۔ میں گہری سوچ بچار کے بعد اس نتیجے پر پہنچا ہوں کہ عیسائیت جو آج چرچ کے ذریعے منظم ہے انسانیت کی اخلاقی ترقی کی سب سے بڑی دشمن رہی ہے اور آج بھی ہے۔"

جہاں رسل نے مذہب کے سماجی اور سیاسی پہلوؤں سے پردہ اُٹھایا وہاں فرائیڈ نے مذہب کو نفسیات کی آنکھ سے پرکھا۔ اُسنے ہماری توجہ مذہب کی سماجی نفسیات کی طرف دلائی۔ اس نے بتایا کہ مذہبی اعتقادات کی لوگوں کی عمومی نفسیات پر گرفت اتنی مضبوط ہوتی ہے کہ اگر لوگ اندھے مذہبی اعتقادات کو عقل اور دلیل کے ذریعے للکاریں تو ان کی زندگی اجیرن، قید و بند اور موت تک کی سزا دی جاتی ہے۔ اپنی کتاب "فیوچر آف اینالیوژن" (ایک فریب کا مستقبل") میں فرائیڈ نے ان خیالات کا اظہار اس طرح کیا ہے:

"جب ہم اُن سے پوچھتے ہیں کہ آپ کے ایمان کی بنیاد کیا ہے تو ہمیں تین جوابات ملتے ہیں مگر تینوں آپس میں ہم آہنگ نہیں۔

پہلا: یہ تعلیمات ہمارے آباواجدا صدیوں سے مانتے آئے ہیں اس لئے اتنی معتبر ہیں کہ ہم ان پر ایمان لائیں۔

دوسرا: ہمارے پاس آسمانی صحیفے ہیں جو ہمارے آباء کے ذریعے ہم تک پہنچے ہیں۔

تیسرا: ان اساطیرِ قدیم کی صحت پر سوال اٹھانے کی مذہب میں سخت ممانعت ہے۔ زمانہ قدیم میں ایسی گستاخی کی سخت ترین سزا دی جاتی تھی۔۔۔"

فرائیڈ پُر امید تھا کہ جوں جوں سائنس ترقی کرتی جائیگی مذہب کے لئے زمین تنگ ہوتی جائیگی۔ اور یہ کہ آنے والے وقتوں میں عقل و شعور، اندھے اعتقادات پر فتح حاصل کرلیں گے۔ فرائیڈ کا ماننا تھا کہ مذہب قصہ پارینہ ہے جب کہ دنیا کا مستقبل سائنس، نفسیات اور فلسفے کے ہاتھوں میں ہے۔

یورپی مفکرین کا مطالعہ کرنے کے بعد میں نے جنوبی امریکہ اور افریقہ کے دانشوروں کو پڑھا اور ان کے تجزیات سے متاثر ہوا۔ انھوں نے ثابت کیا کہ مختلف سیاسی، معاشی اور مذہبی نظریات نے ان کی ثقافت کو کس طرح نقصان پہنچایا ہے۔ نوبل انعام یافتہ 'وول سوئنکا' Wole Soyinka نے اپنی کتاب: "آرٹ ڈائیلاگ اینڈ آؤٹ ریج" Art, Dialogue And Outrage میں لکھا:

"افریقی تاریخ سے پتہ چلتا ہے کہ افریقی لوگوں کی ثقافتی شناخت اور مصدقہ روایات کی سب سے بڑی دُشمن دو چیزیں ثابت ہوئی ہیں۔ اول؛ یورپی سامراجیت اور دوئم؛ اسلامی عربیوں کا براعظم میں دخول اور اہم خطوں پر قبضہ۔ (باب نمبر 5، صفحہ نمبر 124)۔

آزادی کی تحریکیں ہمیشہ طاقتور سے ٹکراتی رہی ہیں۔ اور طاقت کے سامنے جھکنے کا منطقی نتیجہ غلامی کے سوا کچھ نہیں۔ ظاہر ہے دوسروں کو غلام بنائے بغیر طاقت اپنا اظہار نہیں کر سکتی۔ اسی لئے ہم دیکھتے ہیں کہ تیسری دنیا کی اقوام یا تو نظامِ سرمایہ داری Capitalism یا نظامِ اشتراکیت Socialism کی نہ صرف دستِ نگر رہی ہیں بلکہ ان کی مصنوعات کی خریدار بھی رہی ہیں۔ اور آج بھی ہیں۔ تیسری دنیا کا ایک المیہ یہ بھی ہے کہ یہ دو اجنبی مذاہب، عیسائیت اور اسلام کے پیروکار ہیں۔ دونوں مذاہب نے انسانیت کے خلاف کام کیا ہے۔ ان کا طریقہِ واردات دماغ کو ماؤف کر دینے والا ہے۔ یہ بین الاقوامی طور پر اپنا کام دکھاتے ہیں یہ مذاہب وہاں کی دائیں اور بائیں بازو کا سہارا لے کر ان کو ایک دوسرے کے خلاف صف آراء کرتے ہیں۔ جس کے نتائج ان معاشروں کے لئے تباہ کن ہوتے ہیں۔"

مذہب کو خُدا حافظ

میں نے مذہب کے انسانیت پر نفسیاتی، سماجی اور سیاسی اثرات پر گہرائی سے غور کیا اور اس نتیجے پر پہنچا کہ مذہب کو خدا حافظ کہنے کا وقت آ پہنچا ہے۔ مجھے احساس ہوا کہ مذاہب کو معصوم اور کمزور انسانوں کا استحصال کرنے اور اپنا مطیع کرنے کے لئے استعمال کیا جا رہا ہے۔

رُوحانیت کی روایت کی طرف رجحان

مذہب کو خُدا حافظ کہنے کے باوجود، ایک عرصے تک میں خُدا کو مانتا تھا اور رُوحانی روایت کا قائل تھا۔ میرا یہ بھی ماننا تھا کہ ہر انسان ذاتی طور پر خدا کے ساتھ مربوط ہو سکتا ہے اور عرفان (روحانی روشنی) حاصل کر سکتا ہے۔ زندگی کے اُس دور میں، میں صُوفی شعراء سے متاثر تھا کیونکہ وہ مذہبی لوگوں کے منافقانہ رویئے اور مذہبی اداروں کو اپنے مقاصد کے لئے استعمال کرنے کے مخالف تھے۔ مگر خدا کو روحانی فیض کا ذریعہ سمجھتے تھے۔ خواہ، 'بلھے شاہ' (صوفی) ہو، 'کبیر داس' (سنت) ہو یا 'ولیم بلیک' (Saint)۔ ان رُوحانی شخصیات نے دانائی پر مبنی ادب تخلیق کیا۔ میں ان کو پڑھ کر بہت متاثر ہوا۔ صوفیانہ کلام پڑھتے ہوئے مجھے یہ احساس ہوا کہ صوفیائے کرام ناقابلِ بیان کو بیان کرنے کا اور بے ہیئت کو ہیئت دینے کا کٹھن کام سرانجام دے رہے تھے۔ وہ اپنے آپ سے سوال پوچھتے تھے:

"اُس جہاں کا کیا ذکر کریں؟

جہاں کی آواز خاموشی ہے

اُس جہاں کے بارے کیا تحریر کریں؟

جہاں الفاظ اپنے معانی کھودیتے ہیں

اُس جہاں کے بارے کیا بحث کریں؟

جو تمام دلائل سے ماوراء ہے

اُس دنیا کو کیسے بیان کریں؟

جس کی کوئی حد نہیں

اُس عالم کا تصور کیسے بنائیں؟

جس کی کوئی شکل ہی نہیں

اُس جہان کو کیسے سمجھیں؟

جو حرف وصوت ورنگ

زمان ومکان وعقل سے ماوراء ہے"

ان سوالات کے جوابات 'نابندر ناتھ ٹیگور' یوں دیتے:

"میں بے ہیئت کی تلاش میں

سمندر کی گہرائیوں میں غوطہ زن ہو گیا

تاکہ اس کی ہیئت کے خوبصورت موتی تلاش سکوں"

'جے کرشنا مورتی' نے کہا: "حق ایک بے راہ سرزمین ہے"

زمانہِ ماضی قریب اور بعید کے روحانی شعراء کو پڑھنے اور سمجھنے کے بعد میں اس نتیجے پر پہنچا کہ مولوی کا خُدا ایک سخت گیر باپ کیطرح تھا جبکہ صُوفی کا خُدا ایک محبت کرنے والی ماں کی طرح تھا جو مہربان شفیق اور در گزر کرنے والی تھی۔ صُوفی روایت میں خُدا ایک محبوب ہوتا ہے اور رُوحانی منزلیں طے کر کے اُس کو دیکھا بھی جا سکتا ہے۔ 'سہدیو کمار Sehdev Kumar' کی کتاب "کبیر داس کی بصیرت" میں کبیر داس نے بتایا کہ رُوحانی راستے پر چل کر محبوب کا دیدار کیسے کیا جا سکتا ہے:

"میں اپنے جسم کو مٹی کا دِیا بنادونگا

میرالہُو روغن، رُوح اس دِیے کا فتیلہ ہوگا

آہ!

اس دیے کی روشنی میں

میں اپنے محبوب کی صُورت دیکھونگا"

خُدا ایک استعارہ ہے

رفتہ رفتہ مجھ پر عیاں ہوا کہ خُدا ایک استعارہ ہے۔ جس کی ہر انسان اور ہر معاشرے نے اپنی اپنی توضیح کر رکھی ہے۔ اور صدیوں سے خُدا کا تصور ہماری ثقافتی اور دیومالائی نفسیات کا حصہ بن چُکا ہے۔ کچھ سماجوں میں خُدا مذکر ہے اور کچھ میں مؤنث۔ کہیں پر خُدا ایک سخت گیر باپ ہے اور کہیں ایک پرورش کرنے والی شفیق ماں۔ بعض تہذیبوں میں خُدا فقط احساس کا نام ہے مگر کہیں پر بتُوں اور مورتیوں کی صورت میں وجود رکھتا ہے۔ ایک مکتبہِ فکر کہتا ہے کہ خُدا نے ہر شے پیدا کی ہے اور اب وہ کائنات سے باہر موجود ہے جبکہ دوسرے کا خیال ہے کہ ہر شے جو نظر آرہی ہے اس کے اندر خُدا موجود ہے۔ کچھ مکتبہ فکر سمجھتے ہیں کہ خُدا ہمارے اندر بستا ہے اور اس کو دیکھنے اور پرکھنے کے لئے اس پر ایمان لانا ضروری نہیں ہے جبکہ دوسروں کا خیال ہے کہ ہم سب بھی خُدا بننے کے سفر میں ہیں۔۔۔

خُدا کے بارے میں مختلف تصورات و نظریات جاننے کے بعد میں اس نتیجے پر پہنچا کہ یہ کہنا زیادہ قرین از قیاس ہے کہ خُدا کو انسانی تصور نے پیدا کیا بجائے یہ کہنے کے، کہ انسان خُدا کا تصور ہے۔ بقول فراق گورکھپوری:

ے جب اہلِ جہاں خُدا کو بنا چکے تو فراقؔ

پُکار اٹھے، خُدا نے ہمیں بنایا ہے

کیونکہ خُدا، بھگوان، اللہ اور 'عظیم طاقت' کی جو صفات بیان کی جاتی ہیں وہ ایک خاص زمانے میں اور خاص تہذیب کے اندر رہتے ہوئے انسانی نفسیات کی عکاس ہیں۔ گویا ایک طرح سے وہ انسانی صفات ہیں۔ اس کرہ ارض پر کوئی دو اشخاص یا کوئی دو تہذیبیں ایسی موجود نہیں۔ جو اس حوالے سے یکساں تصور رکھتے ہوں۔ وہ لوگ جن کو انکے خوف اور خدشات نے گھیر رکھا ہے ان کے لئے خُدا ایک حفاظت کرنے والا اور

پالنہار ہے اور جو خواب و خواہشات پالتے ہیں ان کے لئے خدا 'سانتا کلاز' ہے۔ پھر جوں جوں ان کی ذہنی نشو و نما ہوتی ہے وہ اپنے خوابوں کی تعبیر پانے کے لئے کاوشیں کرتے ہیں۔

جب میں نے انسانی تاریخ پڑھی تو یہ بھی معلوم ہوا کہ خُدا کے تصور اور خُدا پر ایمان دونوں کو عقل، شعور اور دلیل کی طرف سے مناظرے کا سامنا رہا ہے۔ خُدا کے تصور کو سب سے پہلے ڈھائی ہزار برس قبل یونانی فلسفیوں نے للکارا۔ انھوں نے دانشمندانہ سوچ کی روایت قائم کی جو خُدا پر اندھے ایمان کے لئے خطرہ ثابت ہوئی۔ خُدا کو سب سے خطرناک جنگ کا سامنا سائنس اور فلسفے کی طرف سے تھا۔ اس مقدس جنگ کے مختلف تہذیبوں، ممالک اور معاشروں میں مختلف نتائج نکلے۔ نوبل انعام یافتہ میکسیکو کے مفکر 'اوکٹیویو پاز' نے عیسائی دنیا اور مسلم دنیا میں (خُدا اور سائنس و فلسفہ کے مابین) اس جنگ کا تقابلی جائزہ پیش کیا ہے۔ اس کا کہنا ہے کہ : عیسائی دُنیا میں سائنس اور فلسفہ جیت گئے اور خدا ہار گیا۔ جبکہ مسلم دنیا میں سائنس اور فلسفہ ہار گئے اور خدا کی جیت ہوئی۔ اس حوالے سے 'پاز' اپنی کتاب : "آلٹرنیٹنگ کرنٹ" میں یوں رقم طراز ہے :

"ہمارے خُدا کو فلسفے کی انفیکش ہو گئی تھی۔ اس وائرس کا نام "لوگوس" (عقلی دلیل پر مبنی سوچ) Logos تھا اور یہی اسکی موت کا باعث بنا۔ ہمعیسائیوں نے خُدا کو مارنے کے لئے 'پیگن' فلسفے کا سہارا لیا۔ فلسفہ صرف ہتھیار تھا اس کے پیچھے دراصل ہمارے ہاتھ تھے۔ خُدا کی موت کے حوالے سے اب ہمیں 'نطشے' سے رجُوع کرنا ہوگا۔ اُس نے بھی کچھ ایسا ہی کہا تھا۔ اگرچہ دہریہ ہونا ایک ذاتی فعل ہے مگر (نطشے) کا خُدا کی موت کا اس طرح بر ملا اعلان، عام عوام کے لئے ناقابل برداشت اور ناقابل قبول تھا۔ مگر پھر بھی خدُا کو پہلے عیسائیوں ہی نے مارا۔ مسلمان ایسا نہیں کر سکے۔ شاید وہ ابھی تک فکری طور پر اُس سطح پر ہیں جہاں پر عیسائیت کبھی تھی۔ ایک خُدا کے حق میں جب کوئی عقلی اور فلسفیانہ دلیل نہ مل سکی تو مسلمان مفکر 'ابو حمید غزالی' نے "فلسفے کی کتاب عدمِ مطابقت "Incoherence Of Philosophy لکھی۔ اس کا جواب ابن رشد Averros نے ایک سو سال بعد " عدمِ مطابقت کی عدمِ مطابقت" (Incohernece of Incoherence) لکھ کر دیا۔ مسلمانوں کے لئے فلسفے اور خدا کے درمیان جنگ زندگی اور موت کا مسئلہ تھا۔ اس جنگ میں خدُا جیت گیا۔ اگر نطشے مسلمان ہوتا تو اس صورتِ حال کو یوں بیان کرتا : "فلسفہ آج مر گیا۔ اس کو میں نے مارا، تم نے مارا۔ ہم سب نے مل کر مار ڈالا۔"

مشرقی اور مغربی مفکرین میں سے، جنھوں نے خُدا پر ایمان اور اس کے انسانیت پر اثرات پر مقالے لکھے، ان میں سے مجھے مشرق میں، کرشنا مورتی اور مغرب میں کیرن آرمسٹرانگ نے سب سے زیادہ متاثر کیا۔ کیرن آرمسٹرانگ نے اپنی کتاب: "اے ہسٹری آف گاڈ" (خُدا کی تاریخ) میں 'ایمان' کے بحران پر بحث کی ہے۔ انھوں بتایا کہ روایتی اور شخصی خُدا کے تصور کو بیسویں صدی میں شدید ٹھیس پہنچی ہے۔ خصوصاً "ہولوکاسٹ" (عالمگیر بربادی") کے سانحے کے بعد لوگوں کی اکثریت کو اپنے عقائد اور نظریات پر نظرِثانی کرنی پڑی۔ وہ لکھتی ہیں:

"ایک دفعہ ایک گستاپو (جرمن خفیہ پولیس کا کارندہ) نے ایک بچے کو پھانسی پر لٹکا دیا۔ حالانکہ ان کی اپنی سرکار بھی ایک بچے کو ہزاروں لوگوں کے سامنے پھانسی چڑھانے کے خلاف تھی۔ بچہ جس کا نام 'ایلی ویزل' بتایا جاتا ہے، فرشتہ چشم تھا۔ جب وہ پھانسی کے تختے پر چڑھا تو اس کی آنکھیں اُداس، رنگ زرد اور جسم پُرسکون تھا۔ ایک اور قیدی حکم دیا گیا کہ وہ 'ویزل' کا چہرہ پڑھتا رہے اور آخری وقت میں ایک سوال کرے۔ اُسی آدمی نے 'ویزل' سے پوچھا: "اب بتاؤ کہاں ہے خدا؟ 'ویزل کو اپنے اندر سے یہ آواز آتی ہوئی سنائی دی: "کہاں ہے خدا؟ یہاں، اس جگہ، وہ بھی میرے ساتھ پھانسی پر لٹکنے جا رہا ہے۔۔۔۔"

یہودیوں کی اکثریت بائبلِ کے تاریخی خدا کو ماننے کے لئے تیار نہیں۔ وہ کہتے ہیں کہ اُن کا خدا پولینڈ کے شہر 'آشوِوٹز'Ashuvitz' میں 'ویزل' کے ساتھ سُولی چڑھ گیا تھا۔ شخصی خُدا کا تصور کہ خُدا ہم جیسی مگر بڑی ہستی ہے، مشکلات سے دوچار ہے۔ وہ یہ بھی سوال کرتے ہیں کہ اگر خُدا قادرِ مطلق ہے تو اُس نے انسانوں کو اتنی بڑی تباہی (ہولوکاسٹ) سے کیوں نہیں بچایا؟ اگر خُدا اس قابل نہیں تھا تو بے کار اور ناکارہ ہے اور اگر بچا سکتا تھا اور نہیں بچایا تو ایک بہت بڑی عفریت ہے۔ صرف یہودی ہی نہیں بلکہ اکثر دوسری قوموں کا بھی خیال ہے کہ ہولوکاسٹ کے بعد روایتی دینیات کا باب بند ہو گیا تھا۔

دوسری طرف کرشنا مورتی کا خیال ہے کہ ایمان لوگوں کو جرائم کرنے سے نہیں روکتا۔ اپنی کتاب "فائنل فریڈم" میں وہ لکھتا ہے کہ مجھ سے پُوچھا گیا:

'خُدا پر ایمان انسانوں کو بہتر زندگی عطا کرتا ہے۔ آپ خُدا کو کیوں نہیں مانتے؟ آپ لوگوں کا خُدا پر ایمان مضبوط بنا کر اُن کو بہتر زندگی کی طرف راغب کیوں نہیں کرتے؟' میرا جواب تھا۔

"آیئے اس مسئلے کو ذرا کھلے دماغ اور ذہانت کے ساتھ سمجھنے کی کوشش کریں۔ میں یہ جانتا ہوں کہ آپ خُدا کو مانتے ہیں اور اس بات سے بھی بخوبی واقف ہوں کہ اس 'ایمان' کے آپ کی عملی زندگی میں کوئی معنی نہیں کیونکہ کروڑوں لوگ خدا کو اس لئے مانتے ہیں کہ یہ بات ان کے لئے تسلی کا باعث ہے۔

میرا سوال یہ ہے کہ آپ ایمان کیوں رکھتے ہیں؟ کیونکہ یہ آپ کو امید، اطمینان اور تسلی دیتا ہے۔ آپ یہ بھی کہتے ہیں کہ اس طرح آپ کی زندگی زیادہ پُر معنی ہے۔ حقیقت میں آپ کے ایمان کا آپکی زندگی کے بامعنی یا بے معنی ہونے سے کوئی تعلق ہی نہیں۔ آپ ایمان رکھتے ہیں اور لوگوں کا استحصال بھی کرتے ہیں، آپ ایمان رکھتے ہیں اور دوسروں کو جان سے مار بھی دیتے ہیں۔ آپ ایک کائناتی خُدا پر ایمان رکھنے کے باوجود ایک دوسرے کو قتل کرتے ہیں۔ ایک امیر آدمی بھی خُدا کو مانتا ہے مگر لوگوں کا استحصال کر کے بے پناہ دولت جمع کرتا ہے پھر ایک قلعہ تعمیر کرتا ہے اور اس کے بعد ایک انسان دوست بن جاتا ہے۔ جن لوگوں نے 'ہیروشیما' اور 'ناگاساکی' پر ایٹم بم گرائے تھے وہ بھی یہی کہتے تھے کہ خُدا ان کے ساتھ ہے۔ دوسری جنگِ عظیم میں برطانوی پائلٹ جو برطانیہ سے اُڑ کر بم گرانے جرمنی جاتے تھے وہ کہتے تھے کہ خُدا ان کا "کو پائلٹ" ہے۔ دنیا کے تمام صدور، وزرائے اعظم، آمر اور جنرل خدا کی باتیں کرتے ہیں۔ وہ بھی خُدا پر غیر متزلزل ایمان رکھتے ہیں۔ کیا وہ کوئی خدمت کر رہے ہیں؟ کیا وہ انسانوں کی زندگیاں بہتر بنا رہے ہیں؟ وہ لوگ جو خُدا پر ایمان رکھتے ہیں انھوں نے آدھی دنیا تباہ کر دی ہے اور باقی دنیا بھی شدید مشکلات کا شکار ہے۔ حتیٰ کہ دنیا کے موجودہ بحران میں بھی جہاں ایک طرف مشرق میں اسامہ بن لادن اور دوسری طرف مغرب میں جارج بُش ہے۔ دونوں دنیا کے لئے خطرہ بنے ہوئے ہیں۔ دونوں نہ صرف خُدا کو مانتے ہیں بلکہ یہ بھی اصرار کرتے ہیں کہ خُدا اس کی طرف ہے۔"

چچا عارف عبدالمتین کے ساتھ مکالمہ

جتنا میں نے خُدا اور اپنے رشتے پر غور کیا اتنا ہی میرا ذہن خُدا کو، خُدا حافظ کہنے کے لئے تیار ہوتا گیا۔ ایک دفعہ میرے دہریہ اور شاعر چچا عارف عبدالمتین ہم سے ملنے پشاور آئے۔ میں نے ان سے کہا کہ میں ان کے ساتھ کچھ دل کی باتیں کرنا چاہتا ہوں۔ وہ مجھے پشاور چھاؤنی میں واقع گرینز ہوٹل لے گئے۔ ہوٹل میں

سبز چائے اور لوازمات سے لُطفاندوز ہوتے ہوئے میں نے اپنے چچا کو بتایا کہ میرا، خُدا اور مذہب سے ایمان اُٹھ گیا ہے۔ انھوں نے میری کہانی کو بہت غور سے سنا اور پھر گویا ہوئے:

"میرے پیارے بھتیجے ہر معاشرے اور سماج میں دو قسم کے گروہ بستے ہیں۔ پہلا گروہ روایات کی شاہراہ پر چلتا ہے۔ یہ لوگ اکثریت میں ہوتے ہیں۔ دوسرا گروہ اپنے من کی پگڈنڈی پر چلتا ہے۔ یہ لوگ اقلیت میں ہوتے ہیں۔ اس اقلیت میں شاعر، فلسفی اور اصلاح کار پیدا ہوتے ہیں۔ انسانیت کے کاروان کی رہبری ان کے ہاتھوں میں ہوتی ہے۔ یہ لوگ زیادہ تر انسان دوست دہریے ہوتے ہیں۔ تمہارے والد کے خاندان کی طرف زیادہ افراد غیر روایتی اور غیر مقلد ہیں۔ میرے چچا اور تمھارے دادا ساٹھ سال کی عمر میں دہریے ہو گئے تھے۔ میں چالیس سال میں منکرِ خدا ہو گیا اور اب تم بیس سال کی عمر میں ہی خُدا اور مذہب سے بیزار ہو رہے ہو۔ یہ کمال کی بات ہے۔ میری صلاح یہی ہے کہ روایت کی شاہراہ چھوڑو اور اپنے من کی پگڈنڈی پر چلنا شروع کرو۔"

خُدا کو خُدا حافظ

الوہیاتی اور فلسفیاتی پہلوؤں کے ساتھ ساتھ خُدا کے ساتھ میرے تعلق کی ایک نفسیاتی وجہ بھی تھی۔ میرا عقیدہ تھا کہ خُدا قادرِ مطلق ہے۔ میرا ایمان تھا کہ میں جہاں بھی ہوں، خُدا مجھے ایک کیمرے کی طرح دیکھ رہا ہے: کام پر، گھر پر یا گھر کے بیت الخلا میں۔ مجھے اس سے اُلجھن ہوتی۔ کیونکہ مجھے دیکھا جانا پسند نہیں ہے۔ مجھے محسوس ہوتا کہ خُدا میری خلوت میں مُخل ہو رہا ہے۔ اس سے مجھے اپنی کم مائیگی کا احساس بھی ہوتا۔ جیسے میں کوئی بچہ ہوں اور وہ والد۔ پھر مجھے یہ یقین راسخ ہو گیا کہ مجھے جوان ہونے کے لیے خُدا 'کو' خُدا حافظ' کہنا ہو گا ورنہ میں کبھی بڑا نہیں ہو سکونگا۔

مجھے وہ رات بہت اچھی طرح یاد ہے جب میں نے خُدا سے مکالمہ کیا تھا۔ بلکہ اس کو مکالمے کی بجائے خُود کلامی کہوں تو زیادہ بہتر ہو گا۔ میں بولتا گیا اور میں نے فرض کر لیا کہ خدا ایک نفسیاتی تجزیہ کار کی طرح ہمہ تن گوش ہے۔ اپنے بستر پر لیٹے ہوئے میں اس نفسیاتی تجزیہ کار کے مریض کی طرح تھا جو 'فری ایسوسی ایشن' میں صوفے پر لیٹا اپنی بپتا سُنا رہا ہو۔ مجھے شدید احساس ہوا کہ ساری زندگی میں نے خدا سے باتیں کی تھیں۔ مگر اس نے ایک بات کا بھی جواب نہیں دیا تھا۔ خدا سے ایک طویل یکطرفہ مکالمے کے بعد میں نے اس کو خدا حافظ

کہااور سو گیا۔ خدا بھی ایک کسی ہندوستانی بوڑھے کی طرح روانہ ہو گیا۔ ایک مشرقی روایت کے مطابق جب کسی عمر رسیدہ شخص کے جانے کا وقت ہوتا ہے تو وہ رات کی خاموشی میں جاگ کر گھر سے کسی نامعلوم منزل کی طرف روانہ ہو جاتا ہے۔ اور پھر کبھی اس کا خاندان اس سے نہیں مل سکتا۔ اُس رات کے بعد میں نے پھر کبھی خُدا سے بات نہیں کی اور نہ کبھی دُعا مانگی۔ خُدا بھی اس رات مجھ سے نہایت عزت و احترام کے ساتھ رُخصت ہو گیا۔

آج بطورِ نفسیات دان جب میں اپنی گزشتہ زندگی پر نگاہ ڈالتا ہوں اور اپنی ذات کی نشوونما اور جذباتی بلوغت کے سفر کا جائزہ لیتا ہوں تو یہ محسوس کرتا ہوں کہ جب میرے دل میں خوداعتمادی کا سُورج طلوع ہوا تو خدا پر اندھے ایمان کے بادل صبح کی دھند کی طرح چھٹتے چلے گئے۔ یہ وہ وقت تھا جب میں نے

اپنی آنکھوں سے دیکھنا،

اپنے کانوں سے سننا،

اپنے دل سے محسوس کرنا شروع کیا

اور اپنے دماغ کو استعمال میں لا کر زندگی کے کھلے میدان میں کود پڑا۔ یہ ایک حیرت انگیز تجربہ تھا۔

رُوحانیت کے غیر مقبوضہ علاقے میں پڑاؤ

خُدا اور مذہب کو خُدا حافظ کہنے کے بعد میں ایک عرصہ روحانیت کی "نو مینز لینڈ" No Man's Land میں رہا۔ مجھے یہ تو پتہ تھا کہ اب میں کس کو نہیں مانتا مگر کیا مانتا ہوں اس کا بھی ادراک نہ تھا۔ دہریت اختیار کرنے کے بعد مجھے ایک تکلیف دہ احساس یہ بھی ہوا کہ زندگی اتنی آسان بھی نہیں جتنی میں نے سمجھ رکھی تھی۔ میں نے اپنی فکری سکھلائی کو اپنی یاداشت سے نکال پھینکنے اور روایات کی حدود کو پھلانگ دینے پر کامیاب ہو گیا تھا مگر میری جذباتی بناوٹ ابھی تک میرے آڑے آرہی تھی۔ میں ابھی تک اس کی گرفت سے نہ نکل پایا تھا۔ مجھے محسوس ہوا کہ مذہبی عقیدے نے میرے دل میں خوف اور شرمندگی کے جذبات پیدا کر رکھے تھے۔ مذہب میں شرمندگی کا یہ احساس میرے دل میں گناہ کے تصور کی پیداوار تھا۔ رفتہ رفتہ میں نے گناہ اور جرم کے احساس پر قابو پانا شروع کیا۔ میں نے زندگی میں مذہب کی طرف سے عائد لطف و حظ کے پہلو کو نئے سرے سے دیکھنا شروع کیا۔ پھر میں نے اپنے احساس گناہ پر قابو پالیا۔ اب میں

جنس کو بھی جرم اور گناہ کی بجائے محبت اور چاہت سے منسوب کرنے لگا تھا۔ میں یہ جان کر حیران رہ گیا کہ گناہ اور شرمندگی کا احساس میری شخصیت میں کس قدر راسخ ہو چکا تھا اور مذہبی رویہ ترک کر کے بغیر کسی گناہ کے احساس کے زندگی سے لُطف اٹھانا میرے لئے کتنا مشکل ہو رہا تھا۔

کینیڈا میں آمد

خیبر میڈیکل کالج پاکستان سے ڈاکٹری پاس کرنے کے بعد میں دو برس کے لئے ایران گیا اور اکتوبر 1977ء میں کینیڈا کے صوبے نیو فاؤنڈ لینڈ آ گیا۔ میں نے اپنی فیلوشپ میموریل یونیورسٹی نیو فاؤنڈ لینڈ سے علمِ نفسیات میں کی اور پھر 'نیو برنزوک' کے ایک ہسپتال میں کام کرنے لگا۔ اس ہسپتال میں چار پانچ سال نفسیات کی پریکٹس کے بعد 1984ء میں آنٹاریو آ گیا۔ آنٹاریو آ کر دس سال تک میں نے وھٹبی کے نفسیاتی ہسپتال میں کام کیا۔ اس کے بعد 1995ء میں ، میں نے ' Creative Psychotherapy Clinic کے نام سے وھٹبی میں اپنا کلینک کھول لیا۔ رفتہ رفتہ میں نے اپنی ذاتی فلسفے اور پیشے یعنی نفسیاتی معالجے کے درمیان ایک پُل تعمیر کر لیا۔

انسان دوستی کی طرف قدم

جوں جوں وقت گزرتا گیا میں اپنے فلسفے اور شخصیت کے حوالے سے پُراعتماد ہوتا گیا۔ مجھے تحریک ہوئی کہ میں انسان دوستی کی غیر مذہبی روایت کو اپنانے کے لئے تیار ہو جاؤں۔ مگر یہ روایت چند زبانی نظریات پر مبنی نہ تھی بلکہ اس کی کئی ایک جہتیں تھیں۔ اگر میں انسان دوستی کو قوسِ قزح کا نام دوں تو اسکے درج ذیل سات رنگ میں نے دریافت کیے ہیں۔

الف: پہلا رنگ -انسان دوست فلسفہ

دھیرے دھیرے میرے اندر یہ احساس اُجاگر ہوا کہ مجھے اپنے اندر ایک دانشمندانہ فکر پیدا کرنے کے لئے سائنس اور فلسفے کو پڑھنا ہوگا اور اندھے اعتقاد کو چھوڑنا ہوگا۔ اس سے میں اس قابل بھی ہو جاؤں گا کہ اپنے خاندان، معاشرے اور سماج میں رائج ہر الہامی روایت اور فرسودہ حکایت کا تنقیدی جائزہ لے سکوں۔

اس سفر میں، چارلز ڈارون، کارل مارکس، سگمنڈ فرائیڈ، برٹرینڈ رسل، ژان پال سارتر اور دیگر سائنسدانوں، فلسفیوں اور مفکرین نے دہریت اور انسان دوستی کی منزل تک پہنچنے میں میری رہنمائی کی۔ مجھے خوشی ہے کہ انسان دوست فلسفے نے زندگی میں دانشمندانہ اور ذمہ دارانہ فیصلے کرنے میں اور زندگی کے بارے میں سائنسی رویہ رکھنے والے دیگر ہم خیال لوگوں کے ساتھ رابطہ استوار رکھنے میں میری مدد کی۔

ب: دوسرا رنگ۔ انسان دوست شخصیت

جب مجھے یہ احساس ہُوا کہ لوگوں کے رویئے ان کے ایمان کی درست عکاسی نہیں کرتے اور اس کے ساتھ میل نہیں کھاتے اور ان کی شخصیت بھی ان کے فلسفہِ زندگی سے ہم آہنگ نہیں، تو میں نے لوگوں کے رویوں اور شخصیات پر غور کرنا شروع کر دیا۔ اب مجھے یہ آگاہی ملی کہ ایک انسان دوست شخصیت جس میں دوسرے انسانوں کے لئے خلوص، ہمدردی اور محبت کا جذبہ موجود ہوتا ہے، ایسی شخصیت کے نظریات اور فلسفہِ زندگی کچھ بھی ہو سکتا ہے۔ انسان دوست شخصیت کے مقابلے میں کچھ شخصیات بنیاد پرست بھی ہوتی ہیں۔ جو دوسرے انسانوں سے متعلق نقطہ چین، فیصلہ کن اور جارحانہ رویہ رکھتی ہیں۔ ایسے لوگ دوسرے لوگوں کو اپنے ایمان کا پیرو کار بنانا چاہتے ہیں۔ یہ لوگ طویل مباحث کرتے، اُلجھتے اور غیض و غضب کا اظہار کرتے رہتے ہیں۔ یہ بات میرے لئے حیرانی کا باعث تھی کہ کچھ مذہبی لوگ انسان دوست تھے۔ جب کہ کچھ دہریے نہایت بنیاد پرست تھے۔ چنانچہ گزشتہ چند برسوں سے میں اپنے آپ کو ایک ایسی شخصیت بنانے کے لیے کوشاں ہوں جو انسان دوست فلسفے کے ساتھ ساتھ انسان دوست شخصیت بھی رکھتی ہو۔

پ۔ تیسرا رنگ: انسان دوست طرزِ زندگی

انسان دوست شخصیت بن چکنے کے بعد مجھے انسان دوست فلسفہ پختہ کرنے کی لگن پیدا ہوئی۔ مگر ایسا انسان دوست طرزِ زندگی اپنانے سے مشروط تھا۔ جب میں نے انسان دوست طرزِ زندگی اپنایا تو اس کو انسان دوست طرزِ فکر کے حامل لوگوں نے خوش آمدید کہا مگر میرے حلقہِ احباب میں شامل روایتی اور مذہبی افراد مجھ سے کھنچے کھنچے رہنے لگے۔ مجھے اپنے آپ کو، برداشت کرنے اور دوسروں کا سچ تسلیم کرنے کا سلیقہ سکھانا پڑا۔ یہ ایک کٹھن مرحلہ تھا۔ مجھے اپنے آپ کو باور کروانا پڑا کہ میرا سچ، سچ تو ہے مگر مطلق سچ نہیں ہے۔ یہ

میرا امتحان تھا کہ میں اپنا یقین بنالوں کہ دوسروں کو یہ حق حاصل ہے کہ وہ جو چاہیں اپنا نظریہ و عقیدہ رکھیں مجھے اس سے کوئی مسئلہ نہیں ہونا چاہیے جب تک وہ اپنا سچ مجھ پر مسلط نہ کریں یا مجھے میرے سچ پر عمل کرنے سے نہ روکیں۔

تبدیلی کے اس عبوری دور میں میرے کچھ دوست اور رشتے دار مجھ سے کنارہ کش ہو گئے۔ کیونکہ وہ یہ سمجھتے تھے کہ دہریت بے اصول اور اخلاق باختہ طرزِ زندگی ہے۔ اب میرا ایک ہم خیال حلقہِ احباب ہے۔ ان کا مختلف خیالات اور نظریات ہیں مگر یہ لوگ ایک دوسرے کے نظریات، فلسفے اور اعتقاد کا احترام کرتے ہیں۔ ایسے لوگوں سے ایک بامقصد مکالمہ ہو سکتا ہے۔ میں اب اس نتیجے پر پہنچا ہوں کہ دنیا میں اتنے ہی سچ ہیں جتنے کہ انسان اور اتنی ہی حقیقتیں ہیں جتنی آنکھیں۔

ت۔ چوتھا رنگ: انسان دوست نفسیاتی علاج

جب میں نے اپنے سچ کو مکمل طور پر تسلیم کر لیا تو اس قدر پُر اعتماد ہو گیا کہ اپنے فلسفہِ زندگی کو سب دوستوں اور سماج کے سامنے رکھ سکوں۔ بلکہ انسان دوست فلسفے کو اپنے مریضوں کے علاج میں شامل کروں۔ 'ایرک فرام'، 'کارل راجرز'، 'وکٹر فرینکل' اور 'ابراھم ماسلو' کی تحریروں سے مجھے اپنے مریضوں کے سچ اور تجربات تسلیم کرنے مدد ملی تاکہ میں اُن کے دُکھوں کو سُکھوں میں بدل کر ان کے لئے زندگی آسان اور خوشگوار بنا سکوں۔ اس سے مجھے ایک اور مدد یہ ملی کہ میں نے اپنے 'سائیکو تھراپی کلینک' میں ایک نیا طریقہ علاج متعارف کروا دیا۔ اس کا نام ہم نے 'گرین زون تھراپی' رکھا۔ اس کے لئے 'این ہینڈرسن' اور 'بے ٹی ڈیوس' نے میری مدد کی۔ پھر میں نے اس طریقہ علاج پر کتب بھی لکھیں۔ اس فلسفے اور اس کے اطلاق نے اپنے مریضوں کی شخصیت میں ہمدردی، خلوص اور محبت پیدا کرنے میں میری بہت مدد کی۔ میں نے ان کو اپنے شعور پر اعتماد پیدا کرنے اور اپنے معاشرے اور خاندان کی طرف سے نافذ کردہ گناہ اور شرمندگی کے احساسات کو ختم کرنے میں مدد دی۔ اس تھراپی سے ان کو یہ بھی مدد ملی کہ یا تو وہ اپنی الجھنیں سلجھا لیں یا پھر ان ایسے افراد کو زندگی سے نکال دیں جو بنیاد پرست شخصیت کے حامل اور الجھنوں کا باعث ہیں۔ وں جوں تھراپی کا نفاذ ہوتا گیا میرے مریض اس قابل ہوتے گئے کہ وہ ایک صحتمندانہ، خوشگوار اور پُر امن زندگی سے ہمکنار ہوتے گئے۔ میں بہت خوش ہوں کہ ہم نے اپنی ویب سائٹ بھی بنالی ہے۔ اس کے

علاوہ کتابیں اور ویڈیوز بنا رکھی ہیں تاکہ زیادہ سے زیادہ لوگ 'گرین زون' طرزِ زندگی اپنا کر ایک خوشگوار زندگی سے لطف اندوز ہو سکیں۔اس لنک یہ ہے:(www.greenzoneliving.ca)

ٹ۔ پانچواں رنگ: انسان دوست تعلیم

یہ احساس ہونے کے بعد کہ مذہبی تربیت نے میری شخصیت پر منفی اثرات ڈالے ہیں اور میرے اندر گناہ کا تصور اجاگر کر دیا ہے جسکی وجہ سے جنس اور دیگر فطری تقاضوں کی تسکین کرتے ہوئے مجھے احساسِ گناہ ہوتا ہے۔ مگر مذہبی تربیت کو ذہن کے نہاں خانوں سے کھرچ کر باہر نکال پھینکنے میں مجھے کئی سال لگ گئے۔ میرا مؤقف ہے کہ مختلف مذہبی تعلیمات کو گھروں اور درسگاہوں میں، دینیات کی بجائے ہسٹری (تاریخ) کے طور پر پڑھایا جانا چاہیے۔ والدین اور اساتذہ کا یہ فرض ہے کہ وہ بچوں میں جدید علم و دانش منتقل کریں تاکہ وہ جوان ہو کر اپنے لئے ذمہ دارانہ اور دانشمندانہ فیصلے کر سکیں۔ میں نے اپنی مختلف تحریروں سے والدین اور اساتذہ کو باور کروایا ہے کہ عقل دانش اور اخلاقیات کے موتی، دین و ایمان میں ملفوف کئے بغیر بھی بچوں کو سمجھائے جا سکتے ہیں۔ یہ بات حوصلہ افزاء ہے کہ والدین اور اساتذہ کی ایک کثیر تعداد یہ سمجھتی ہے کہ غیر مذہبی اصولوں پر استوار نظامِ تعلیم سے بچوں میں تنقیدی نقطۂ نظر، تخلیقی صلاحیت اور دانشمندانہ سوچ پیدا ہوتی ہے۔

ث: چھٹا رنگ انسان دوست سماج

چونکہ میں ایک شاعر اور ادیب ہونے کے علاوہ نفسیاتی معالج بھی ہوں، کینیڈا اور پاکستان میں مقیم مختلف مکتبۂ فکر رکھنے والے گروہوں کے ساتھ سماجی، سیاسی اور نفسیاتی موضوعات پر مکالمہ کرنے لگا۔ مجھے یہ تجربہ ہوا کہ جوں جوں لوگوں میں یہ احساس اجاگر ہوتا گیا کہ دنیا کے سیاسی و مذہبی لیڈر خدا اور مذہب کے نام پر کس طرح عوام کے جذبات کو بھڑکا کر مخالف فرقوں، مذہب اور اقوام پر جنگیں مسلط کرتے اور اپنے سیاسی مقاصد حاصل کرتے ہیں، یہ خیال بھی زور پکڑتا گیا کہ غیر مذہبی، انسان دوست سوچ کا عالمگیر ابلاغ ہونا چاہیے اور آزادانہ سوچ رکھنے والے مفکرین پر لازم ہے کہ وہ عالمی سماجی شعور بیدار کرنے کے لئے ہر ممکن کوشش کریں۔ بطورِ لکھاری میں نے اس موضوع پر متعدد مضامین اور کتب تحریر کی ہیں، بہت سے غیر

مذہبی فلسفیوں اور مفکرین کی تحریروں کا اردو میں ترجمہ کیا ہے تاکہ ہم اردو بولنے والے خواتین و حضرات میں بھی انسان دوست سوچ کو عام کر سکیں۔ مجھے ایشیا اور مشرقِ وسطیٰ سے بہت سی ای۔ میل۔ موصول ہوتی ہیں۔ جن میں بہت سے خواتین و حضرات میرے ساتھ اس سمت میں اپنے سفر اور کاوشوں سے مجھے آگاہ کرتے ہیں۔ میرے خیال میں آزاد سوچ رکھنے والوں کو ایک دوسرے کی اخلاقی حمایت درکار ہے کیونکہ یہ لوگ اقلیت میں ہیں۔ ان کو اپنے ایسے فورم بنانے چاہئیں جہاں یہ ایک دوسرے کے ساتھ مکالمہ اور اپنے اپنے تجربات کر سکیں۔ اس طرح ان کو اپنے اپنے سچ تک پہنچنے میں مدد ملے گی۔ ایک غیر مذہبی برادری بنانا انسان دوست گروہ بنانے کے لئے ضروری ہے۔ ایک ایسا گروہ جہاں نہ صرف مذہبی آزادی حاصل ہو بلکہ مذہب سے آزادی ممکن ہو سکے۔ دنیا میں آج بھی ایسے معاشرے موجود ہیں جہاں پر خدا پر ایمان نہ رکھنے کی سخت سزائیں مقرر ہیں۔ کچھ معاشروں میں تو دہریے افراد ہر وقت اس خوف سے دوچار رہتے ہیں کہ ان کو مذہبی انتہا پسند جان سے مار ڈالیں گے۔ ایسا ماحول لوگوں کو منافق بناتا ہے۔ جہاں لوگ اپنے سچ کا ایمانداری سے برملا اظہار نہیں کر سکتے اور دوغلی زندگی گزارنے پر مجبور ہوتے ہیں۔

ٹ۔ ساتواں رنگ: انسان دوست دنیا

یہ میرا خواب ہے کہ انسانی سوچ کا ارتقاء اس مقام پر پہنچ جائے کہ پوری دنیا میں ایک انسان دوست سماج قائم ہو جائے۔ میری رائے میں انسانیت ابھی تک رنگ، نسل، مذہب، جنس، زبان، قوم اور طبقات کے خانوں سے باہر نہیں نکل پائی۔ اس وقت یہی بنی نوعِ انسان کا سب سے بڑا المیہ ہے۔ ایک انسان دوست سماج قائم کرنے کے لئے ہم سب کو مل کر کام کرنا ہوگا۔ ایسا سماج ہمیں ذاتی اور مجموعی طور پر مکمل انسان بننے کے لئے سازگار ثابت ہوگا۔

مجھے معلوم ہے کہ انسان دوست معاشرہ قائم کرنے کے لئے یہ سات رنگ بھی ایک خواب ہی ہیں مگر یہ بھی جانتا ہوں کہ ہر حقیقت ایک خواب ہی سے تو آغاز ہوتی ہے۔ البتہ یہ بات حوصلہ افزا ہے کہ 1900ء میں دنیا میں غیر مذہبی لوگوں کی تعداد صرف 1 فیصد تھی جو 2000ء میں بڑھ کر 20 فیصد ہو گئی۔ جوں جوں یہ تعداد بڑھ رہی ہے میں پُر امید ہوتا جا رہا ہوں کہ میرا 'انسان دوست سماج' کا خواب پورا ہونے جا رہا ہے۔

تارکینِ وطن کی جہدِ وجہد اور کامیابیاں

سہیل زبیری: یادش بخیر! جب ہماری دوستی کا آغاز ہوا تو دونوں جماعت ہشتم کے طالب علم تھے۔ اس کے بعد سکول اور پھر کالج کے زمانے تک ہمارا ساتھ رہا۔ پھر ہمارے راستے جدا ہو گئے۔ آپ نے میڈیکل کالج میں داخلہ لے لیا اور میں طبیعیات داں بننے کا خواب لے کر تن تنہا اپنے سفر پر روانہ ہو گیا۔ ہم دونوں نے قریب ایک ہی وقت میں، 1970ء کی دہائی کے وسط میں اپنا وطن چھوڑ دیا۔ آپ کینیڈا چلے گئے تاکہ علمِ نفسیات میں اپنی اعلیٰ تعلیم مکمل کر کے بطورِ نفسیات دان کام شروع کر سکیں۔ میرے برعکس آپ نے پھر کبھی پاکستان میں جا کر رہائش اختیار کرنے کا نہیں سوچا۔ اس اثناء میں آپ نے سماجی مسائل کے لئے بھی وقت نکالا اور خُوب لکھا بھی۔ میں جاننا چاہتا ہوں کہ نئے ماحول میں ڈھلنے کے لئے آپ کو کس طرح کے مسائل پیش آئے ہونگے؟ آپ پاکستان میں پیدا ہوئے، وہیں پل کر جوان ہوئے اور عین جوانی میں کینیڈا آ کر مستقل سکونت اختیار کر لی۔ کیا آپ کبھی محسوس ہوا کہ آپ اپنے وطن سے الفت کی بھاری گٹھڑی اٹھائے ہوئے ہیں؟

کیا آپ کبھی سوچتے ہیں کہ اگر آپ کینیڈا میں پیدا ہوتے تو آپ کی زندگی کس قدر مختلف ہوتی؟

کیا آپ نے کبھی مشاہدہ کیا کہ تارکینِ وطن کے بچے مشرقی و مغربی تربیت کے نفسیاتی مغلوبے میں رہ کر سنجیدہ ذہنی کشمکش کا شکار ہو جاتے ہیں؟

خالد سہیل: پاکستان میں رہتے ہوئے جب مجھے محسوس ہوا کہ میں ایک تخلیقی شخصیت کا مالک ہوں اور میرا فلسفۂ زندگی یہ ہے کہ نہ تو میں کسی منظم مذہب کو مانتا ہوں اور نہ ہی سماجی روایات کو تو مجھے یہ احساس بھی ہوا کہ میں ہر طرف سے مذہبی لوگوں میں گھرا ہوا ہوں جو مذہبی رسومات اور سماجی روایات کے حوالے سے بہت حساس ہیں۔ مجھے خدشہ ہوا کہ اگر عام لوگوں کو مذہب کے حوالے سے میرے مؤقف کا علم ہو گیا تو نتائج خطرناک ہو سکتے ہیں۔ میرے اندر یہ خوف بھی جا گزیں ہو گیا کہ یا تو مجھے قتل کر دیا جائیگا یا قیدِ تنہائی میں ڈال دیا جائیگا اور اگر ان دونوں سزاؤں سے بچ نکلا تو میں ذہنی بحران کا شکار ہو کر کسی پاگل خانے میں داخل کر دیا جاؤنگا۔ اس خوف کے پیشِ نظر میں نے پاکستان چھوڑا اور ایران سے ہوتا ہوا کینیڈا آ پہنچا۔ کینیڈا میں، میں

اپنے ضمیر کے مطابق زندگی گزار سکتا تھا۔ یہاں پر مجھے یہ خوف نہیں تھا کہ مار دیا جاؤں یا غیر مذہبی ہونے کی سزا پاؤں گا۔ کینیڈا آکر یہاں کے ماحول میں ڈھلنے میں چند سال لگ گئے۔ کینیڈا کا طرزِ اپنانے میں 'نیوفاؤنڈ لینڈ' کے مرد و خواتین کے ساتھ میل ملاقات اور دوستیوں نے میری بہت مدد کی۔

میں نے اپنی کتاب: "ایک تہذیب سے دوسری تہذیب کا سفر" میں اس موضوع پر سیر حاصل بحث کی ہے۔ میں نے اپنے مشاہدے کی روشنی میں بتایا ہے کہ کس طرح مشرق سے آئے ہوئے تارکینِ وطن مغربی طرزِ زندگی کے قالب میں ڈھلتے ہیں۔ کچھ اپنی مذہبی روایات اور مشرقی تشخص کو برقرار رکھنے کی کاوش میں گہرے مذہبی بن جاتے ہیں۔ اور کچھ اتنے مغرب زدہ بن جاتے ہیں کہ اپنے مشرقی پن کو خداحافظ کہہ دیتے ہیں بلکہ بعض تو ماضی پر نادم بھی ہوتے ہیں۔ اور تارکین وطن کے بچے اپنے آپ کو دو تہذیبوں کے درمیان لٹکا ہوا محسوس کرتے ہیں۔ اُن کو گھر میں مشرقی تہذیب و زبان ملتی ہے اور سکول میں مغربی تہذیب و زبان۔ کچھ بچے اس دوغلے پن سے گھبرا جاتے ہیں اور سنجیدہ جذباتی عارضوں میں مبتلا ہو جاتے ہیں۔ ہمارے کلینک میں بہت سے ایسے کنبے ہم سے علاج کروانے آتے ہیں۔ ہم اُن کو نفسیاتی مشورے دیتے ہیں جن سے ان کی کشمکش دور ہو اور وہ دو تہذیبوں کی پتوار میں سفر کرتے ہوئے بھی ایک پُرامن، کامیاب اور خوشگوار زندگی گزارنے کے قابل ہو سکیں۔

مگر جب بچے اس صورتِ حال سے نمٹنا سیکھ جاتے ہیں تو وہ شاندار کارکردگی بھی دکھاتے ہیں اور بعض تو اپنے خاندان اور برادری کے لئے فخر کا باعث بھی بنتے ہیں۔ گزشتہ سالوں میں نے کوشش کی ہے کہ مشرقی اور مغربی تہذیبوں کی خوبیاں تلاش کر کے ان کو ہم آہنگ کروں اور ایک "کثیر الثقافتی شخصیت" پیدا کروں۔ میں نے اس کو "ملٹی کلچرل پرسنلیٹی" Multicultural Personality کا نام دیا ہے۔ میرے کلینک سے رجوع کرنے والے مریض مختلف رنگ، نسل، قبیلے اور مذاہب سے تعلق رکھتے ہیں۔ کثیر الثقافتی طریقہ علاج Multicultural Therapy اور کینیڈا کی ثقافت کا امتزاج مجھے میری "کثیر الثقافتی شخصیت" کو برقرار رکھنے میں میرا مددگار ثابت ہوا ہے۔

خوابوں کی اہمیت

سہیل زبیری: بعض سوالات کی کھوج میں عمر بیت جاتی ہے مگر جواب نہیں ملتا۔ ایسا ہی ایک سوال میرے دماغ میں خوابوں سے متعلق ہے۔ کچھ لوگ خوابوں کی آمد کو خواہشات، خوف اور امیدوں سے جوڑتے ہیں اور کچھ مستقبل میں رُونما ہونے والے واقعات کی پیش بینی سے منسلک کرتے ہیں۔ کیا آپ خوابوں کی کوئی سائنسی وجہ بتا سکتے ہیں؟ ابھی تک سائنس اس سوال سے متعلق کہاں تک پہنچی ہے اور اس بات کا کتنا امکان ہے کہ ہم مستقبل قریب میں کسی حتمی جواب تک پہنچ جائیں گے؟

خالد سہیل: میری حقیر رائے میں جسمانی اور حیاتیاتی سائنس، نفسیاتی اور سماجی سائنس سے مختلف ہے۔ کیونکہ جسمانی سائنس میں ہم زندگی کے اُن پہلوؤں پر کام کرتے ہیں جن کو تجربہ گاہوں میں ماپا اور پرکھا جا سکتا ہے جبکہ نفسیاتی اور سماجی سائنس میں ہم زندگی کی عُمدگی و خوشگواری سے متعلق پہلوؤں پر کام کرتے ہیں۔ ذہنی عارضے زیادہ تر لوگوں کے رویوں، تعصبات، ترجیحات اور عقائد سے جنم لیتے ہیں جن کی جانکاری لیبارٹری میں نہیں ہو سکتی۔ انسان اپنی زندگی اور اپنے رشتوں کو خود معانی پہناتے ہیں جن کی جانچ کا کوئی پیمانہ نہیں۔ 'الفریڈ کنزے' نے ایک جگہ لکھا: "جنسی عمل پر سائنسی تحقیق کرنا آسان ہے کیونک ہم جنس کا مشاہدہ اور تجزیہ کر سکتے ہیں مگر محبت پر سائنسی تحقیق نہیں کر سکتے کیونکہ ہم محبت کو صرف تصور ہی کر سکتے ہیں۔

جہاں تک 'خوابوں کی حقیت' کا تعلق ہے تو اس بارے میں 'علمِ نفسیات میں مختلف روایات ہیں۔ سگمنڈ فرائیڈ نے خوابوں کو انسانی لاشعور میں موجود ماضی کے غیر حل شدہ معاملات سے جوڑا ہے۔

'کارل ینگ' بھی خوابوں کو لاشعور سے ہی وابستہ کرتا ہے۔ مگر وہ یہ سمجھتا ہے کہ خواب ہماری باطنی دانش اور مستقبل میں رونما ہونے والے واقعات کی بھی نشان دہی کرتے ہیں۔ جوں جوں 'دماغی سائنس' ترقی کر رہی ہے ہم اس قابل ہوتے جا رہے ہیں کہ دماغ کے کام کرنے کے طریقے سے منسلک کر کے خوابوں کا مطالعہ کر سکیں۔ جیسے Electroencephalographic Changes بالخصوص، "آر

ای ایم یا Rapid Eye Movement نیند۔ دماغ میں پیدا ہونے والی پانچ لہروں کی خصوصیات جدول میں ملاحظہ ہوں۔

اس مشاہدے کے مطابق 'آنکھوں کی تیز حرکت والی نیند' ہمارے سونے کے 90 منٹ بعد شروع ہوتی ہے۔ اسی نیند میں ہی ہمیں خواب آتے ہیں۔ نومولود بچوں کی 50 فی صد نیند "آر ای ایم سلیپ" ہوتی ہے۔ جبکہ بڑوں میں اس کا تناسب 20 فیصد ہے۔ مارک سولمی کے مطابق ہمارے شعور اور لاشعور کے درمیان ہمہ جہتی رشتہ ہے[1]۔ اس ضمن میں ہمارے دماغ کے حصوں، مثلاً برین سٹیم[2] سریبرل کارٹیکس[3] اور ریٹیکورل ایکٹیویٹنگ سسٹم[4] کا آپس میں پُراسرار رشتہ ہے جس کی وجہ سے ہی ہمارا شعور کام کرتا ہے۔

بہر حال، دماغی اور علمِ نفسیات کے میدان میں بے پایاں ترقی کے باوجود 'خواب' آج بھی ایک معمہ ہے اور دنیا بھر کے نفسیات دانوں، نفسیاتی معالجوں اور ماہرین نفسیات کے لئے سربستہ راز ہے۔

دماغ میں پیدا ہونے والی پانچ لہروں کی خصوصیات کا جدول

فریکوئنسی بینڈ	فریکوئنسی	دماغی کیفیت
گیما(γ)	35 Hz	یکسوئی
بیٹا(β)	12-35 Hz	مضطرب، بیرونی عوامل سے آگاہی
الفا(α)	8-12 Hz	آسودہ، بیرونی عوامل سے کم آگاہی
تھیٹا(θ)	4-8 Hz	نہایت آسودہ، باطنی توجہ
ڈیلٹا(δ)	0.5 – 4 Hz	نیند

---

[1] Mark Solmes, *The Hidden Spring: A Journey to the Source of Conciousness*

[2] Brainstem

[3] Cerebral Cortex

[4] Reticular Activating System

نفسیات کی زبان میں نارمل ہونے سے کیا مراد ہے؟

سہیل زبیری: بادی النظر میں آپ ایک ایسے طبیب ہیں جو ان لوگوں کا علاج کرتے ہیں جن کو معاشرہ اور وہ خود بھی ذہنی طور پر اپنے آپ کو تندرست (نارمل) نہیں سمجھتے۔ کیونکہ وہ کسی نہ کسی نفسیاتی عارضے میں مبتلا ہوتے ہیں۔ عام طور پر 'نارمل' رویہ یہی سمجھا جاتا ہے کہ انسان معاشرے کے طور طریقوں کے مطابق زندگی بسر کر رہا ہو۔ یہاں تک تو یہ بات بالکل دُرست ہے مگر نفسیات کی زبان میں 'نارمل ہونا' کی اصل تعریف ہے کیا؟ میں یہ جاننا چاہتا ہوں کہ بطورِ نفسیات دان آپ ایک صحتمندانہ رویئے سے کیا مراد لیتے ہیں؟ جیسے ہم کسی شخص کے جسم کے درجہ حرارت، خون کے دباؤ اور خون کے اجزاء کا لیبارٹری میں معائنہ کر کے اس کے جسم کے صحتمند ہونے پر قائل ہو جاتے ہیں، کیا اسی طرح ذہنی و جذباتی صحت ماپنے کا بھی کوئی پیمانہ موجود ہے؟

خالد سہیل: ذہنی طور پر نارمل (تندرست) شخص کون ہوتا ہے؟ یہ ایک مشکل سوال ہے۔ سگمنڈ فرائیڈ کہا کرتے تھے کہ: "ذہنی و جذباتی طور پر وہ شخص نارمل ہے جو محبت اور کام دونوں کامیابی سے سرانجام دے سکے۔"

بیمار وہ لوگ ہوتے ہیں جو کسی ذہنی تکلیف میں مبتلا ہوں یا ان کے رویئے سے ان کے ارد گرد کے لوگ متاثر ہو رہے ہوں یا یہ دونوں باتیں بیک وقت ہو رہی ہوں۔ مختلف معاشرے اور تہذیبیں نارمل ہونے کے سوال پر چار طرح کے جوابات رکھتی ہیں۔ یوں ذہنی صحتمندی کی چار تعریفیں بنتی ہیں:

پہلی تعریف عام لوگوں کی ہے۔ جن کا خیال ہے کہ معاشرہ جس روش پر چل رہا ہے یہ نارمل ہے۔ یہ ایک عددی تعریف ہے۔ جیسے بہت سے لوگ جس عمل کو بار بار کریں وہ نارمل لگتی ہے اور رفتہ رفتہ لوگوں کا مزاج بن جاتی ہے۔ مثال کے طور پر؛ طلاق دینا، گھریلو جانور پالنا اور سیر و تفریح وغیرہ کے لئے جانا۔ مگر ضروری نہیں کہ نارمل ہونے کی یہ تعریف قانونی، مذہبی اور صحت کے اصولوں پر بھی پوری اترتی ہو۔

دوسری تعریف وہ ہے جس کو مختلف مذاہب نارمل ہونا سمجھتے ہیں۔ مذہبی لوگ اس کے لئے مذہب کا پیمانہ استعمال کرتے ہیں۔ ان کا دعویٰ ہے کہ تمام ثواب کے کام نارمل (صحتمندانہ کام) عمل ہے۔ جب کہ

سب گناہ کے کام 'ایب نارمل' یا غیر صحتمندانہ رویہ ہیں۔ مذہبی نقطۂ نظر سے 'ایب نارمل' لوگ جہنم کی آگ میں جلیں گے۔ ہندو دھرم کے پیروکار گائے کا گوشت کھانے کو پاپ سمجھتے ہیں۔ جب کہ مسلمان شوق سے کھاتے ہیں اسی طرح مسلمان سؤر کا گوشت کھانا گناہ سمجھتے ہیں جب کہ عیسائی شوق سے کھاتے ہیں۔

نارمل ہونے کی تیسری تعریف قانون دان، منصف اور پارلیمان میں بیٹھے لوگ دیتے ہیں وہ قانون کی پاسداری کو ایک نارمل رویہ گردانتے ہیں۔ جو لوگ قانوں توڑتے ہیں وہ ان کو 'ایب۔ نارمل' سمجھتے ہیں اور ان کو ملکی قانون کے مطابق سزا دیتے ہیں۔ یہاں ایک بات دلچسپی کا باعث ہے کہ کچھ عرصے بعد جب قوانین تبدیل ہو جاتے ہیں تو 'نارمل' اور 'ایب نارمل' کے تعریف بھی تبدیل ہو جاتی ہے۔

چوتھی تعریف ڈاکٹر، نرسیں، صحت سے متعلقہ افراد اور نفسیات دان دیتے ہیں۔ اس تعریف کا پیمانہ صحت کا معیار ہے۔ مختلف ممالک اور معاشروں نے ذہنی صحت اور جذباتی عارضوں کے مختلف درجے بنا رکھے ہیں۔ طبیب اور نفسیات دان پہلے مرض کے درجے کا تعین کرتے ہیں پھر اس کے مطابق علاج کرتے ہیں۔ عام قارئین کی سہولت کے لئے ذہنی و جذباتی عارضوں میں مبتلا افراد کے عارضوں کو میں اس طرح تقسیم کرتا ہوں:

اینگزائیٹی ڈِس آرڈر Anxiety Disorder: اس میں:

'جنرل اینگزائیٹی ڈِس آرڈر' General Anxiety Disorder،

'پے نک ڈِس آرڈر' Panic Disorder اور

'ڈپریسو ڈِس آرڈر' Depressive Disorder شامل ہیں۔

اس کے علاوہ کچھ پرسنلیٹی ڈِس آرڈر' Personality Disorder' بھی ہوتے ہیں۔

جیسے شائیوزائڈ Schizoid Personality Disorder،

بارڈر لائن (Borderline Personality Disorder)،

ابسیسو کمپلسو Obsessive Compulsive Personality Disorder

سائیکوپیتھک Psychopathic Personality Disorder ڈِس آرڈرز شامل ہیں۔

نفسیاتی مسائل کی شدید ترین کیفیات سائیکوسس کہلاتی ہیں ان کی دو مثالیں

شیزوفرینیا Schizophrenia اور بائی پولر ڈس آرڈر Bipolar Disorder ہیں۔

ماہرین نفسیات ان نفسیاتی مسائل اور ذہنی امراض میں مبتلا انسانوں کا علاج ادویہ، آگاہی اور نفسیانی معالجے کے ملاپ سے کرتے ہیں۔

گرین زون تھراپی کا فلسفہ

سہیل زبیری: 'گرین زون تھراپی' کا فلسفہ متعارف کروانے اور منفرد کام کے حوالے سے دنیا بھر میں آپ کا ایک نام ہے۔ کیا آپ کے اس نئے طریقہ علاج جس سے ذہنی دباؤ اور جذباتی کشمکش میں مبتلا ہزاروں افراد شفایاب ہو چکے ہیں، کچھ روشنی ڈالیں گے؟

خالد سہیل: پاکستان میں، جس عرصے میں میڈیکل کالج میں اور پھر جب نفسیات کے شعبے میں ہاؤس جاب کر رہا تھا۔ اس وقت سے محسوس کرتا تھا کہ ہمارا طریقۂ علاج روایتی ہے کیونکہ یہ بیماری کی وجوہات کی بجائے علامات پر توجہ دیتا ہے۔ اور پھر علامات کا ہی علاج بھی کرتا ہے۔ اس طرح بیماری کبھی ختم نہیں ہوتی۔ میں ایک ایسا طریقہ علاج متعارف کروانا چاہتا تھا جو صحتمندانہ اور نمو بخش ہو۔ جس سے علامات کی بجائے وجوہات کا علاج ہو۔ ہمارے روایتی طریقہ علاج میں مریض ماہرِ نفسیات کا مطیع ہوتا ہے۔ طبیب مرض کی تشخیص کرتا ہے اور دوا دیتا ہے۔ مریض بغیر کسی بات چیت کے دوا لینے پر مجبور ہوتا ہے۔ میں اپنے مریضوں کو انکے علاج کی منصوبہ بندی میں شامل کرنا چاہتا تھا۔ میں مریضوں کی ذہنی صحت کے بارے میں تعلیم و آگاہی دینا چاہتا تھا۔ مجھے اس بات کا بھی شدت سے احساس تھا کہ نفسیات کی کتابیں مشکل اور پیچیدہ زبان میں لکھی گئی ہیں۔ جن میں بہت مشکل نفسیاتی اصطلاحات استعمال ہوئی ہیں۔ ان کو پڑھتے ہوئے یوں لگتا ہے جیسے ایک ماہرِ نفسیات دوسرے ماہرِ نفسیات سے بات کر رہا ہو۔ میں ان کتب کو عام فہم زبان میں دوبارہ لکھنا چاہتا تھا۔ اتنا آسان کے جس کو ایک آٹھویں پاس بچہ بھی سمجھ سکے۔

میرے یہ تفکرات تھے جن کا دور ہونا ضروری تھا۔ اور یہ میرے دل میں اس وقت پیدا ہوئے جب میں نفسیات کا طالبِ علم اور طبیب تھا۔ نفسیاتی مریضوں کے لئے میں 'اپنی مدد آپ' پر مشتمل ایک نیا پروگرام ترتیب دینا چاہتا تھا۔ اس سے پہلے کہ میں ان کو یہ اختیار دوں کہ وہ میرا نیا طریقہ میرے "کریئیٹو سائیکو تھراپی کلینک Creative Psychotherapy Clinic" میں آکر آزمائیں یا پھر اپنے روایتی طریقہ علاج پر عمل پیرا رہیں۔

اس نوعیت کے خواب و خدشات میرے دل میں ، گرین زون فلسفے کا خیال آنے سے پہلے موجود تھے۔ گرین زون فلسفہ ترتیب دینے اور اس کا ابلاغ کرنے میں مجھے بیس برس لگ گئے۔ اگلے بیس برس اس کو استعمال اور پختہ کرنے میں لگے۔ ان چالیس سالوں کے دوران میری ذاتی، سماجی اور پیشہ وارانہ زندگی کی چند جھلکیاں پیشِ خدمت ہیں۔ یہ میری زندگی کا ایک اہم دورانیہ تھا جس میں، میں ایک نئے انداز سے زندگی کے ساتھ نبرد آزما تھا۔ میں نے اپنی کتاب : بیکمنگ اے سائیکو تھراپسٹ" میں 'گرین زون تھراپی' کے عنوان سے ایک باب مختص کیا تھا۔ یہ کتاب میں نے اپنے عزیز دوست اور ہم پیشہ ڈاکٹر رضوان علی کی مدد سے لکھی تھی۔ کتاب کا باب درج ذیل ہے:

گرین زون تھراپی : گزشتہ چند دہایوں سے میں نے یہ بات شدت سے محسوس کی ہے کہ کچھ لوگ ساری عمر خاموشی سے کسی جذباتی عارضے میں مبتلا ہو کر یا کسی ذہنی ابتلا میں گزار دیتے ہیں اور ان کے قریب ترین دوست اور رشتے دار تک ان کے کرب سے بے خبر ہوتے ہیں۔ اس کی بڑی وجہ خوفِ رسوائی ہے۔ کیونکہ ذہنی عارضے میں مبتلا ہونا سماج میں باعثِ شرم بات بلکہ کلنک کا ٹیکہ ہے۔ اسی وجہ سے اکثر لوگ اپنی ذہنی تکلیف کا اظہار دوسرے لوگوں سے نہیں کرتے۔

لوگوں کے لئے کھلے بندوں اس بات کا اظہار کرنا بہت آسان ہے کہ وہ فشارِ خون، زیابیطس، ضعفِ جگر یا کینسر میں مبتلا ہیں۔ مگر یہ بات کرنا بہت دشوار ہے کہ کسی کو پتہ چلے کہ وہ اضطرابی کیفیت، گھبراہٹ، 'بائی پولر ڈس آرڈر' مالیخولیا، ازدواجی نااستواری یا نشے میں مبتلا ہیں۔ ان کو خوف دامن گیر ہوتا ہے کہ لوگ ان کو تنقیدی نظر سے دیکھیں گے اور اپنی زندگی سے بے دخل کر دیں گے۔ اسی لئے بیشتر مریض کسی پیشہ وارانہ مدد کے بغیر خاموشی سے اپنا کرب سہتے رہتے ہیں۔ یہ کس قدر تکلیف دہ بات ہے!

برس ہا برس جنرل ہسپتالوں، نفسیاتی ہسپتالوں اور ذہنی صحت کے کلینک میں کام کرنے کے بعد میں نے اپنا 'سائیکو تھراپی' کلینک کھولنے کا فیصلہ کیا تاکہ اپنے سوچے ہوئے 'اپنی مدد آپ کے تحت' والے پروگرام کو عملی شکل دے سکوں اور اپنے مریضوں اور انکے اہلِ خانہ کی مدد کر سکوں۔ مقصد یہ تھا کہ جذباتی مسائل سے دوچار مریض پہلے اپنی بیماری کو خود سمجھیں اور پھر ہمارے مشورے پر عمل کر کے ایک خوشگوار، پُرامن اور صحتمندانہ زندگی گزار سکیں۔ میں نے یہ بھی محسوس کیا تھا کہ جب لوگ کسی جسمانی عارضے سے دوچار ہوتے تو ڈاکٹر ان کو غذا اور ورزش کا مشورہ دیتے۔ تاکہ وہ اپنی بیماری پر قابو پانے کے قابل ہو جائیں مگر

جب کوئی جذباتی عارضے میں مبتلا شخص ان کے پاس جاتا تو وہ اس کو ماہرِ نفسیات سے دوائی لینے بھیج دیتے اور کوئی ایسا مشورہ نہیں دیتے جس سے اس کی زندگی بہتر ہو سکے۔

میرا طریقہ مختلف تھا۔ میرے خیال میں دوائی آخری حل ہے۔ کسی جذباتی مسئلے سے نمٹنے کا پہلا حل دوا نہیں بلکہ تعلیم اور آگاہی ہے۔ میں چاہتا ہوں کہ مریض یقین کر لیں کہ ہر بحران کے اندر کامیابی پوشیدہ ہوتی ہے۔اس روشن پہلو کو سامنے رکھتے ہوئے میرے مریض بحران سے الجھنے کی بجائے اس کو ایک 'سازگار موقع' جان کر اپنی زندگی پہلے سے بھی زیادہ بہتر بنا لیں۔ آخر کار میں اپنے مریضوں اور رفقائے کار 'این ہینڈرسن' اور بیٹی ڈیوس' کے ساتھ مل کر 'گرین زون لِونگ 'یعنی گرین زون طرزِ زندگی کی تھیوری کو عملی جامہ پہنانے میں کامیاب ہو گیا۔ جس کی بنیاد 'گرین زون' فلسفہ تھا۔اس سلسلے جاری رکھنے اور بہتر سے بہترین بنانے کے لئے گزشتہ 10 سالوں میں ہم نے 5 کتابیں اور دو وڈیوز منظرِ عام پر لائی ہیں۔ جس سے ہمارے مریضوں، آئندہ کے مریضوں اور ان کے اہلِ خانہ کو بہت مدد ملی ہے۔ ہم نے ان کُتب کو بہت عام فہم زبان میں لکھا ہے۔ان میں زیادہ تر ہمارے مریضوں کی کامیاب کہانیاں ہیں۔ان کُتب اور وڈیوز کے نام اس صفحے کے آخر دیئے گئے ہیں۔ ہماری ان کتابوں اور ویڈیوز نے نہ صرف متعدد لوگوں کو جینے کی امید اور تحریک دی بلکہ ایک کامیاب سماجی زندگی گزارنے کے ہنر بھی سکھائے۔ یہ میرے لئے فخر کی بات ہے کہ میرے مریضوں نے مجھ پر اعتبار کیا اور مجھے اپنی ذاتی رُودادیں سنائیں۔اس کے لئے میں ان کا تہہ دل سے شکر گزار ہوں کہ انھوں نے مجھے خدمت کا موقع دیا۔ اگر اس پیشہ وارانہ سفر میں میرے مریض میرے ہم سفر نہ ہوتے تو 'گرین زون فلسفہ 'ایک خواب ہی رہ جاتا۔

Books

1. The Art of Living in your Green Zone
2. The Art of Working in your Green Zone
3. Creating Green Zone Schools...The Art of Learning in your Green Zone
4. Green Zone Living:...7 steps to a healthy, happy and peaceful lifestyle

Videos : Green Zone Stories, Green Zone Lifestyles

گرین زون فلسفے کا جنم

ایک تخلیقی ذہن رکھنے کی وجہ سے مجھے اکثر تخلیقی تجربات سے واسطہ رہتا ہے۔ کچھ ایسے لمحات ہوتے ہیں جو ایک نیا خیال میرے پاس چھوڑ جاتے ہیں۔ ان میں کچھ خیالات چھوٹے ہوتے ہیں اور کچھ بڑے، کچھ عام ہوتے ہیں کچھ خاص، کچھ سادہ ہوتے ہیں اور کچھ سنجیدہ۔ میرے لئے سب ہی قیمتی ہوتے ہیں۔ کیونکہ یہ مجھے اپنی ذاتی، سماجی اور پیشہ وارانہ زندگی کے لئے مزید بصیرت عطا کرتے ہیں۔ تخلیقی آمد کے ایسے گہرے خیالات مجھے "آہا" تجربے سے ہمکنار کرتے ہیں۔ یہ لمحات میرے لئے زندگی کے قیمتی تحفے ہیں۔ کیونکہ یہ مجھے زندگی میں بہتری لانے اور کچھ کر گزرنے کی لگن پیدا کرتے ہیں۔

ایسا ہی ایک واقعہ چند برس قبل ایک میاں بیوی کی سائیکو تھراپی کرتے ہوئے پیش آیا۔ یہ ایک گھریلو تشدد کا مسئلہ تھا۔ جس نے مجھے کسی حد تک پریشان بھی کیا۔ نینسی (بیوی) نے بتایا کہ اس کی شادی کو بیس برس ہو گئے ہیں۔ مگر اس کا شوہر، بل اس کے ساتھ زبانی اور جسمانی بد سلوکی کرتا ہے۔ اس نے یہ بھی بتایا کہ اس نے اپنے شوہر کو واضح تنبیہ کی ہے کہ یا تو وہ اپنا علاج کروائے یا وہ طلاق کا کیس دائر کر دے گی۔

بِل اپنی بیوی کو کھونا نہیں چاہتا تھا اس لئے نفسیاتی مشورے کے لئے راضی ہو گیا۔ اُن کے فیملی ڈاکٹر نے جوڑے کو مجھے رجوع کرنے کا مشورہ دیا۔ جیسے کہ کئی جوڑے میری طرف بھیج چکا تھا۔

پہلی چند ملاقاتوں میں، میں نے میاں بیوی کے رشتے کی نوعیت کو جانچنے کی کوشش کی اور ان کو کھل کر بات کرنے پر مائل کیا۔ مجھے محسوس ہوا جیسے شوہر اپنے تئیں بدلنا تو چاہتا ہے مگر یہ نہیں جانتا کہ بدلنا کیسے ہے؟ اُس کی اپنی پرورش ایک متشدد خاندان میں ہوئی تھی۔ جہاں ایک بھی قابلِ تقلید شخص نہیں تھا۔ حتیٰ کہ اس کا باپ بھی اس کی ماں کے ساتھ بد سلوکی کرتا تھا۔

بل اور نینسی کا ایک بارہ سالہ بچہ بھی تھا۔ تیسری ملاقات میں بل نے بتایا کہ وہ اپنے بچے سے اتنا پیار کرتا ہے کہ اسے لاڈ سے شہزادہ کہتا ہے۔ میں نے بل سے پوچھا: "کیا تم چاہتے ہو کہ تمہارا بیٹا واقعی ایک شہزادہ بنے؟" اُس نے جواب دیا: "جی ہاں۔" میں نے مسکرا کہا: "اگر تم چاہتے ہو کہ تمہارا بیٹا شہزادہ بنے تو اس کی ماں کے ساتھ ملکہ والا سلوک کرنا پڑے گا۔ اگر اس کی ماں کے ساتھ کنیزوں والا سلوک ہو گا تو بیٹا

شہزادہ کیسے بنے گا؟" یہ سُن کر بِل مُسکرا دیا۔ اسی ایک مسکراہٹ نے ہم دونوں کے درمیان رابطہ استوار کر دیا۔ بل کو یقین ہو گیا کہ میں اس کا ہمدرد ہوں اور سنجیدگی سے اس کی مدد کرنا چاہتا ہوں۔

اگلی ملاقات میں، میں نے بل کو پیار سے بتایا کہ وہ ایک ایسی خاتون کو کیسے ایذا پہنچا سکتا ہے جس سے محبت کرتا ہے؟ بِل نے جواب دیا: "ڈاکٹر سہیل! پتہ نہیں مجھے کیا ہو جاتا ہے؟ چھوٹی سی بات مجھے اشتعال دلا دیتی ہے۔ میں ایسی باتیں اور حرکتیں کر جاتا ہوں جن پر بعد میں شرمندگی محسوس کرتا ہوں اور بیوی سے معافی بھی مانگتا ہوں۔ مگر دوبارہ پھر وہی کام کرتا ہوں۔" جب بل بول رہا تھا تو میں سیدھا اس کی آنکھوں میں دیکھ رہا تھا۔ میں نے اسی طرح بل کی آنکھوں میں دیکھتے ہوئے کہا: "بل میری بات غور سے سنو، گاڑی چلاتے ہوئے جب تمھیں 'زرد' سگنل ملے تو تم کیا کرتے ہو؟"

"میں ایکسی لیٹر پر پاؤں دبا دیتا ہوں۔" "وہ کیوں؟" "کیونکہ مجھے ہمیشہ جلدی ہوتی ہے۔ کام پر جانے کی جلدی۔ گھر پہنچنے کی جلدی۔"

میں نے نرم لہجے میں کہا: "بل جب ایک عقلمند آدمی زرد اشارے کو دیکھتا ہے تو وہ اپنا پاؤں ایکسیلیٹر کی بجائے بریک پر رکھتا ہے۔ عقلمند آدمی رُک جاتا ہے اور اسی وقت آگے بڑھتا ہے جب ٹریفک سگنل سبز ہو جائے۔ جب تم ناراض ہوتے ہو تو زرد زون میں ہوتے ہو تمہیں اس وقت رک جانا چاہیے اور انتظار کرنا چاہیے تاکہ تم پُر سکون ہو جاؤ اور پھر آرام سے گرین زون میں داخل ہو جاؤ۔ ورنہ تم پر تمہارا اختیار ختم ہو جائیگا اور تم زہریلے سُرخ زون میں جا پڑو گے۔"

اگلے ہفتے جب نینسی آئی تو بہت جوش و خروش سے ملی۔ اور بولی: "ڈاکٹر سہیل آپ نے ایسا کیا کیا ہے؟ آپ نے بِل سے کیا کہا؟ کیونکہ ہمارے ہاں ایک معجزہ ہو گیا ہے۔ بِل پورا ہفتہ ایک بار بھی آپے سے باہر نہیں ہوا۔ وہ ایک نیا شخص ہے۔ میں آپ سے بہت متاثر ہوئی ہوں"

مجھے محسوس ہوا کہ 'بل' نینسی سے محبت کرتا تھا اس لئے بدلنا بھی چاہتا تھا۔ مگر اس کو سمجھ نہیں آرہی تھی۔ مجھ پر اعتبار اور اپنی ذرا سی کاوش سے اس میں بدلاؤ آگیا۔ میں نے بِل کے اندر تبدیلی پر غور کیا اور اس نتیجے پر پہنچا کہ ٹریفک کے اشاروں، سبز، زرد اور سُرخ میں بہت طاقت ہے۔ کیونکہ یہ بہت مانوس اور واضح ہوتے ہیں لہٰذا اثر انگیز ہیں۔ ان سے لوگوں کو خود آگاہی اور خود ضبطی حاصل کرنے میں بہت مدد ملی۔ میں نے یہ نسخہ کچھ جوڑوں پر بھی آزمایا اور بہت مفید ثابت ہوا۔ یہ تصور ایک بیج ثابت ہُوا جو پودا اور پھر ایک

درخت بنا اور دیکھتے ہی دیکھتے پھل دینے لگا۔ اس کا پھل وہ نفسیاتی و مشاورتی طریقہ علاج ہے جس کا جنم گرین زون فلسفے سے ہوا۔ یہ فلسفہ 'اپنی مدد آپ پروگرام' کی بنیاد ہے جس کو میری ساتھی تھراپسٹ 'بے ٹی ڈیوس' اور میں پیشہ وارانہ اور ذاتی زندگی میں استعمال کرتے ہیں۔ اس کو ہم نے 'گرین زون تھراپی' کا نام دیا ہے۔

گرین زون فلسفے کی دریافت اور پھر اس پر عمل درآمد سے ہماری، ہمارے مریضوں، ساتھیوں اور دوستوں کی زندگیوں کو بہت پُرسکون بنا دیا ہے۔ اس میں لوگوں کے لئے شفاء ہے، نشو و نما ہے اور اپنی تمام تر صلاحیتوں کو بروئے کار لانے کا راز مضمر ہے۔ 'گرین زون تھراپی' انسانی برادری میں جذباتی مریضوں کے لئے ہماری طرف سے ایک تحفہ ہے۔ 'گرین زون فلسفہ' سب سے پہلے مریض کو اپنے اندر کا سکون دریافت کرنے میں مدد دیتا ہے۔ پھر اس کی بنیاد پر خاندان کے لوگوں کے ساتھ، دفاتر میں اور اپنی کمیونٹی (برادری) کے درمیان خوشگوار رشتے قائم کرنے میں معاون اور مددگار ہے۔ درج ذیل صفحات میں 'گرین زون' فلسفے' اور گرین زون 'تھراپی' کے کچھ بنیادی اصولوں پر روشنی ڈالی جائیگی۔

تین جذباتی حلقے، سبز، زرد اور سُرخ

سبز، زرد اور سُرخ جذبات کے تین تصوراتی حلقے یا زون ہیں۔ بنیادی تصور یہ ہے کہ ٹریفک کے اشاروں کی طرح ہر انسان ہر وقت ان میں سے کسی ایک زون میں ہوتا ہے۔ جب ہم پرسکون، خوش اور زندگی سے لُطفاندوز ہو رہے ہوتے ہیں تو اپنے گرین زون میں ہوتے ہیں۔ جب ہم تھوڑے سے خفا، پریشان یا غصے میں ہوتے ہیں تو اپنے زرد یا پیلے زون میں ہوتے ہیں۔ مگر جب ہم بہت زیادہ غمزدہ یا غصے سے بے قابو اور نامعقول ہو جاتے ہیں تو اس وقت ہم اپنے سُرخ زون میں ہوتے ہیں۔ میری رائے میں جذباتی خود آگاھی 'گرین زون جیون' کی طرف پہلا قدم ہے۔ یعنی اس بات پر توجہ مرکوز رکھنا کہ ہم اس وقت کس جذباتی زون میں ہیں؟ اسی سے ایک خُوشگوار، صحتمندانہ اور پُرسکون زندگی کا ظہور ہوتا ہے۔

گرین زون کا تصور سادہ مگر گہرا اور اثر انگیز ہے۔ 'سادہ' سے میری مراد یہ ہے کہ یہ بچوں کو بھی آسانی سے سمجھ آسکتا ہے۔ آیئے میں آپ کو ایک کہانی سناتا ہوں:

"ایک دن میرے شاعر دوست رشید ندیم نے فون کر کے بتایا کہ کچھ دیر قبل اس کی پانچ سالہ بیٹی افروز اور سات سالہ بیٹا امروز آپس میں لڑ پڑے تھے۔ شور سن کر جب میں ان کے کمرے میں گیا تو غُصیلے جملوں کے تبادلے ہو رہے تھے۔ بیٹی نے مجھے دیکھ کر کہا: "ڈیڈ! آپ واپس اپنے کمرے میں چلے جائیں۔ میں اس وقت سُرخ زون میں ہوں، آپ سے بات نہیں کر سکتی۔" اس کے کچھ دیر بعد افروز میرے کمرے میں آئی اور بولی: "ڈیڈی میں اب آپ سے بات کر سکتی ہوں۔ کیونکہ اب میں اپنے 'ییلو زون' میں ہوں۔" میں نے پوچھا کہ بیٹا میں آپ کی کیا مدد کر سکتا ہوں تو وہ بولی: "ڈیڈ! امروز نے میری گڑیا توڑ ڈالی ہے۔ اگر آپ مجھ سے وعدہ کریں کہ مجھے نئی گڑیا دلوا دیں گے تو میں واپس 'گرین زون' میں آجاؤں گی۔ ورنہ 'ریڈ زون' میں چلی جاؤں گی۔" یہ سُن کر میں نے اپنی بیٹی کو گلے لگایا، پیار کیا اور اس نئی گڑیا دلوانے کا وعدہ کیا؟ ندیم نے مجھے بتایا کہ زون والا ماڈل اس کے بچے ہر وقت استعمال کرتے ہیں۔ اگرچہ اکثر اس میں ان کے فائدے کی بات بھی ہوتی ہے۔"

اس کے ساتھ ساتھ ہمارا گرین زون ماڈل دفاتر میں بھی سود مند ثابت ہو رہا ہے۔ میرے دوست رُوفی نے مجھے بتایا کہ اُس نے اپنے دفتر کے ہر ملازم کو تین چھوٹے چھوٹے جھنڈے دے رکھے ہیں۔ ہر ملازم اپنی جذباتی کیفیت کے مطابق ایک جھنڈا کسی واضح جگہ پر اپنی میز پر نصب کر دیتا ہے۔ ان جھنڈوں کے رنگ میرے اہل کاروں کے موڈ ظاہر کرتے ہیں۔ جب کسی کا موڈ بدلتا ہے تو جھنڈے کا رنگ بھی بدل جاتا ہے۔ یوں دفتر کے لوگ ایک دوسرے سے رابطہ کرتے وقت ان رنگوں کا خیال رکھتے ہیں۔ نتیجہ یہ ہے کہ دفتر میں ہر وقت خوشگوار ماحول رہتا ہے۔ جب روفی کا باس لاس اینجلیس سے دفتر کے دورے پر آیا تو دفتر میں میزوں پر جھنڈے اور ان کا پس منظر جان کر بہت متاثر ہوا۔ اور بولا: "میں امریکہ میں اپنے ہیڈ آفس بھی یہ تصور متعارف کرواؤں گا۔"

تین اقدام: شناخت، واپسی اور احتیاط

(THREE R's: Recognize, Recover, Restrain)

میں اپنے مریضوں کو بتاتا ہوں کہ 'گرین زون فلسفے' کا سب سے اہم نقطہ یہ ہے کہ ہم اپنے 'جذباتی حلقے' یا 'زون' میں تبدیلیوں پر نظر رکھیں۔ ہم جتنے زیادہ ان تبدیلیوں سے آگاہ ہونگے اُتنا زیادہ جذبات کو قابو میں رکھ کر زیادہ سے زیادہ دیر اپنے پُر سکون 'گرین زون' میں گزار سکیں گے۔ 'تھری آر ز' یا تین اقدام' کا تصور اسی چیز کو عملی جامہ پہنانا ہے۔

پہلا قدم: جذباتی تبدیلیوں کی پہچان ہے یعنی یہ معلوم ہو جانا کہ میرا زون تبدیل ہو رہا ہے۔

دوسرا قدم: زرد یا سُرخ زون سے باہر نکلنا اور گرین زون میں واپس آنا۔

تیسرا قدم: دوبارہ زرد یا سُرخ زون میں جانے سے اپنے آپ کو روکے رکھنا۔

لوگوں کو اپنے جذباتی محرکات ("ٹرِ گرز" یا جذبات برانگیختہ کرنے والی باتیں) سے جتنی زیادہ آگاہی ہوتی جاتی ہے وہ اتنے ہی اس قابل ہوتے جاتے ہیں کہ اُن سے نمٹ بھی سکیں۔ اُن کو یہ بھی پتہ چلتا جاتا ہے کہ 'گرین زون' والے افراد عمل کرتے ہیں جبکہ 'ریڈ زون' والے افراد ردِ عمل دیتے ہیں۔

(Red Zone People REACTGreen Zone People ACT)

میں لوگوں کی توجہ اس طرف بھی مبذول کرواتا ہوں کہ 'احساسِ خود توقیری' بھی ذہنی صحت میں اہم کردار ادا کرتا ہے۔ احساسِ خود توقیری میں کمی کے شکار افراد کا کسی ذہنی عارضے میں مبتلا ہونے کا امکان زیادہ ہوتا ہے۔ کیونکہ وہ ارد گرد کے لوگوں کی تنقید اور رائے کے بارے میں بہت حساس ہوتے ہیں۔

جتنے بھی ماہرینِ نفسیات اور فلاسفروں نے 'احساسِ خود توقیری' پر بحث کی ہے، امریکی نفسیات دان 'ہیری سٹیکسلیوان' نے مجھے سب سے زیادہ متاثر کیا ہے۔ سلیوان کو 'باہمی نفسیات کے مکتبہ فکر' کا بابائے آدم سمجھا جاتا ہے۔ اس کا اصرار تھا کہ 'احساسِ خود توقیری میں کمی تمام نفسیاتی عارضوں کی جڑ ہے۔ "گڈ می" اور" بیڈ می" کا تصور بھی اسی نے دیا تھا۔

اس کا کہنا تھا کہ اپنی وہ تمام خصوصیات جو ہمیں اچھی لگتی ہیں وہ ہمارے 'گُڈ می' کا حصہ ہوتی ہیں۔ اور اپنی وہ باتیں جو ہمیں بُری لگتی ہیں ہمارے 'بیڈ می' کا حصہ ہوتی ہیں۔ جذباتی طور پر صحت مند افراد کا 'گڈ می'،

'بیڈ می' سے بڑا ہوتا ہے۔ اور جذباتی طور پر علیل اشخاص کا 'بیڈ می' ان کے 'گڈ می' سے بڑا ہوتا ہے۔ ہم جذباتی طور بیمار اشخاص کا 'گڈ می' ان کے 'بیڈ می' سے بڑا کرنے کی کوشش کرتے ہیں۔ اس کا طریقہ یہ ہوتا ہے کہ ہم ان کے اوصاف، صلاحیتیں اور قدرتی لیاقتیں باہر لانے کی کوشش کرتے ہیں تاکہ ان میں خوداعتمادی، خود توقیری اور احساسِ عزت میں اضافہ ممکن ہو۔ احساستوقیری میں کمی کا شکار افراد ظاہری و باطنی محرکات کا جلد اثر لے لیتے ہیں جن سے ان کے جذبات میں ناہمواری آنے کے امکانات زیادہ ہوتے ہیں۔ جس کی وجہ سے وہ فوری ردعمل دینے لگتے ہیں۔

'سیلف اسٹیم'(احساسِ خودتوقیری')self esteem کے مقابلے میں، میں نے ایک نیا تصور پیش کیا ہے جس کا نام "آدراسٹیم" other esteem"رکھا ہے۔ احساسِ خود توقیری وہ احساس ہے جو ہم خود پیدا کرتے ہیں۔ جبکہ ا'دراسٹیم' ہم دوسرے لوگوں سے لیتے ہیں۔ اساحساسِ میں مبتلا لوگ اپنے ساتھیوں، دوستوں اور خاندان والوں کی منفی باتوں، تبصروں اور رائے کے بارے میں بہت حساس ہوتے ہیں۔

اس کے برعکس جو لوگ احساسِ خود توقیری کے لیے دوسروں کی طرف نہیں دیکھتے بلکہ یہ احساس اپنے اندر خود پیدا کرتے ہیں وہ محفوظ محسوس کرتے ہیں۔ اور دوسروں کی منفی رائے کا بہت کم اثر لیتے ہیں۔

3۔ جذباتی اُلجھنیں سُلجھانے کی تین طریقے: حل، خاتمہ، ثالثی (Resolve, Dissolve or Mediate)

اپنے پُرسکون گرین زون میں زیادہ سے زیادہ وقت گزارنے کے بعد ہمیں اپنے رشتوں پر بھی توجہ دینی چاہیے۔ میں اپنے رفقائے کار خواتین و حضرات کو مشورہ دیتا ہوں کہ وہ اپنے عزیز ترین رشتوں کی ایک فہرست بنائیں اور یہ بھی لکھیں کہ وہ کس زون میں جی رہے ہیں۔ ہمارے جو رشتے زرد اور سُرخ زون میں ہیں اُن سے بات چیت کر کے ہم اُن کو گرین زون میں لا سکتے ہیں۔ ہم اُن کو بتا سکتے ہیں کہ کوئی بھی قضیہ تین طریقوں سے حل ہو سکتا ہے۔

پہلا طریقہ یہ ہے کہ ہم رابطہ بہتر بنا کر مسئلے کو حل کر سکتے ہیں۔ دوسرا طریقہ یہ ہے کہ رشتہ ہی ختم کر دیں اور ایک دوسرے کو خدا حافظ کہدیں۔ اگر دو افراد رشتہ توڑنا نہیں چاہتے تو ہم ان کو کسی تیسرے شخص کو ثالث مقرر کرنے کا مشورہ دیتے ہیں۔ یہ شخص کوئی دوست، رشتے دار یا نفسیاتی معالج بھی ہو سکتا ہے۔ جس کے طرفین عزت کرتے ہوں۔ یوں حل کرنے، ختم کرنے اور ثالثی جیسے طریقے استعمال کر کے

ہم بہت سے رشتوں کو بچا سکتے ہیں۔ میں ایک مثال سے اپنی بات واضح کرنے کی کوشش کرتا ہوں: ایک شوہر ٹریفک میں تعطل کی وجہ سے گھر دیر پہنچتا ہے۔ اس کی بیوی ڈنر بنا کر اس کا انتظار کر رہی ہے۔ شوہر گھر میں داخل ہوتے ہی کہتا ہے: "آئی ایم سوری، میں لیٹ ہو گیا، ٹریفک میں پھنس گیا تھا۔" اس کی بیوی ہمدردی جتلانے کی بجائے گلے شکوے شروع کر دیتی ہے:

بیوی: "تم ہمیشہ دیر سے آتے ہو۔۔۔"

شوہر: "تم نے کبھی بھی ہمدردی نہیں دکھائی۔"

گرین زون فلسفے میں 'ہمیشہ' اور 'کبھی بھی' ریڈ زون الفاظ ہیں۔ اسی طرح "چاہیے" بھی ریڈ زون لفظ ہے۔ اس کے استعمال سے دوسرا شخص اپنے آپ کو بچہ محسوس کرتا ہے۔ جس سے مکالمہ 'دو بالغ افراد' کی بجائے 'والدین اور بچے' کی شکل اختیار کر لیتا ہے۔ جب کوئی شخص یہ محسوس کرے کہ اس پر تنقید ہو رہی ہے تو وہ 'ریڈ زون' میں جا سکتا ہے۔

تین نظام: گھرانہ، کام اور برادری

(THREE SYSTEMS: FAMILY, WORK, COMMUNITY)

انسانی رشتوں سے آگے ہم چل کر ہم خاندان، دفاتر اور کمیونٹی پر توجہ مرکوز کر سکتے ہیں۔ یہ تینوں نظام اہم ہیں۔ جس طرح افراد کے گرین، زرد اور سرخ زون ہوتے ہیں اسی طرح خاندان، دفتر اور معاشرے بھی کسی نہ کسی زون میں ہوتے ہیں۔ ہمیں ان کی پہچان ضرور کرنی ہوتی ہے اس لئے کہ ہم 'ریڈ زون نظام' کے اندر رہتے ہوئے اپنے گرین زون میں نہیں رہ سکتے۔ کیونکہ نظام جذباتی طور پر افراد سے زیادہ طاقتور ہوتے ہیں۔ اپنی کتاب ☆: "گرین زون میں کام کرنے کا فن" میں ہم نے یہ طریقے بتائے ہیں کہ ہم کس طرح ایک ریڈ زون دفتری ماحول کو گرین زون میں بدل سکتے ہیں یا ریڈ زون جیسے زہر آلود دفتری ماحول کو چھوڑ سکتے ہیں یا ایک نیا گرین زون دفتری ماحول ترتیب دے سکتے ہیں۔

تحفۂ خاص کی تلاش

(The Art of Working in Your Green Zone)

اپنے خاص تحفے کو تلاش کرنا گرین زون فلسفے کا بنیادی جزو ہے۔ میں اپنی کلینکل پریکٹس کے دوران بہت سے ایسے افراد سے ملتا ہوں جو اپنے خوابوں سے رابطہ توڑ چکے ہیں۔ وہ مجھے اُداس لگتے ہیں اور اپنے آپ کو آزردہ محسوس کرتے ہیں۔ جب میں انکی زندگیوں کا جائزہ لیتا ہوں تو پتہ چلتا ہے کہ ان کی کوئی منزل نہیں، کوئی خواب نہیں، کوئی آدرش نہیں اور کوئی جنون نہیں ہے۔ وہ زندگی نہیں گزار رہے صرف جی رہے ہیں۔ میں جب ان کو اور قریب سے دیکھتا ہوں تو معلوم ہوتا ہے کہ بچپن میں اُن کے خواب ضرور تھے۔ مگر وقت گزرنے کے ساتھ جب وہ بڑے ہوئے تو ذمہ داریوں میں اس قدر کھو گئے کہ ان کے خواب زندگی کے جھمیلوں میں کہیں گُم ہو گئے۔ تعلیمی ڈگری حاصل کرنے کے بعد وہ کام ڈھونڈنے لگ گئے۔ کام ملا تو پھر شادی اور بچوں کی ذمہ داریوں نے آن گھیرا۔ کام، گھر، بچے اور پھر کام۔ اس دائرے میں رہتے رہتے یکسانیت کا شکار ہو گئے، زندگی اکتاہٹ کا شکار ہو گئی۔ ان کی زندگی میں کام زیادہ اور تفریح کم ہوتی گئی۔ جب ایسے افراد مجھ سے ملنے آتے ہیں تو محسوس ہوتا ہے کہ نہ صرف ان کے خواب کھو گئے ہیں بلکہ ان کی امید بھی ختم ہو رہی ہے۔ ایسی ہی ایک خاتون نے مجھ سے کہا: "میرا مسقبل ایک کورا کاغذ ہے۔ مجھے اس میں کچھ بھی نظر نہیں آتا۔"

میں انھیں بتاتا ہوں کہ قدرت نے ہر انسان کے اندر ایک تحفۂ خاص رکھ چھوڑا ہے۔ اس تحفے کی تلاش جدوجہد کا نصف ہے۔ جب یہ تحفہ مل جائے تو ہمیں اسکی نشوونما کرنی ہوتی ہے تاکہ یہ بھرپور صلاحیتوں کا حامل بن جائے۔ وہ بچے بہت خوش قسمت ہوتے ہیں جن کو ایسے ماں باپ، چچا، ماموں، خالائیں، پرنسپل اور اساتذہ ملتے ہیں جو بچوں پر خاص توجہ دیتے ہیں۔ اور ان میں پوشیدہ صلاحیتوں اور رجحانات کو بچے سے پہلے معلوم کر لیتے ہیں۔

مجھے میرے شاعر چچا عارف عبدالمتین نے ایک دن بتایا کہ ان کی خالہ کہا کرتی تھیں: "جس طرح تُم اپنا چہرہ ہتھیلی میں لے کر بیٹھتے ہو اور کسی گہری سوچ میں ڈُوب کر دیر تک فضا میں گھورتے رہتے ہو۔ مجھے

لگتا ہے تم بڑے ہو کر فلاسفر بنو گے۔" میرے چچا خوش قسمت تھے کہ ان کو ایسی خالہ ملیں اور میں خوش قسمت تھا کہ مجھے عارف عبدالمتین جیسے چچا ملے جنھوں نے میری تخلیقی صلاحیت کو بھانپ لیا تھا۔ پھر میرے تحفے کی آبیاری کی۔ جس کی وجہ سے آج میں شاعر، ادیب، انسان دوست اور نفسیاتی معالج ہوں۔ مگر وہ بچے کیا کریں جن کو زندگی میں میرے چچا جیسے رہنما میسر نہیں ہوتے؟ میرا یقین ہے کہ ہم اپنا تحفۂ خاص، جوان ہو کر بھی معلوم کر سکتے ہیں۔ کبھی ہم خود تلاش کر سکتے ہیں اور کبھی اس کے لئے ہم اپنے دوستوں اور ماہرِ نفسیات کی مدد لے سکتے ہیں۔ گرین زون تھراپی لوگوں کے تخلیقیت کے سفر میں بھی انکی مدد کرتی ہے۔

شخصیت کے تین حصے: فطری، سماج ساختہ اور تخلیقی

Natural Self, Conditioned Self, Creative Self

پہلا حصہ ہماری وہ 'فطری ذات' ہے جس کے ساتھ ہم پیدا ہوتے ہیں۔ یہ درخت کے بیج کی طرح ہے۔ ساری صلاحیت اسی بیج میں پنہاں ہوتی ہے۔ اگر اس بیج کی نشوونما کی جائے تو یہ بیج پہلے پودا پھر ایک پھلدار درخت بن جاتا ہے۔ جس طرح ایک پودے کو دھوپ، بارش اور تازہ ہوا کی ضرورت ہوتی ہے اسی طرح بچے کو محبت، دیکھ بھال اور نظم و ضبط کی ضرورت ہوتی ہے۔ ایسے بچے بالغ ہو کر صحتمندانہ رویے اختیار کرتے ہیں۔ وہ اپنا کام بھی شوق سے کرتے ہیں، کھیل کود کے لئے بھی وقت نکالتے ہیں اور اپنی زندگیوں میں توازن پیدا کر کے اپنی پوری استعدادِ کار کو باہر لاتے ہیں۔

وقت گزرنے کے ساتھ ساتھ ہماری شخصیت، ذات کے دوسرے اور تیسرے حصے میں تبدیل ہوتی ہے۔ 'سدھائی ہوئی ذات' یا Conditioned Self ہماری سماجی، مذہبی اور معاشرتی سدِھائی کے نتیجے میں بنتی ہے۔ اور اس میں ہمارا خاندان، درسگاہیں اور معاشرہ اہم کردار ادا کرتے ہیں۔ ہماری ذات کا یہ حصہ "کرنا ہے"، کرنا چاہیے "ضرور کرو":۔۔ Should, Must, Have to

جیسی آوازوں کے اثرات لے کر نشوونما پاتا ہے۔ ہماری ذات کا یہ حصہ خاندان اور معاشرے کی روایات کا خُوگر بننے میں ہماری مدد کرتا ہے۔

ہماری ذات کا تیسرا حصہ 'تخلیقی ذات' Creative Self ہماری خواہشات، آرزوؤں اور خوابوں کی وجہ سے نشو و نما پاتا ہے۔ اور یہ حصہ : 'مجھے کیا پسند ہے ؟'، 'میں کیا کرنا چاہتا ہوں' اور 'مجھے کیا کر کے خوشی ملتی ہے'

LIKE TO DO, WANT TO DO, LOVE TO DO

جیسے جذبوں سے راہنمائی لیتا ہے۔ صحت مند، خوش اطوار، اور پُر امن زندگی گزارنے والے افراد اپنی 'ساختہ ذات' اور 'تخلیقی ذات' میں توازن قائم کر لیتے ہیں۔ بہت سے افراد جو ہمارے کلینک میں آ کر ہمیں ملتے ہیں ان کی 'ساختہ ذات' ان کی 'تخلیقی ذات' سے زیادہ مضبوط ہوتی ہے۔ جس کی وجہ سے ان کے اندر بے چینی، آزردگی اور غصہ ہوتا ہے۔ کیونکہ وہ "چاہیے" کو لے کر چل رہے ہوتے ہیں۔ ہم ایسے اشخاص کو مشورہ دیتے ہیں کہ وہ دن میں ایک گھنٹے کے لیے کچھ ایسا کریں جس سے ان کو خوشی ملتی ہو۔ ہم اس کو "گرین زون گھنٹہ" کہتے ہیں۔ یہ ایک مشغلے کا آغاز ہوتا ہے۔ وقت گزرنے کے ساتھ ساتھ یہ مشغلہ ان کا خواب بن جاتا ہے پھر وہی خواب ان کا شوق اور عشق بنتا ہے۔ زندگی خوبصورت ہو جاتی ہے۔ اور ان کو جینے میں لطف آنے لگتا ہے۔ مجھے ان افراد میں سے کچھ افراد یاد آ رہے ہیں جنھوں نے ہمارے کلینک کی رہنمائی سے اپنی 'تخلیقی ذات' کی نشو و نما کی:

۔ایک شخص فوٹو گرافر بن گیا۔

۔ایک خاتون باغبان بن گئیں۔

۔ایک خاتون رنگین شیشہ ساز بن گئیں۔

۔ایک خاتون نامور موسیقار بن گئیں۔

اور بہت سے لوگ متاثر کن لکھاری بن گئے

گرین زون طرزِ زندگی کے تین راز: تخلیق، شمولیت اور خدمت۔

Creating, Sharing, Serving

میں اپنے رفقائے کار سے ایک بات ضرور کہتا ہوں کہ اگر انھوں نے 'گرین زون' دن اور 'گرین زون' ہفتہ گزار لیا ہے اور وہ چاہتے ہیں کہ گرین زون فلسفے پر مزید عمل کریں تاکہ یہ ان کا طرزِ زندگی بن جائے تو اس کے تین راستے ہیں:

۔پہلا راز، 'تخلیق' ہے۔ تخلیقی صلاحیت اپنی 'تخلیقی ذات' کی نشوونما سے حاصل ہوتی ہے۔ آپ ایسے مشاغل تخلیق کریں جن سے آپ کو خوشی ملتی ہے۔

دوسرا راز، دوسروں کو شامل کرنے کا عمل ہے۔ جب وہ کوئی تخلیقی مشغلہ اپنا لیتے ہیں تو میں ان سے کہتا ہوں کہ وہ اپنے مشاغل کا ذکر اپنے ہم خیال دوستوں سے کریں اور ایک حلقہِ احباب بنائیں۔ میں نے دوستوں کے اس حلقے کو "فیملی آف دی ہارٹ" کا نام دے رکھا ہے۔ اس مرحلے میں وہ نئے دوست بناتے ہیں اور ایسے افراد سے بامعنی رشتے قائم کرتے ہیں جن کے خواب، دلچسپیاں اور مشاغل یکساں ہوتے ہیں۔ میرے لیے یہ حلقہ میرے لکھاری دوستوں کا ہے۔ ہم ہر ہفتے چھوٹے گروہ کی صورت میں ملتے ہیں اور ہر ماہ بڑے گروپ کی صورت۔ جس میں ہم نئے ممبران کو بھی دعوت دیتے ہیں۔ انٹرنیٹ کی سہولت کی وجہ سے ہمارا ایک بڑا حلقہ احباب بن گیا ہے جو ہماری تخلیقات پڑھتا ہے۔

تیسرا راز، خدمت کا ہے۔ قریبی دوستوں میں تخلیقیت پیدا کر کے اور ان کو اپنا ہم نشین بنانے کے بعد ہم امید رکھتے ہیں کہ گرین زون کا حلقہ مزید وسیع ہو کر گرین زون سماج بن جائے۔ اس کے لئے میں لوگوں سے گزارش کرتا ہوں کہ وہ کسی فلاحی کام میں شامل ہو کر اپنے قریبی حلقے (کمیونٹی) کی خدمت کریں۔ میرا خیال ہے کہ گرین زون اپنانے والے لوگ اپنے حلقوں میں مقبول ہوتے ہیں۔ اس لئے گرین زون کمیونٹی بنانے میں مددگار ثابت ہو سکتے ہیں۔ کچھ افراد رہنمائی کرنا چاہتے ہیں، وہ لیڈر بن جاتے ہیں اور کچھ پیروی کرنا چاہتے ہیں، وہ ٹیم کا حصہ بن جاتے ہیں۔ کچھ کے اپنے خواب ہوتے ہیں اور کچھ دوسروں کے خوابوں میں

شامل ہو جاتے ہیں۔ بعض اوقات 'گرین زون لوگ'، کنبوں، قبیلوں اور دفتروں کے زہر آلود 'ریڈ زون سمندر' میں 'گرین زون جزیرے' بناتے ہیں۔ مگر جب زیادہ سے زیادہ لوگ 'گرین زون 'لوگوں کی 'گرین زون کمیونٹی' تشکیل دینے والی پُر خلوص کوششوں کو تسلیم کرنے لگتے ہیں تو ان میں شمولیت اختیار کرنے لگتے ہیں۔اس طرح یہ جزیرے وسیع ہونے لگتے ہیں۔اب مزید لوگ اپنی فیملی اور کمیونٹی کے بحرانوں کو کامیابیوں میں بدلنے کی ہمت اور حوصلہ پیدا کرتے ہیں۔اس طرح وہ ایک پُرامن 'گرین زون دنیا' بنانے کی کاوش میں شامل ہو جاتے ہیں۔

تھراپی کے اختتام پر لوگ گرین زون فلسفے کی رُوح کو سمجھ جاتے ہیں۔ان کو احساس ہوتا ہے کہ 'گرین زون جیون' ایک پُرامن زندگی ہے۔اس کا آغاز باطنی سُکون سے ہوتا ہے اور اختتام باہر کی دنیا کے امن پر۔لوگوں کو دھیرے دھیرے یہ احساس بھی ہونے لگتا ہے کہ جذباتی، سیاسی، سماجی، قومی اور بین الاقوامی امن آپس میں پُراسرار طریقے سے منسلک ہیں۔اس کے بعد 'گرین زون لوگ 'کام تو مقامی طور پر کرتے ہیں مگر ان کی سوچ عالمی ہوتی ہے۔اب وہ اپنے خاندانوں اور قبیلوں کے ساتھ ایک گرین زون رشتہ قائم کر لیتے ہیں۔ جو وسیع ہو کر انسانیت کے ساتھ گرین زون رشتے کو استوار کرتا ہے۔یوں دنیا 'تنوع میں اتفاق' کے عالمگیر رشتے میں بندھ جاتی ہے۔ گرین زون فلسفے کی رُوح کو سمجھنے کے لئے اور اپنی زندگیوں کا حصہ بنانے کے لیے میں اپنے قارئین کے لیے کچھ، گرین زون تصورات' پیش کرنا چاہونگا۔ان کو 13 خیالات (یا آئیڈیاز) کا نام دیا گیا ہے۔

گرین زون فلسفے کے 13 تصورات:

1۔ "انسان اپنے ہی بدترین دشمن ہو سکتے ہیں۔ گرین زون فلسفہ انسانوں کو اپنے بہترین دوست بناتا ہے۔"

بطورِ انسان ہماری فطرت کے دو پرت ہیں۔ ہماری فطرت کی ایک جہت روشن ہے اور دوسری تاریک۔ایک طرف طیش ہے اور دوسری طرف سُکون ہے۔ زندگی کے ہر موڑ پر اور ہر بحران میں، ہم کچھ شعوری اور کچھ غیر شعوری فیصلے کرتے ہیں۔ جو فیصلے غیر شعوری اور غیر صحتمندانہ ہوتے ہیں وہ ہمیں اپنا بدترین دشمن بنا دیتے ہیں اور جو فیصلے صحتمندانہ اور شعور کی بنیاد پر کیے جاتے ہیں وہ ہمیں اپنا بہترین دوست بنا

دیتے ہیں۔ گرین زون فلسفہ ہماری مدد کرتا ہے کہ ہم گرین زون میں رہتے ہوئے پُر امن، صحتمندانہ اور دانشمندانہ فیصلے کریں تاکہ اپنے بدترین دشمن بننے کی بجائے بہترین دوست بن سکیں۔

2۔ "گرین زون پُر سکون ذہن کا دوسرا نام ہے۔"

جو لوگ اپنے آپ کو گرین زون میں رکھتے ہیں وہ اپنے آپ کو اپنے ایک پُر سکون مرکز سے منسلک محسوس کرتے ہیں۔ وہ باطنی آواز سُن سکتے ہیں جو ان کی اپنی فطری، باطنی اور خالص ذات کا عکس ہوتی ہے۔ ان کا دماغ ایک جھیل کی طرح پُر سکون ہوتا ہے جس میں رات کو چاند کا عکس دیکھا جا سکتا ہے۔ وہ اپنے ضمیر کے مطابق زندگی بسر کرتے ہیں۔ اور کبھی ندامت محسوس نہیں کرتے۔ کیونکہ ان کا ضمیر مطمئن ہوتا ہے۔

3۔ "گرین زون ہمارا ذاتی وجذباتی تھرما میٹر ہے۔"

اپنے جذباتی حلقوں (ایموشنل زونز) سے ہر وقت آگاہ رہنا، زندگی میں بہتر تبدیلیاں لانے کی طرف پہلا قدم ہے۔ ہم اپنی جذباتی تبدیلیوں سے جس قدر زیادہ آگاہ ہونگے اسی قدر چابک دستی سے اپنے مزاج کو درست سمت دیں گے۔ حیاتیات کے تازہ ترین مطالعے سے ہمیں پتہ چلتا ہے جب سے لوگوں کو اپنے جسم کے خود کار نظام مثلاً درجہ حرارت، خون کے دباؤ اور دل کی دھڑکن کی رفتار بارے آگاہی ملی ہے وہ ان کو ہموار رکھنے کے قابل ہو گئے ہیں۔ یہی نظریہ جذباتی زندگی پر بھی لاگو کیا جا سکتا ہے۔ ہمیں اپنے جذباتی زون کی جس قدر زیادہ آگاہی ہو گی اسی قدر زیادہ ہم اپنے پُر سکون گرین زون میں رہ سکیں گے۔

4۔ "عقلمند لوگ جب 'زرد زون' میں ہوتے ہیں اپنا پاؤں ایکسیلیٹر (پائدانِ زود رفتار) کی بجائے بریک پر رکھ لیتے ہیں۔"

جذبات کے حلقوں کے زرد، سبز اور سرخ زون کے لیے ٹریفک لائٹس کا استعارہ اس لیے استعمال کیا گیا ہے کیونکہ ٹریفک کے قوانین اور جذبات کے اصولوں میں مماثلت ہے۔ بہت سے افراد جو غصے میں آپے سے باہر ہو کر اپنے پیاروں کے ساتھ شدید لڑائیاں کرتے ہیں دراصل اپنے 'زرد حلقے' میں اپنے آپ کو روک نہیں پاتے۔ وہ، یہ آگاہی نہیں رکھتے کہ ان کے پاس اختیار ہے کہ یا تو وہ زرد اشارے پر رک جائیں اور حادثے سے بچ جائیں یا پھر سرخ اشارہ عبور کر کے کسی بحران سے دوچار ہو جائیں۔ جوں جوں لوگ اپنے زرد زون

سے آگاہ ہوتے جاتے ہیں وہ 'یُوٹرن' لے کر واپس اپنے پُر امن گرین زون میں آنا شروع کر دیتے ہیں۔ اس طرح وہ ریڈ زون میں داخل ہو کر آپے سے باہر ہونے کے خطرے سے بچے رہتے ہیں۔

5۔ ''گرین زون رابطہ اسی وقت ممکن ہوتا ہے جب دونوں اشخاص اپنے اپنے گرین زون میں ہوں۔''

جب پُر سکون گرین زون کے حامل افراد ریڈ زون افراد کے ساتھ تعامل کرتے ہیں تو یہ بھول جاتے ہیں کہ ان کو ریڈ زون سے نکالنے کی بجائے خود ان کے ریڈ زون میں گر سکتے ہیں۔ ریڈ زون والے افراد مدہوشوں کی طرح عمل کرتے ہیں۔ وہ ایسی باتیں اور حرکتیں کرتے ہیں کہ گرین زون والے افراد ان سے الجھ کر اپنے آپ کو ریڈ زون میں لے جاتے ہیں۔ گرین زون افراد کے لیے یہ عقلمندانہ عمل ہے کہ وہ ریڈ زون کے ساتھ مشغول ہونے کی بجائے ان کا واپس گرین زون میں آنے کا انتظار کریں۔ تاکہ دونوں اطراف بامعنی بات چیت اور کارآمد مکالمے کے ذریعے اپنے تنازعات باوقار اور پُر امن طریقے سے حل کر سکیں۔

6۔ '''ریڈ زون نظام' کا حصہ ہوتے ہوئے، لوگ اپنے گرین زون میں نہیں رہ سکتے۔ کیونکہ نظام، افراد سے طاقتور ہوتے ہیں۔''

کچھ عجب نہیں کہ پر سکون گرین زون کے حامل افراد 'کھنچاؤ کے شکار' خاندانوں اور 'زہر آلود دفتری فضا' میں ذہنی تناؤ محسوس کریں۔ ایسا ماحول جلد یا بدیر گرین زون افراد کو اپنے منفی بھنور میں کھینچ ہی لیتا ہے۔ اگر ایسے ماحول میں رہ کر کام کرنے کے سوا کوئی چارہ ءکار نہ ہو تو ان افراد کو منفی اثرات سے بچنے کے لیے اپنے اوپر 'جذباتی برساتی' Emotional Raincoat لینی پڑتی ہے۔ مگر صحتمندانہ فیصلہ یہی ہے کہ وہ ریڈ زون ماحول کو چھوڑ کر پر سکون گرین زون دفاتر اور خاندانوں کا حصہ بن جائیں۔

7۔ اپنے تحفہِ خاص کی دریافت گرین زون طرزِ زندگی کی طرف اہم قدم ہے۔''

زندگی نے ہم سب کو ایک خاص تحفہ ودیعت کر رکھا ہے۔ کچھ لوگ اس تحفے کو جلد پہچان لیتے ہیں مگر کچھ کو دیر سے سمجھ آتی ہے۔ گرین زون فلسفہ لوگوں کو مشورہ دیتا ہے کہ وہ چوبیس گھنٹے میں سے ایک گھنٹہ اس کام پر صرف کریں جس سے ان کو دلی خوشی ملتی ہے۔ شروع میں یہ کوئی بھی مشغلہ ہو سکتا ہے اور بعد ازاں یہ خواب یا ذوق وشوق میں تبدیل ہو جاتا ہے۔ اپنے تحفہ خاص کا ذکر اپنے گرین زون دوستوں سے کر

کے ایسے ایک 'گرین زون فیملی آف دی ہارٹ' بنا سکتے ہیں۔ایسے گرین زون رشتوں سے لوگ اپنے دوستوں کے بہترین وصف اجاگر کرتے ہیں۔

8۔ گرین زون خاندانوں میں، اہلِ خانہ افراد کے 'تحفہِ خاص' کاذکر بڑے شوق سے کرتے ہیں۔

جو بچے زرد زون کے لاپرواہ یا سرخ زون کے غیر مہذب خاندان میں پیدا ہوتے ہیں ان کے زخم بھرنے میں بہت دیر لگتی ہے۔ وہ بچے خوش قسمت ہوتے ہیں جو محبت سے بھرپور، تربیت آمیز گرین زون خاندانوں میں پیدا ہوتے ہیں۔ کیونکہ ان خاندانوں میں ہر فرد کے تحفہِ خاص کو پہچانااور سراہا جاتا ہے۔

9۔ گرین زون نوجوان بننے کے لیے بچے کو گرین زون والدین، سکول اور معاشرے کی ضرورت ہوتی ہے۔"

یہ ہماری مشترکہ ذمہ داری ہے کہ جو بچے اس دنیا میں آتے ہیں ان کو گھر۔ سکول اور معاشرے میں وہ تمام تر محبت اور توجہ فراہم کریں جس کے وہ حق دار ہیں۔تاکہ بڑے ہو کر وہ گرین زون نوجوان بن جائیں۔ یہ بات 'لوک دانائی' کا حصہ ہے کہ "ایک بچے کی پرورش کے لیے پورا گاؤں درکار ہوتا ہے۔" بچے ہمارا قیمتی مستقبل ہیں۔ان کی پرورش خاص توجہ سے ہونی چاہیے۔

10۔ "انسانیت کی خدمت سے اپنا گرین زون حاصل کرنے میں مدد ملتی ہے۔خدمت کے لیے کسی ماسٹرز یا پی ایچ ڈی ڈگری کی ضرورت نہیں ہوتی۔ صرف ایک مہربان دل اور ہمدرد سوچ کی چاہیے۔"

11۔ گرین زون لوگ نفرت، تشدد اور جنگ کی بجائے، محبت اور امن سے جذبہ حاصل لیتے ہیں۔

جب ہم اپنے ماحول پر نگاہ ڈالتے ہیں تو ہمیں نفرت ایک طاقتور جذبہ محرکہ کے طور پر دکھائی دیتی ہے۔ سماج میں ایسے مذہبی اور سیاسی رہنما دکھائی دیتے ہیں جو مذہبی اور سیاسی جماعتوں کو معاشی مقاصد کے لیے استعمال کر کے نفرت کی فضا پیدا کرتے ہیں۔اور اس کا جواز یہ پیش کرتے ہیں کہ وہ سماجی انصاف، انسانی حقوق، امن اور جمہوریت کے حصول اور فروغ کے لیے ایسا کرتے ہیں۔ وہ تشدد کے ذریعے امن کو فروغ دینا چاہتے ہیں۔ اس سے بڑی بدقسمتی کیا ہو گی ؟؟؟ موجودہ دنیا میں ہمیں خالص محبت اور امن آشنا گرین زون لوگوں کی ضرورت جتنی آج ہے شاید پہلے کبھی نہ تھی۔

12۔ "جب گرین زون لوگ لیڈر بنتے ہیں تو وہ گرین زون معاشرے قائم کرتے ہیں۔"

جب گرین زون افراد سماجی، مذہبی اور سیاسی جماعتوں کے سربراہ بنتے ہیں تو وہ دوسروں کے لیے قابلِ تقلید ہوتے ہیں۔ آج کی دنیا میں ہمیں زیادہ سے زیادہ گرین زون سربراہانِ مملکت چاہئیں، جو انسانیت کو ارتقاء کی اگلی منزل کی طرف لے جائیں۔

13۔ "آئیں ہم سب مل کر ایک پُرامن گرین زون دنیا کی بنیاد رکھیں۔"

حصہ پنجم

پاکستان اور امن کے معمار

بحرانی کیفیت کا شکار پاکستان: سات مسائل، سات حل

سہیل زبیری: گزشتہ چالیس برس سے زیادہ عرصے سے آپ پاکستان سے باہر مقیم ہیں۔ یہ بات میرے لیے حیران کن بھی ہے اور خوش آئند بھی کہ گزشتہ نصف صدی سے آپ اپنے ملک اور اس کے دانشوروں کے ساتھ ایک مضبوط رشتہ قائم رکھے ہوئے ہیں۔ آپ نے اپنے آپ کو ان تمام مسائل سے بھی باخبر رکھا ہُوا ہے جن سے پاکستانی سماج دوچار ہے۔ بلکہ ایک قدم آگے بڑھ کر آپ ان مسائل پر ایک مستند لکھاری بھی ہیں۔ ملک کے اندر رہ کر چیزوں کو دیکھنے سے بعض اوقات ایک فاصلے سے کیا گیا تجزیہ زیادہ بامعنی ہوتا ہے۔ پاکستان کے آج کے مسائل کو آپ کس نظر سے دیکھتے ہیں؟ آپ کا جواب یقیناً پُرمغز ہوگا۔

خالد سہیل: آج کا پاکستان وجودیت کے ایک بڑے بحران سے دوچار ہے۔ مگر بحران ہمیشہ دوجہتی ہوتے ہیں۔ یہ اگر اپنے اندر تباہی کا سامان رکھتے ہیں تو خوشگوار تبدیلی کی نوید بھی رکھتے ہیں۔ بقول اقبال:

خُدا تجھے کسی طُوفاں سے آشنا کر دے
کہ تیرے بحر کی موجوں میں اضطراب نہیں

بہت سے پاکستانی فکر مند ہیں۔ ان کے خیال میں پاکستان خانہ جنگی کی طرف جا رہا ہے۔ لاکھوں مرد، خواتین اور بچے مذہبی و نسلی فسادات کا شکار ہو جائینگے۔ جو شدت پسند مذہبی اور نسل پرست گروہ وطن میں برپا کرنے کو ہیں۔ کس قدر افسوس کا مقام ہے کہ اکیسویں صدی میں بھی کروڑوں معصوم لوگ مذہبی بنیاد پرستی اور مغربی سامراجیت کی چکی میں پس رہے ہیں اور حکومت اور فوج بھی اپنے لوگوں کو ایک محفوظ دیس دینے میں ناکام رہی ہے۔

نائن الیون کے بعد سے پاکستان کو مذہبی، معاشی اور سیاسی جنگوں کی آگ میں دھکیل دیا گیا ہے۔ بیرونی طاقتوں کی نظر میں ایٹمی ہتھیاروں سے لیس پاکستان ایک ایسا ٹائم بم ہے جو پھٹنے کے لیے ہر وقت تیار ہے۔ پاکستان نہ صرف جغرافیائی محلِ وقوع بلکہ تاریخی طور پر کچھ اہم ممالک کے ساتھ، جن میں ہندوستان، اسرائیل، برطانیہ اور امریکہ شامل ہیں، ہمیشہ سے ایک 'محبت اور رقابت' کے رشتے میں منسلک ہونے کی وجہ سے عالمی سیاست میں ایک اہم مقام حاصل کر چُکا ہے۔ مگر پاکستان خود ایک بڑے سیاسی بحران

کا شکار ہو چکا ہے۔ اکثر پاکستانیوں کا خیال ہے کہ آنے والے دنوں میں پاکستان مذہبی اور غیر مذہبی حصوں میں تقسیم ہو جائیگا۔ جس طرح 1971ء میں پاکستان کا مشرقی حصہ ٹوٹ کر بنگلہ دیش بن گیا تھا۔ کیا پاکستان مزید تقسیم ہونے سے بچ سکتا ہے؟ اب یہ ملین ڈالر سوال بن چکا ہے۔ کیونکہ اب اس کے لیے آزادی کو برقرار رکھنا، 75 سال پہلے آزادی حاصل کرنے سے زیادہ مشکل ہو رہا ہے۔ عبدالکلام آزاد نے 1947ء میں کہا تھا کہ اگر پاکستان ہندوستان کو مذہبی بنیادوں پر تقسیم کر کے بنایا گیا تو یہ پچاس سال بعد دوبارہ تقسیم ہو جائیگا۔ کس قدر بدقسمتی کی بات ہے کہ پاکستان کے عوام بطور قوم آج تک چند اہم مسائل کا اطمینان بخش حل نہیں ڈھونڈ سکے:

1۔ سماجی و اقتصادی مسائل: ملک کو وجود میں آئے دہائیاں گزر گئیں مگر اس کے مختلف طبقات کے بیچ ذرائعِ رزق کی تقسیم مساویانہ نہ ہو سکی۔ پاکستان ابھی تک ایک جاگیر دارانہ معاشرہ ہے۔ جس کی 90 فی صد دولت 10 فیصد افراد کے پاس ہے۔ ملک کی صنعت غیر یقینی معاشی اور سیاسی صورت حال کی وجہ سے بدحالی کا شکار رہی ہے۔ کسی بھی حکومت نے خواہ وہ فوجی یا سول امیر اور غریب طبقات کے درمیان حائل خلیج ختم کرنے کی کوئی مؤثر کوشش نہیں کی۔ مسلح افواج پر نہ صرف قومی بجٹ کا ایک بڑا حصہ اُٹھ جاتا ہے بلکہ بہت سے فوجی آفیسر ز بڑی بڑی کمپنیوں کے سربراہ بھی رہے ہیں۔ وہ پاکستانی جو 1970ء اور 1980ء کی دہائیوں میں ایک بڑی تعداد میں مشرقِ وسطیٰ میں کام کر کے زرِ مبادلہ وطن لائے، انھوں نے بھی معاشی توازن کو خراب اور سماج میں عدم توازن پیدا کیا۔

2۔ تعلیم کے مسائل: گزشتہ چھ سات دہائیوں میں پاکستان میں شرحِ تعلیم بڑھنے کی بجائے کم ہوئی ہے۔ کیونکہ ہماری درسگاہیں ملک میں بڑھتی ہوئی آبادی کا مقابلہ نہیں کر سکتی تھیں۔ جس کی وجہ سے دیہات میں موجود لوگوں کی ایک بڑی تعداد لکھنا پڑھنا نہیں جانتی۔ ملک میں یکساں تعلیمی نظام ناپید ہے۔ بے علمی کی وجہ سے لوگ اکثر لوگ 'خاندانی منصوبہ بندی' نہیں کرتے۔ جس کی وجہ سے ان کے ہاں ضرورت سے زیادہ بچے پیدا ہوتے ہیں۔ مگر وہ اتنے زیادہ بچوں کے تعلیمی اخراجات برداشت نہیں کر سکتے اور بچوں کو دینی مدارس میں اس لئے داخل کروا دیتے ہیں کہ وہاں پر تعلیم، رہائش اور خوراک مفت میسر ہوتی ہے۔

اس کو ستم ظریفی کہیئے کہ یہ مدارس سعودی عرب کی مالی معاونت سے چلتے ہیں اور یہاں سعودی عرب کی تعلیمی پالیسی چلتی ہے۔ جس میں قرآن کا لفظی ترجمہ اور اسلام کی بنیاد پرستانہ تشریح پڑھائی جاتی ہے۔اپنے بچوں کو اندھے اعتقادات سکھانا اور تحقیق و تنقیدی نقطہ نظر سے دُور رکھنا کسی بھی قوم کے لیے بہت بڑا المیہ ہے۔شاید پاکستان وہ واحد ملک ہے جہاں دیہات میں بچوں کی اکثریت پرائمری تک تعلیم سے محروم رہتی ہے۔اور جن بچوں کو سکول میسر آجاتے ہیں، اُن کو پنجابی، سندھی، پشتو یا بلوچی میں پڑھانے کی بجائے اردو یا انگریزی میں پڑھایا جاتا ہے۔جو ان کی مادری زبانیں نہیں۔

3۔ حفظانِ صحت کے مسائل : پاکستان میں جسمانی نفسیاتی اور جذباتی بیماریوں میں مبتلا افراد کی ایک بڑی تعداد موجود ہے۔ مگر اس کے مقابلے میں علاج کی سہولیات ناکافی ہیں۔ شادی شدہ خواتین کی ایک کثیر تعداد خون میں کمی کا شکار رہتی ہے۔ جس کی وجہ سے نوزائیدہ بچوں کی شرح اموات کا تناسب عام شرح سے زیادہ ہے۔والدین کی دائمی غربت کی وجہ سے بچے مناسب نشوو نما دینے والی غذا سے محروم رہتے ہیں۔بہت سے ذہنی مریض اس وقت کسی نفسیاتی معالج کے پاس لائے جاتے ہیں جب وہ متشدد ہو جاتے ہیں یا دماغی توازن کھو بیٹھتے ہیں۔ ذہنی بیماری آج بھی معاشرے میں کسی گالی سے کم نہیں۔ حفظان صحت کی تعلیم نصاب کا حصہ نہ ہونے کی وجہ سے احتیاطی تدابیر کا رواج نہ ہونے کے برابر ہے۔جب میں پشاور کے ایک 'زنانہ' ہسپتال میں کام کر رہا تھا تو دیکھا کہ بہت سے بے اولادی کا شکار جوڑے کسی بانجھ پن کے کلینک جانے کی بجائے کسی مزار پر یا کسی بزرگ کے پاس تعویذ گنڈے کے لیے جاتے تھے۔

4۔ مذہبی مسائل : چونکہ گھر، سکول اور عبادت گاہوں میں مذہبی عقائد پڑھائے جاتے ہیں اس لئے جوان ہو کر پاکستانی بچے زندگی کو مذہب کی عینک سے دیکھتے ہیں۔ ان کی سوچ سیکولر کی بجائے مذہبی ہوتی ہے۔جب سے ملک 'اسلامی جمہوریہ پاکستان' بنا ہے مذہبی سوچ کو بہت فروغ ملا ہے۔بدقسمتی سے ذوالفقار علی بھٹو کے دور میں جماعتِ احمدیہ کی صورت میں مسلمانوں کی ایک اچھی خاصی تعداد کو غیر مسلم قرار دے دیا گیا۔ جنرل ضیاء الحق کے دور میں اس کو مزید دوام ملا جب اسلام کو زندگی کے ہر شعبے میں نافذ کرنے کی کوشش کی گئی۔ جب ایسا ہوا تو 'ریاست' مذہب اور 'مسجد' یکجا ہو گئے اور پاکستان ایک مذہبی ریاست میں تبدیل ہو گیا۔

5۔شناخت کے مسائل : ایک وقت تھا جب میرے پشتون دوست کہا کرتے تھے کہ ہم 5000 سال سے پٹھان ہیں۔1500 سال سے مسلمان ہیں اور 50 سال سے پاکستانی ہیں۔ مگر گزشتہ چند دہایوں سے پاکستانیوں کی شناخت بدل چکی ہے۔پاکستانیوں کی اکثریت اپنی شناخت کو مقامی ثقافت سے جوڑنے اور اس پر فخر کرنے کی بجائے اپنی شناخت کو مشرقِ وسطیٰ سے جوڑتی ہے۔ یہ لوگ اپنا رشتہ کسی نہ کسی طرح قدیم عرب مسلمانوں سے جوڑتے ہیں۔ان کے نام عربی زبان میں ہیں اور وہ الوداعی کلمات میں 'خدا حافظ' کہنے کی بجائے 'اللہ حافظ' کہتے ہیں۔ان کو بُدھا، گرونانک اور پنجاب کے بلھے شاہ سے زیادہ عرب کے بزرگوں کو جانتے ہیں۔ بہت سے پاکستانی یہ باور نہیں کرتے کہ 'موئنجوداڑو' اور 'ہڑپہ' مذہبِ اسلام کی برصغیر میں آمد سے قبل کی تہذیبیں ہیں۔ بہر کیف شناخت کا مسئلہ بہت سے پاکستانیوں کے لیے موجود ہے۔ کیونکہ وہ مقامی اور غیر مقامی شناخت کے درمیان معلق ہیں۔

6۔سیاسی مسائل : کس قدر بدقسمتی کی بات ہے کہ آزادی کی اتنی دہایاں گزر جانے کے باوجود پاکستان میں آمرانہ طرزِ حکمرانی قائم ہے۔لوگ جمہوریت پسند سیاست دانوں کی بجائے جرنیلوں اور آمروں سے زیادہ مانوس ہیں۔ پاکستان میں جمہوریت نہ پنپ سکنے کی ایک وجہ یہ بھی ہے کہ مذہبی سیاسی رہنما سمجھتے ہیں کہ 'نظامِ جمہوریت' مغرب کا غیر اسلامی طرزِ حکومت ہے۔ان وجوہات کے پیشِ نظر ملک کے اندر گزشتہ دہایوں سے عدمِ برداشت فروغ پا رہا ہے۔ بدقسمتی سے ذوالفقار علی بھٹو اور بے نظیر بھٹو جیسے لیڈر طبعی موت مرنے کی بجائے پھانسی اور دہشت گردی سے مار دیے گئے۔ بعض پاکستانی اب بھی نظامِ خلافت کے خواب دیکھتے ہیں۔اور کسی مذہبی رہنما کو تاحیات سربراہِ مملکت بنانا چاہتے ہیں۔1500 سال سے مسلمان کوئی ایسا منفرد سیاسی نظام وضع نہیں کر سکے۔ جس کو جمہوری کہا جا سکے۔پاکستانی مسلمانوں کی ایک اچھی خاصی تعداد دوسرے ممالک پر اسلام کا اپنا برانڈ نافذ کرنا چاہتی ہے۔اور ان میں ایسے بھی ہیں جو یہ سب حاصل کرنے کے لیے 'مقدس جنگ' یعنی جہاد کرنے کے لیے بھی تیار بیٹھے ہیں۔

7۔انسانی حقوق کے مسائل : گزشتہ کئی دہایوں سے پاکستان انسانی حقوق کے مسائل سے دوچار ہیں۔انسانی حقوق کی پاسداری نہ تو معاشرے نے کی اور نہ ہی عدالتوں نے۔ بچے ہوں یہ خواتین، احمدی ہوں یا عیسائی، دہریے ہوں یا اہلِ تشیع، اقلیتیں ہمیشہ سے غیر محفوظ ہی رہی ہیں۔پاکستان کا آئین اقلیتوں کے مساوی حقوق کی ضمانت نہیں دیتا۔ پاکستانی معاشرہ آج بھی غیر مذہبی برطانوی اور خالص مذہبی عرب

روایات کے درمیان معلق ہے۔ پاکستانی ریاست ابھی تک اپنے صوبوں کے درمیان بھی مساویانہ سلوک روا رکھنے میں ناکام ہے۔

پاکستان کا مستقبل

آئندہ چند سالوں کے اندر اندر پاکستانیوں کو اپنے مستقبل کے حوالے سے کچھ مشکل فیصلے کرنے ہونگے۔ ورنہ دنیا کی بڑی طاقتیں اپنے فیصلے پاکستان پر مسلط کر دیں گی۔ کیونکہ یہ ایک ایسی ناکام ریاست ہے۔ جو دنیا بھر کو 'دہشت گرد' برآمد کرتی ہے اور ایٹمی ہتھیاروں سے لیس ہونے کی وجہ سے عالمی امن کے لیے خطرہ ہے۔ اگر برطانیہ اپنی نوآبادیات سے تہی دامن ہو سکتا ہے۔ دیوارِ برلن زمین بوس ہو سکتی ہے۔ اور کیمونسٹ دنیا کا شیرازہ بکھر سکتا ہے۔ تو پاکستان کے بھی مزید ٹکڑے ہو سکتے ہیں اور آئندہ آنے والی دہائی میں جنوبی ایشیا کا نقشہ بھی بدل سکتا ہے۔

ممکنہ حل: میں جب بھی پاکستان کے دیرینہ اور حل طلب مسائل کے بارے میں سوچتا ہوں تو کچھ تجاویز بھی ذہن میں آتی ہیں۔ یوں تو ہر تجویز پر ایک طویل بحث ہونی چاہیے۔ مگر چونکہ یہ ایک تعارفی مضمون ہے اس لئے ہر مسئلے کے حل کا میں صرف سرسری طور پر ذکر کرونگا۔ اگر پاکستانیوں نے اپنے ملک کو بچانا ہے ترقی پسند جمہوری ریاست بننا ہے، خوشحالی کی منازل طے کرنی ہیں اور جدید دنیا کے ساتھ قدم ملا کر چلنا ہے تو درج ذیل اقدامات کیے بغیر ایسا ممکن نہیں ہے:

1۔ امیر اور غریب کے فرق کو کم کرنا ہو گا۔

2۔ سکولوں کا نصاب اس طرح سے ترتیب دیا جائے کہ بچوں کی مادری زبان میں سائنسی اور سیکولر انسان دوستی کی تعلیم دی جا سکے۔ اس کے ساتھ اساتذہ بچوں میں تخلیقی اور تنقیدی سوچ کو فروغ دیں۔

3۔ صحت کے حوالے سے عوام کو مفت علاج معالجے کے ساتھ حفظانِ صحت کا بندوبست کرنا ہو گا۔

4۔ پاکستان کے آئین کو غیر مذہبی اور انسان دوست بنایا جائے۔ جس میں اقلیتوں کو برابر قانونی و انسانی حقوق حاصل ہوں۔ اور توہینِ مذہب کے قانون کو ختم کر دیا جائے۔

5۔ پاکستانیوں کو پہچان کے حوالے سے یہ باور کروانے کے ضرورت ہے۔ کہ ان کی شناخت اپنی مقامی دھرتی ماں سے جڑی ہو۔ لہٰذا وہ اپنے آپ کو مشرقِ وسطیٰ کے ساتھ منسوب نہ کریں۔

6۔ پاکستان کی تمام سیاسی جماعتیں اپنا 5۔10 سالہ منصوبے کا عوام کے سامنے اعلان کریں۔ اور پاکستان کو معاشی، سیاسی اور مذہبی مشکلات سے نکالنے کا منشور بیان کریں۔ تاکہ عوام یہ جان سکیں کہ کون سی جماعت انکی مشکلات کو بہتر طور پر حل کر سکتی ہے۔ اور عوام کی خدمت کے لیے موزوں ہے۔

7۔ پاکستان کے عوام اور سیاست دانوں کو مل کر جدوجہد کرنی ہو گی کہ فوجی افسران اپنی بیرکوں میں رہیں اور آئندہ کبھی پارلیمنٹ اور سیاسی فیصلوں پر قبضہ نہ کریں۔

کچھ قارئین کو میری باتیں ایک سہانا خواب محسوس ہو نگی۔ مگر ہر قوم تعبیر ملنے سے پہلے خواب ہی تو دیکھتی ہے۔ اگر پاکستانی قوم نے اس خواب کی تعبیر سے متعلق سنجیدہ اقدامات نہ کیے تو مجھے ڈر ہے کہ وہ دن دور نہیں۔ جب: "تمہاری داستاں تک بھی نہ ہو گی داستانوں میں۔
"

امن کے معمار

سہیل زبیری: "امن" کو آپ کی زندگی میں مرکزی حیثیت حاصل رہی ہے۔ ایک نامور نفسیات دان کی حیثیت سے آپ مریضوں اور ان کے خاندانوں کو امن بخش زندگی دینے کے پر ہر وقت کوشاں ہیں۔ اس کے علاوہ آپ نے اپنی شاعری اور مضامین کے ذریعے دنیا بھر میں محبت اور برداشت کا پیغام بھی دیتے رہتے ہیں۔ مناسب معلوم ہوتا ہے کہ ہم اس مکالمے کا اختتام بھی 'امن' پر کریں۔ آپ مجھے اپنے کچھ ہیروز کے بارے میں بتائیں جنھوں نے دنیا کے مختلف خطوں میں امن قائم کرنے کے لیے پُر خلوص کوششیں کیں اور کارہائے نمایاں انجام دیئے۔

خالد سہیل: ہر معاشرے ملک اور سماج میں جہاں کچھ متشدد ذہنیت کے مالک افراد ہوتے ہیں جو جنگ اور تنازعات پیدا کرتے ہیں، وہیں کچھ ایسے افراد بھی آپ کو ملیں گے ہم آہنگی اور امن کو فروغ دیتے ہیں۔ ان میں سے کچھ خاندان، تعلیم اداروں اور مقامی سطح پر امن قائم کرتے ہیں تو کچھ قومی اور بین الاقوامی سطح پر امن کی طرف کی جانے والی ان کوششوں کا حصہ بن جاتے ہیں۔ جو ساری دنیا میں امن قائم کرنے کے لیے کی جارہی ہیں۔

کرہ ارض پر امن قائم کرنے کے لیے ضروری ہے۔ کہ ان عناصر کا خاتمہ کیا جائے جو دنیا میں جنگ و جدل اور تنازعات پیدا کرنے کا باعث ہیں۔ اور ان کاوشوں کی حوصلہ افزائی کی جانی چاہیے جو تنازعات کو پُرامن طریقے سے ختم کرنے کے لیے کی جارہی ہیں۔ جیسا کہ ہم جانتے ہیں کہ 'صحتمند ہونا' کسی بیماری کے نہ ہونے کا نام نہیں ہے۔ اسی طرح قومی اور بین الاقوامی سطح پر جنگ کی غیر موجودگی کو 'امن قائم ہونا' نہیں کہا جاسکتا۔ امن کی جہتوں کو اچھے سے سمجھنے کے لیے میں گزشتہ چند سالوں سے نوبل انعام حاصل کرنے والی شخصیات کی تقریروں کا مطالعہ کر رہا ہوں۔ ان تقریروں کے مطالعے سے میں اس نتیجے پر پہنچا ہوں کہ قوسِ قزح کی طرح 'امن' کے بھی رنگ ہیں اور ہر رنگ اس قوسِ قزح کو اُجاگر کرنے کے لیے اپنی جگہ بہت اہم ہے۔ اس مضمون میں، میں امن کی قوسِ قزح کے کچھ رنگوں کا ذکر کرونگا۔

معاشی امن: وہ معاشرے اور ممالک جہاں امیر اور غریب کے درمیان معاشی تفاوت ہوتی ہے وہاں ان طبقات کے آپس میں برسرِپیکار ہونے کے امکانات زیادہ ہوتے ہیں۔ وہ لوگ جو جھونپڑی میں رہتے ہیں اور اپنے بچے کو رات کو بھوک کی تھپکیاں دے کر سلاتے ہیں، جب سامنے محل کو دیکھتے ہیں جہاں ان کے امیر ہمسائے عیش و عشرت کی زندگی بسر کر رہے ہیں تو وہ دولت اور ذرائع رزق کی غیر منصفانہ تقسیم پر نالاں ہو جاتے ہیں۔ وہ تمام لوگ جو زندگی کی بنیادی ضروریات؛ خوراک، مکان، صحت کی سہولیات، تعلیم روزگار سے محروم ہوتے ہیں ناامیدی کا شکار ہو جاتے ہیں۔ رفتہ رفتہ انکی عزتِ نفس اور وقار مجروح ہونے لگتا ہے۔ ان کا ریاستی نظام سے یقین اُٹھ جاتا ہے۔ پھر وہ متشدد ہو کر اس نظام کو ہی تباہ کر دینا چاہتے ہیں جو ان کی خبر گیری نہیں کرتا۔ لوگوں کو ہمیشہ ایسا معاشی، سیاسی اور سماجی نظام چاہیے ہوتا ہے جو ان کو تحفظ، امن اور عدل فراہم کرے۔

متعدد ماہرینِ معاشیات، سماجیات اور عمرانیات اس بات پر یقین رکھتے ہیں کہ معاشی حالات کا امن کے ساتھ گہرا تعلق ہے۔ ایک پُرامن دنیا کے قیام کے لیے ہمیں ہر حال میں غربت سے لڑنا ہو گا۔ بنگلہ دیش کے محمد یونس ان دانشمند لوگوں میں سے ہیں جو غربت کے خاتمے سے امن کے حصول کے لیے کوشاں ہیں۔ وہ بھوک اور غربت کا خاتمہ کرنے میں کافی حد تک کامیاب بھی ہوئے ہیں۔ ان کی خدمات کے عوض 2006ء میں ان کو امن کے نوبل انعام سے نوازا گیا۔ اپنی 'نوبل تقریر' میں انھوں نے انکشاف کیا: "یونیورسٹی کے تعلیمی حلقوں میں معاشیات کے مختلف نظریات و تصورات کے مطالعے کے بعد میں اس نتیجے پر پہنچا کہ غربت سے جنگ لیکچر ہالوں کی بجائے غریبوں کے جھونپڑیوں اور گلی محلوں میں لڑی جانی چاہیے۔" انھوں نے 'گرامین بینک' کی بنیاد رکھی۔ جس کی اکثر شاخیں دیہات میں ہیں اور یہ بینک چھوٹے بزنس کرنے کے لیے خواتین کو قرض فراہم کرتا ہے۔ جوں جوں بینک ترقی کرتا گیا زیادہ سے خواتین اس سے مستفید ہو کر اپنی زندگی کا معیار غربت کی لکیر سے اُوپر کرنے لگیں۔ 2006ء تک اس بینک سے 7300 دیہات سے 70 لاکھ خواتین قرضہ لے کر اپنا معیارِ زندگی بلند کر چکی تھیں۔ گویا بنگلہ دیش میں 70 لاکھ خاندان 'گرامین بینک' کی وجہ سے خوشحالی کی زندگی گزار رہے ہیں۔

یونس کا خیال ہے کہ غربت سے دنیا کے امن کو خطرہ ہے لہٰذا غربت سے جنگ کر کے معاشروں اور ممالک میں امن کی راہ ہموار کی جاسکتی ہے۔ وہ گداگروں کی بھی مدد کرتے ہیں تاکہ وہ اپنا کام شروع کر کے ایک باوقار و بامقصد زندگی گزار سکیں۔

یونس کی رائے میں عالمگیریت (گلوبلائزیشن) کے ملے جلے فوائد ہیں۔ جہاں اس نے دنیا کے مختلف حصوں کو آپس میں مربوط کر دیا ہے وہاں کثیر الملکی (ملٹی نیشنل) کمپنیوں کو ترقی اور خوشحالی بھی دی ہے۔ مگر مقامی اور چھوٹی کمپنیوں کی ترقی کی راہیں مسدود ہو گئی ہیں۔ وہ عالمگیریت کو ایک ایسی عظیم شاہراہ سے مماثلت دیتے ہیں۔ جس پر ایک سو راستے (لینز) ہوں۔ اس شاہراہ پر بڑے ٹرک اور بسیں تو چلتی رہتی ہیں مگر رکشے وغیرہ نہیں چل سکتے۔ اُن کو مایوسی کی تنگ و تاریک گلیوں میں دھکیل دیا جاتا ہے۔ وہ یہ رائے دیتے ہیں کہ معاشی ترقی کا سماجی ترقی سے گہرا تعلق ہے۔ جب ملٹی نیشنل کمپنیاں ترقی کریں تو اپنے منافع اور دولت کا ایک خاص حصہ ضرورت مندوں پر خرچ کریں تاکہ وہ بھی کامیاب ہو سکیں۔ اس سے غریب اور امیر کے درمیان حائل معاشی خلیج ختم ہو گی اور ہمارا مساوات پر مبنی متوازن دنیا پیدا کرنے کا خواب شرمندۂ تعبیر ہو سکے گا۔

یونس کی رائے میں دنیا میں انسانوں کے لئے وافر غذا موجود ہے مگر یہ انکی حرص و طمع کو پورا کرنے کے لیے کافی نہیں۔ ان کا ماننا ہے کہ ذرائع رزق آپس میں بانٹنے سے ہی امیر اور غریب کا فرق کم کیا جا سکتا ہے۔ ان کے خیال میں غریب لوگ بونسائی کے (ٹھگنے) درخت ہیں جن کو پوری طرح پھلنے پھُولنے کا موقع ہی نہیں دیا جاتا۔ ان کی رائے میں غربت کبھی غریب پیدا نہیں کرتے بلکہ یہ ہمیشہ خوشحال افراد کی غلط پالیسیوں کی وجہ سے پیدا ہوتی ہے۔ جو اکثریت کی بجائے اقلیت کے مفادات پیشِ نظر رکھ کر بنائی جاتی ہیں۔

گزشتہ برسوں کے دوران یونس کے گرامین بینک کی تقلید غریب اور ترقی پذیر ممالک میں بھی کی جا رہی ہے۔ محسوس ہوتا ہے کہ ان کا عالمگیر غربت کے خاتمے کا خواب شرمندہ تعبیر ہونے جا رہا ہے۔ اگر ایسا ہو کہ زیادہ سے زیادہ لوگ یونس کو مشعلِ راہ بنا کر ہر پس ماندہ معاشرے پر انکے فلسفے کا اطلاق کریں تو ہم غربت پر قابو پا کر ایک پُرامن دنیا پیدا کر سکتے ہیں جہاں کوئی بچہ بھوکا نہیں سوئیگا۔

سماجی امن: دنیا میں معاشی امن کے ساتھ ساتھ سماجی امن بھی بہت ضروری ہے۔ اور اس کا حصول اسی صورت میں ممکن ہے جب سماج میں بسنے والے مختلف رنگ، نسل، مذہب اور ثقافتی پس منظر رکھنے والے لوگ اپنے تنازعات پُرامن طریقے سے حل کرنا سیکھ لیں۔ ایسا ماحول اس وقت وجود میں آتا ہے جب:

۔ ریاست ایسے قوانین وضع کرے جو انسانی حقوق کے پاسبان ہوں۔

۔ لوگوں میں انسانی رویئے اور سماجی شعور پیدا ہو چکا ہو۔

۔ معاشرہ قبائلی ذہنیت سے بلند ہو چکا ہو۔

بیسوی صدی نے ایک ایسا لیڈر بھی دیکھا۔ جو سماجی امن کے لیے جدوجہد کرتا تھا۔ "مارٹن لوتھر کنگ جونئیر" کو 1964ء میں، امریکہ میں "سِول رائٹسموومنٹ" ('شہری حقوق کی تحریک') کو فروغ دینے کے اعتراف میں امن کے نوبل انعام سے نوازا گیا۔ اس تحریک نے امریکیوں کا طرزِ زندگی بدل ڈالا۔ تحریک کا آغاز اس روز ہو گیا تھا جس دن لوکل بس میں سوار 'روزا پارک' نامی سیاہ فام خاتون نے ایک سفید فام شخص کے لیے سیٹ خالی کرنے سے انکار کیا تھا۔ لیکن تحریک نے اس وقت زور پکڑا جب سیاہ فام باشندوں نے بسوں میں سفر کرنے سے انکار کر دیا اور پیدل چل کر دفتر جانے لگے۔ اس دوران مارٹن لوتھر کنگ جونئیر نے دلنواز و دلگیر تقریریں کیں اور اس وقت تک لوگوں کو پُرامن احتجاج پر مائل کرتے رہے، جب تک حکومت نے قانون بدل نہیں دیا۔ اُن کا عقیدہ تھا کہ "باوقار طریقے سے دُکھ اٹھاتے رہنا، امتیازی سلوک کی ذلت آمیز زندگی گزارنے سے ہزار درجے بہتر ہے۔"

یہ سطور ترجمہ کرتے ہوئے مجھے جوش ملیح آبادی کا یہ قطعہ یاد آیا:

سنو اے ساکنانِ خاک پستی
صدا یہ آرہی ہے آسماں سے
کہ آزادی کا اک لمحہ ہے بہتر
غلامی کی حیاتِ جاوداں سے

"نوبل لیکچر" میں انھوں نے اس حقیقت کو اُجاگر کیا کہ امریکہ کے سیاہ فام باشندے اپنی جلد کے رنگ کی وجہ سے طویل عرصے سے امتیازی سُلوک کی چکی میں پِس رہے ہیں۔ انھوں نے ناانصافی کے خاتمے

کا مطالبہ کیا تاکہ لوگ بھی عزت نفس اور وقار کے ساتھ زندگی بسر کر سکیں۔ ان کا ایمان تھا کہ "مظلوم ہمیشہ ہمیشہ کے لیے مظلوم نہیں رہتا۔"

کنگ اپنے جائز مطالبات منوانے کے لیے محاذ آرائی کا ہتھیار استعمال کرنے کے خلاف تھے۔ وہ پُر امن مقاصد پُر امن طریقے سے حاصل کرنے کے قائل تھے۔ اپنے بہت سے ہم عصر رہنماؤں کے بر عکس کنگ "نتائج ذرائع کی توثیق کر دیتے ہیں"۔

"Ends justify the means." جیسے مقولے کے خلاف تھے۔ تشدد کی نفسیات پر ان کا اپنا ایک فلسفہ تھا۔ جس کو وہ اس طرح بیان کرتے تھے: "تشدد کا راستہ غیر اخلاقی کے ساتھ ساتھ ناقابل عمل بھی ہے خواہ یہ راستہ نسلی انصاف کے حصول کے لیے اپنایا جائے۔ میں اس بات سے لاعلم نہیں کہ تشدد عارضی نتائج پیدا کرتا ہے۔ اکثر قوموں نے جنگیں لڑ کر آزادی حاصل کی۔ مگر وقتی فتح۔ تشدد کبھی پائیدار امن نہیں دے سکتا۔ یہ کوئی سماجی مسئلہ بھی حل نہیں کرتا۔ بلکہ مزید پیچیدہ سماجی مسائل پیدا کرتا ہے۔

تشدد کا راستہ ناقابل عمل ہے کیونکہ یہ ایک ایسا اندھا غار ہے جس کے آخری سرے پر تباہی سب کی منتظر ہے۔۔ پر تشدد احتجاج غیر اخلاقی اس لیے ہے کیونکہ یہ اپنے مخالف کو دلیل سے قائل کرنے کی بجائے اس کی تذلیل کرتا ہے اور تبدیل کرنے کی بجائے تباہ کرتا ہے۔ تشدد والا راستہ اس لیے بھی غیر مہذب ہے کہ یہ محبت کی بجائے نفرت سے بات منواتا ہے۔ یہ معاشرے کی یک جہتی کو تہس نہس کر دیتا جس سے بھائی چارے کا قیام ممکن نہیں رہتا۔ ایسے معاشرے میں یکطرفہ بات ہو سکتی ہے مگر مکالمہ ممکن نہیں رہتا۔ تشدد کا نتیجہ ہمیشہ شکست ہی رہا ہے۔ یہ راستہ اپنانے والوں کو تاریخ کبھی معاف نہیں کرتی۔ تباہی لانے والوں کو ظالم کے نام سے پکارتی ہے۔ اور بچ جانے والوں کو تلخی اور نفرت کا تحفہ دیتی ہے۔

کنگ اور ان کے پیروکار اپنا نصب العین حاصل کرنے کے لیے اپنی جانوں کا نذرانہ پیش کرنے کے لیے تیار تھے۔ مگر اوروں کی جان لینے پر آمادہ نہ تھے۔ اس معاملے میں کنگ مہاتما داس گاندھی کے پیروکار تھے جن کو عدمِ تشدد کا پیغمبر مانا جاتا ہے۔ اور گاندھی بذاتِ خود 'لیو ٹالسٹائی' کے مقلد تھے۔ جن کو امن کا پیغمبر کہا جاتا ہے۔

بیسویں صدی کی عدم تشدد کی 'ٹالسٹائی، گاندھی اور کنگ' روایت ایک ایسا خواب تھا۔ جس کی تعبیر میں دنیا کو پُر امن طریقے سے دائمی امن عطا کرنے کا راز مضمر تھا۔ اور اسی سے تمام نسلوں کے انسانی حقوق کی پاسداری ممکن تھی۔

انسانی حقوق اور امن: یہ بات خوش آئند ہے کہ بیسویں صدی میں مجموعی سماجی شعور اس مقام پر آ گیا تھا کہ "اقرار نامۂ عالمی انسانی حقوق" بنایا گیا۔ اس اقرار نامے کا بنیادی فلسفہ یہ کہ تمام انسانوں کے ساتھ بلا امتیاز، رنگ، نسل، مذہب، صنف، جنسی رغبت اور زبان، ان کے ممالک، معاشرے اور سماج برابری کا سلوک کرینگے۔ انسانی حقوق اور امن کی تحریکوں کے لیے یہ اقرار نامہ ایک سنگِ میل ثابت ہوا۔ بد قسمتی سے دنیا کے مختلف حصوں میں یہ اقرار نامہ اپنی اصل رُوح کے مطابق عمل پذیر نہیں ہو سکا۔ مگر اس اعلان سے لوگوں کو ایک نشانِ منزل دکھائی دیا ہے۔ جدوجہد کے لیے ایک نصب العین اور اس سفر میں آگے بڑھ جانے والوں کے نقشِ قدم پر چلنے کی تحریک ملی ہے۔

دنیا میں آج بھی کروڑوں لوگ انسانی حقوق سے محروم ہیں۔ مگر ہزاروں لوگ ان کے حقوق کی جنگ بھی لڑ رہے ہیں۔ ان میں سے ایک 'شیریں عبادی' ہیں۔ وہ پہلی مسلمان خاتون ہیں جن کو 2003ء میں امن کے نوبل انعام سے نوازا گیا۔ انھوں نے اپنے 'نوبل لیکچر میں فرمایا:

" بد قسمتی سے گزشتہ سالوں کی طرح اس سال بھی یو-این-ڈی-پی۔ (اقوامِ متحدہ کا ادارہ برائے ترقی) نے انسانیت کی خوشحالی کے جو اعداد و شمار پیش کیے ہیں۔ وہ انسانی حقوق کا اقرار نامہ لکھنے والوں کی مثالی دنیا سے تکلیف دہ حد تک دور ہیں۔ 2002ء میں 1.2 ارب لوگ غربت کی لکیر سے نیچے زندگی بسر کرنے پر مجبور تھے۔ کیونکہ ان کی ایک دن کی آمدن ایک ڈالر سے بھی کم تھی۔"

بنگلہ دیش کے محمد یونس کی طرح ایران کی عبادی بھی شدت سے محسوس کرتی ہیں کہ 'غربت' انسانی حقوق اور عالمی امن کے لیے سب سے بڑا خطرہ ہے۔ وہ یہ بھی محسوس کرتی ہیں کہ تیسری دنیا کے کروڑوں لوگ غربت اور کسمپرسی کی زندگی گزار رہے ہیں۔ جبکہ 'اول دنیا' (ترقی یافتہ دنیا) کے امیر لوگ ان لوگوں کی بنیادی ضروریات کے حوالے سے بے حسی کا مظاہرہ کر رہے ہیں۔ اور تواتر سے ایسی پالیسیاں بنا رہے ہیں جو ان لوگوں کو انسانی حقوق سے محروم کر رہی ہیں۔ اسی طرح 'اول دنیا' کی حکومتیں تیسری دنیا کی لوگوں کے انسانی حقوق کا احترام نہیں کرتیں۔ اس کی ایک مثال دہشت گردی کے خلاف جنگ میں گرفتار قیدیوں کی

ہے۔ وہ لکھتی ہیں: "۔۔۔ان سینکڑوں افراد کو، جو دہشت گردی کے خلاف جنگ میں گرفتار ہوئے تھے، 'گوانتانامو' کی فوجی جیل میں رکھا گیا ہے۔ جہاں ان کو جنگی قیدیوں کے ان حقوق سے محروم کر دیا گیا ہے جو ان کو 'بین الاقوامی جنیوا کنونشن'، 'یونیورسل ہیومن رائٹس ڈیکلریشن' (عالمگیر اقرار نامہ برائے انسانی حقوق) اور 'اقوامِ متحدہ کا عہد نامہ برائے شہری و سیاسی حقوق'

United Nations International Covenant on Civil and Political Rights

کے تحت حاصل ہیں۔ اس طرح کے اقدامات سے یہ بات بالکل واضح ہو گئی ہے کہ امریکی حکومت کے قول اور فعل میں تضاد ہے۔"

عبادی اقوامِ متحدہ کی منافقانہ پالیسیوں کا پردہ بھی چاک کرتی نظر آتی ہیں۔" سیکورٹی کونسل نے فلسطینیوں پر منظور شدہ قرار دادوں پر ابھی تک عمل نہیں کروایا جبکہ عراق کے حوالے سے فوری قرار داد پاس کر دی گئی۔"

عبادی نے اس بات پر زور دیا کہ ہمیں ساری دنیا کو ایک کنبے کی دیکھنا ہو گا اور تمام انسانوں کے انسانی حقوق کا احترام کرنا ہو گا۔ انھوں اس حوالے سعدی شیرازی کی اس نظم کا حوالہ دیا:

"آدم کی اولاد ایک ہی جسم کے اعضاء ہیں
جو ایک ہی خمیر سے بنے ہیں
جب وقت کسی ایک کو زخمی کرتا ہے
تو باقی اعضاء بھی بے تاب ہو جاتے ہیں"

عبادی تمام انسانیت کے لیے ہمدردی کو فروغ دینے کی قائل تھیں۔

سیاسی امن: گزشتہ کئی صدیوں سے کچھ قوموں اور قبیلوں نے ایک دوسرے کے ساتھ تاریخی دشمنی پال رکھی ہے۔ اور کئی نسلوں سے ایک دوسرے کے بچوں اور پھر ان کے بچوں کو ناحق مارتے آ رہے ہیں۔ بیسویں صدی کے کچھ لیڈران ان کے پیروکاروں کو یہ باور کرواتے رہتے ہیں کہ یا تو وہ یہ دشمنی جاری رکھ کر مزید لوگ مرواتے رہیں یا دشمنیوں کو دوستیوں میں بدل کر اس تشدد کے سلسلہ کا ہمیشہ ہمیشہ کے لیے خاتمہ کر دیں۔ اس مضمون میں، دو ایسی مثالیں پیش کرونگا۔ جس میں دو ممالک کے سیاسی لیڈروں

نے جو کئی دہائیوں سے ایک دوسرے کی دشمن تھے، ازلی دشمنی کو بھلا کر اور تشدد کے کربناک سلسلے کو بند کرتے ہوئے ایک دوسرے کے ساتھ امن کا ہاتھ ملایا۔

پہلی مثال اسرائیلی رہنما "یتزیکر وبین" کی ہے۔ جنھوں نے فلسطینی لیڈر یاسر عرفات کی طرف امن کا ہاتھ بڑھایا۔ دونوں رہنماؤں کو 1994ء مشرقِ وسطیٰ میں پائیدار امن کی کوششوں کے اعتراف میں امن کے نوبل انعام سے نوازا گیا۔ یہ بات قابل ستائش ہے کہ امن کو گلے لگانے سے قبل دونوں رہنما مسلح جدوجہد میں مصروف تھے۔ یاسر عرفات نے اپنے نوبل لیکچر میں فرمایا:

"مشرقِ وسطی میں ہمارے امن کے عمل کو شروع کرنے کی بنیاد، امن کی سرزمین (یروشلم)، اقوامِ متحدہ کی قرارداد نمبر 242، 338 اور وہ بین الاقوامی فیصلے تھے جن میں فلسطین کے جائز حقوق کو تسلیم کیا گیا ہے۔"

اسی دن یتزیکر وبین نے اپنے نوبل لیکچر میں یاسر عرفات اور ان کے فدائین کا شکریہ ادا کرتے ہو فرمایا: "ہم نے امن کے راستے کا انتخاب کیا ہے۔ اور مشرقِ وسطیٰ کی داستانوں میں ایک نیا باب رقم کر رہے ہیں۔"

افسوس صد افسوس، اس سے قبل کہ دونوں رہنماؤں کو اپنے امن کے منصوبے پر عمل در آمد کا موقع ملتا ایک انتہا پسند، بنیاد پرست اور عسکریت پسند یہودی نے 'یتزیکر وبین' کو قتل کر دیا۔ ان کا جرم یہ تھا کہ انھوں نے یہودیوں کے دشمن کے ساتھ ہاتھ ملایا تھا۔ روبین کو امن کی بھاری کی قیمت ادا کرنی پڑی۔

جہاں مشرقِ وسطیٰ میں سیاسی اسقاطِ حمل کی وجہ سے امن کو زچگی کا موقع نہیں مل سکا تھا۔ اسی کرہ ارض پر جنوبی افریقہ میں نہ صرف امن کے حمل نے اپنی مدت پوری کی بلکہ 'جمہوری انتخابات' جیسے خوبصورت بچے کا جنم بھی ہوا۔ اس کارنامے کا سہرا جنوبی افریقہ کے دو رہنماؤں 'دی کلارک' اور 'نیلسن مینڈیلا' کے سر بندھتا ہے۔ دونوں رہنماؤں کو امن کے نوبل انعامات سے نوازا گیا۔ نوبل لیکچرز میں دونوں رہنماؤں نے اپنے اپنے امن کے فلسفے کو اجاگر کیا۔ نیلسن مینڈیلا نے اپنے نوبل لیکچر میں نئے جنوبی افریقہ اور ایک نئی پُر امن دنیا کے بارے میں اپنی بصیرت کو یوں بیان کیا:

"ہم اس امید کے ساتھ جیئیں کہ 'جنوبی افریقہ' ایک نئی دنیا کے پیٹ میں موجود نومولود بچہ ہے جو جنم لینے کے لیے کوشاں ہے۔ اس کو ایک ایسی دنیا میں آنکھ کھولنی چاہیے۔ جس میں جمہوریت اور انسانی

حقوق کا احترام ہو۔ جو بھوک، افلاس، جہالت اور محرومیوں سے آزاد ہو۔ ایک ایسی دنیا جو اقوام کی خانہ جنگیوں اور بیرونی حملوں آوروں کی تباہ کاریوں کے بوجھ سے تہی دامن ہو جس کے نتیجے میں انسانی المیے رونما ہوتے ہیں اور کروڑوں افراد مہاجرین بن جاتے ہیں۔"

مینڈلا کی امن تحریک کے شراکت دار "دی کلارک" نے اپنے نوبل لیکچر میں فرمایا:

"انصاف اور رضامندی کے بغیر حقیقی امن میں قائم نہیں ہو سکتا۔ امن ایک طرزِ فکر ہی نہیں طرزِ عمل بھی ہے۔ طرزِ فکر ایسی جس کے تحت افراد، معاشرے اور ممالک اپنے باہمی تنازعات ایک دوسرے کی رضامندی، سمجھوتے اور بات چیت کے ذریعے حل کرتے ہیں۔ اور تنازعات کے حل کے لیے دھمکی، جبر اور تشدد کا راستہ نہیں اپناتے۔ اور طرزِ عمل ایسا جس میں سماجی، معاشی اور سیاسی ترقی کے عوامل کو معاشرے کے تمام طبقوں کے موافق اور مطابق رکھا جائے۔ اسی صورت میں سیاسی امن عوام کے لئے ایک پُرکشش اور متحرک عمل بن سکے گا۔"

دنیا کے لیڈر اور ان کے پیروکار امن کی سوچ کو جتنا زیادہ فروغ دیں گے۔ ان کو دنیا کو پر امن بنانے کے اتنے زیادہ سلیقے سوجھتے رہیں گے۔ معاشی، سیاسی اور سماجی امن، امن کی قوسِ قزح کے صرف چند رنگ ہیں۔ جس کی جستجو میں دنیا بھر میں امن کی سوچ رکھنے والے افراد ہمہ وقت مصروفِ عمل ہیں۔"

امن کی قوسِ قزح

(نظم)

ایک باطنی امن ہے اور ایک ظاہری امن ہے
ایک جذباتی امن ہے اور ایک سماجی امن ہے
ایک مذہبی امن ہے اور ایک سیاسی امن ہے
ایک مقامی امن ہے اور ایک عالمی امن ہے
یہ سب امن کے رنگ ہیں
ہمیں امن کی قوسِ قزح بنانے کے لیے
ان تمام رنگوں کی ضرورت ہے

www.ingramcontent.com/pod-product-compliance
Lightning Source LLC
Chambersburg PA
CBHW051824090426
42736CB00011B/1636
9781927874561